T0155792

Manfred T. Kalivoda
Johannes W. Steiner (Hrsg.)

Taschenbuch der
Angewandten Psychoakustik

SpringerWienNewYork

Dipl.-Ing. Dr. techn. Manfred T. Kalivoda
Beratungsbüro für (Psycho-)Akustik und Verkehrsemissionen,
Perchtoldsdorf, Österreich

Hofrat Dr. Johannes W. Steiner
Verwaltungsgerichtshof, Wien, Österreich

© 1998 Springer-Verlag/Wien
Printed in Austria

Satz: Reproduktionsfertige Vorlage der Autoren
Druck: Fa. Novographic, A-1238 Wien
Bindearbeiten: Fa. Papyrus, A-1100 Wien

Graphisches Konzept: Ecke Bonk

Gedruckt auf säurefreiem, chlorfrei gebleichtem Papier – TCF

SPIN: 10670441

Mit 144 Abbildungen

Die Deutsche Bibliothek – CIP-Einheitsaufnahme

Taschenbuch der angewandten Psychoakustik / Manfred T. Kalivoda ; Johannes W.
Steiner (Hrsg.). – Wien ; New York : Springer, 1998
ISBN 3-211-83131-2

ISBN 3-211-83131-2 Springer-Verlag Wien New York

Vorwort

In der nationalen wie internationalen Praxis der behördlichen Lärmbekämpfung hat sich trotz der methodischen Mängel die Verwendung von A-bewerteten Schalldruckpegeln (A-bewerteter energieäquivalenter Dauerschallpegel, A-bewerteter Maximalpegel) als Beurteilungskriterium weitgehend durchgesetzt. Der (A-bewertete) Schalldruckpegel kann die Lästigkeit von Geräuschen nur in beschränktem Maße nachbilden und liefert damit nicht immer valide Kenngrößen für die Lärmbelästigung.

In Österreich beispielsweise sieht eine Reihe von Gesetzen, in denen Belange des Lärmschutzes geregelt sind, keine Schallpegelgrenzwerte vor, sondern legt die viel weitreichendere Verpflichtung zur Vermeidung "unzumutbarer" oder "gesundheitsgefährdender" Lärmimmissionen fest. Mangels entsprechender Regelwerke werden in der Praxis heute noch Beurteilungsgrößen verwendet, welche nicht immer empfindungsproportionale Kennwerte liefern, sodaß dann den gesetzlichen Intentionen nicht ausreichend entsprochen wird.

Die Psychoakustik ist jene Wissenschaft, welche sich mit den Zusammenhängen zwischen psychologischen Prozessen (Wahrnehmung, Empfindung) und akustischen Parametern beschäftigt. Sie hat Methoden entwickelt, mit deren Hilfe eine empfindungsproportionale Lärmbewertung möglich ist. Ziel des vorliegenden Buches ist es, den Praktikern den Zugang zu den Methoden der Psychoakustik und den Weg für die Anwendung der gewonnen Erkenntnisse zu erleichtern.

Das Taschenbuch der angewandten Psychoakustik beinhaltet eine umfassende, interdisziplinäre Darstellung der psychoakustischen Grundlagen. Eingangs werden die rechtlichen Rahmenbedingungen für die Verwendung psychoakustischer Methoden in Österreich und Deutschland dargelegt. Der Einführung in die physiologischen und psychologischen Wirkungen von Lärm folgt ein ausführlicher technischer Abschnitt, in dem die Methoden der Psychoakustik dargestellt werden. Im letzten Kapitel sollen reale Fälle und Situationen das Problembewußtsein der Anwender schärfen und die Anwendung des Dargelegten in der Praxis der Lärmbeurteilung zeigen.

Die einzelnen Kapitel sind so aufgebaut, daß jedes für sich eine geschlossene Einheit bildet. Sie können daher in beliebiger Reihenfolge gelesen werden. Geringfügige, zum Verständnis notwendige Überschneidungen wurden dafür in Kauf genommen.

Ich hoffe, daß das vorliegende Werk den Bedürfnissen des Lärmschutzes und der Lärmbekämpfung in der Praxis Rechnung trägt und einen positiven Beitrag bei der Verbreitung und Anwendung psychoakustischer Methoden leistet.

Abschließend möchte ich noch all jenen danken, die das Autorenteam bei ihrer Arbeit unterstützt und zur Entstehung des Taschenbuchs der angewandten Psychoakustik beigetragen haben.

Perchtoldsdorf, im Februar 1998   M. T. Kalivoda

Inhalt

1. Rechtliche Rahmenbedingungen in Österreich

J. W. STEINER

1.1 Bundesgesetzliche Grundlagen

In der Österreichischen Rechtsordnung finden sich in zahlreichen Vorschriften Bestimmungen über Lärmemissionen und -immissionen; die wichtigsten werden (ohne Anspruch auf Vollständigkeit) im folgenden wiedergegeben.

1.1.1 Allgemeines Bürgerliches Gesetzbuch – ABGB

§ 364 Abs. 2 ABGB bestimmt:
"Der Eigentümer eines Grundstückes kann dem Nachbarn die von dessen Grundstück ausgehenden Einwirkungen durch Abwässer, Rauch, Gase, Wärme, Geruch, Geräusch, Erschütterungen und ähnliche insoweit untersagen, als sie das nach den örtlichen Verhältnissen gewöhnliche Maß überschreiten und die ortsübliche Benutzung des Grundstückes wesentlich beeinträchtigen. Unmittelbare Zuleitung ist ohne besonderen Rechtstitel unter allen Umständen unzulässig."

Die Frage der Ortsüblichkeit spielt einerseits bei der Beurteilung des Ausmaßes der Immissionen eine Rolle, andererseits bei der Beurteilung der Beeinträchtigung. In der Judikatur des OGH wurde dazu unter anderem hervorgehoben, daß nicht nur Grad und Dauer der Immissionen zu beachten sind, sondern auch ihre *Störungseignung* (vgl. dazu die bei SPIELBÜCHLER in RUMMEL, ABGB I^2 in Rz 13 zu § 364 ABGB angeführte zahlreiche Judikatur)

1.1.2 Umweltverträglichkeitsprüfungsgesetz – UVP-G

§ 1 Abs. 1 Z 1 und 2 UVP-G lauten:
"Aufgabe der Umweltverträglichkeitsprüfung (UVP) ist es, unter Beteiligung der Bürger/innen auf fachlicher Grundlage

1. die unmittelbaren Auswirkungen festzustellen, zu beschreiben und zu bewerten, die ein Vorhaben auf Menschen, Tiere und Pflanzen ... hat oder haben kann, wobei Wechselwirkungen mehrerer Auswirkungen untereinander einzubeziehen sind, und

2. Maßnahmen zu prüfen, durch die schädliche, belästigende oder belastende Auswirkungen des Vorhabens auf die Umwelt verhindert oder verringert bzw. günstige Auswirkungen des Vorhabens vergrößert werden ...".

Der Gesetzgeber hat damit im UVP-G - ähnlich wie in der Gewerbeordnung (→ *Pkt. 1.1.3*) - die Begriffe Belästigung und schädliche Wirkung verwendet.

§ 6 des UVP-G lautet (auszugsweise):
"(1) Die Umweltverträglichkeitserklärung hat folgende Angaben zu enthalten:

1. Beschreibung des Vorhabens nach Standort, Art, Umfang, insbesondere:

a) ...

b)   ...

c)   Art, Menge und Qualität der zu erwartenden Rückstände und Emissionen (Belastung des Wassers, der Luft und des Bodens, Lärm, Erschütterungen, Licht, Wärme, Strahlung, usw.), die sich aus der Verwirklichung und dem Betrieb des Vorhabens ergeben;

d)   die durch das Vorhaben entstehende Immissionszunahme und die dadurch zu erwartende Gesamtimmissionssituation, sofern Daten über bestehende Immissionsbelastungen verfügbar sind oder eine Erhebung im Hinblick auf die Art oder Größe des Vorhabens oder die Bedeutung der zu erwartenden Auswirkungen zumutbar ist;

..."

Dazu bestimmt § 12 Abs. 3 UVP-G betreffend das Umweltverträglichkeitsgutachten (auszugsweise) folgendes:

"(3) Das Umweltverträglichkeitsgutachten hat

1.   die Auswirkungen des Vorhabens gemäß § 1 Abs. 1 nach dem Stand von Wissenschaft und Technik in einer umfassenden und integrativen Gesamtschau darzulegen,

..."

Für die Entscheidung der Behörde normiert § 17 UVP-G u.a. folgendes:

"...

(2) Soweit dies nicht schon in anzuwendenden Verwaltungsvorschriften vorgesehen ist, gelten im Hinblick auf eine wirksame Umweltvorsorge zusätzlich nachstehende Genehmigungsvoraussetzungen:

1.   Emissionen von Schadstoffen sind nach dem Stand der Technik zu begrenzen,

2.   die Immissionsbelastung zu schützender Güter ist möglichst gering zu halten, wobei jedenfalls Immissionen zu vermeiden sind, die

a)   das Leben oder die Gesundheit von Menschen, oder das Eigentum oder sonstige dingliche Rechte der Nachbarn gefährden, oder

b)   erhebliche Belastungen der Umwelt durch nachhaltige Einwirkungen verursachen, jedenfalls solche, die geeignet sind, den Boden, den Pflanzenbestand oder den Tierbestand bleibend zu schädigen, oder

c)   zu einer unzumutbaren Belästigung der Nachbarn im Sinn des § 77 Abs. 2 der Gewerbeordnung 1973 führen und ..."

1.1.3   Gewerbeordnung – GewO

§ 69 Abs. 1 GewO lautet:

"Der Bundesminister für wirtschaftliche Angelegenheiten kann zur Vermeidung einer Gefährdung von Leben oder Gesundheit von Menschen oder zur Vermeidung von Belastungen der Umwelt (§ 69a) durch Verordnung festlegen, welche Maßnahmen die Gewerbetreibenden bei der Gewerbeausübung hinsichtlich der Einrichtung der Betriebsstätten, hinsichtlich der Waren, die sie erzeugen oder verkaufen oder deren Verkauf sie vermitteln, hinsichtlich der Einrichtungen oder sonstigen Gegenstände, die sie zur Benützung bereithalten, oder hinsichtlich der Dienstleistungen, die sie erbringen, zu treffen haben."

§ 71 a GewO lautet:

"Der Stand der Technik im Sinne dieses Bundesgesetzes ist der auf den einschlägigen wissenschaftlichen Erkenntnissen beruhende Entwicklungsstand fortschrittlicher technologischer Verfahren, Einrichtungen und Betriebsweisen, deren Funktionstüchtigkeit erprobt und erwiesen ist. Bei der Bestimmung des Standes der Technik sind insbesondere vergleichbare Verfahren, Einrichtungen oder Betriebsweisen heranzuziehen."

§ 72 GewO bestimmt folgendes:

"(1) Gewerbetreibende dürfen Maschinen oder Geräte, die im Leerlauf oder bei üblicher Belastung einen größeren A-bewerteten Geräuschleistungspegel als 80 dB entwickeln, nur dann in den inländischen Verkehr bringen, wenn die Maschinen und Geräte mit einer deutlich sichtbaren und lesbaren sowie dauerhaften Aufschrift versehen sind, die den entsprechenden der Verordnung gemäß Abs. 2 bestimmten A-bewerteten Geräuschleistungspegel bei Leerlauf und bzw. oder bei üblicher Belastung enthält.

(2) Der Bundesminister für wirtschaftliche Angelegenheiten hat im Einvernehmen mit dem Bundesminister für Umwelt, Jugend und Familie und dem Bundesminister für Arbeit und Soziales entsprechend der Art der Maschinen und Geräte und dem Stand der Technik (§ 71 a) durch Verordnung festzulegen, von wem und wie der A-bewertete Geräuschleistungspegel bei Leerlauf und bzw. oder bei üblicher Belastung zu bestimmen ist.

(3) Werden nicht unter Abs. 1 fallende Maschinen oder Geräte mit einer Aufschrift über die Geräuschentwicklung in den inländischen Verkehr gebracht, so hat diese Aufschrift, soferne für die in Betracht kommenden Arten von Maschinen oder Geräten eine Verordnung gem. Abs. 2 besteht, den A-bewerteten Geräuschleistungspegel bei Leerlauf und bzw. oder bei üblicher Belastung zu enthalten, der entsprechend der Verordnung gem. Abs. 2 ermittelt worden ist."

§ 74 Abs. 2 Z 1 und 2 GewO:

"Gewerbliche Betriebsanlagen dürfen nur mit Genehmigung der Behörde ... errichtet oder betrieben werden, wenn sie wegen der Verwendung von Maschinen und Geräten, wegen ihrer Betriebsweise, wegen ihrer Ausstattung oder sonst geeignet sind

1) das Leben oder die Gesundheit des Gewerbetreibenden, der nicht den Bestimmungen des Arbeitnehmerschutzgesetzes BGBl. 234/1972 unterliegenden mittätigen Familienangehörigen, der Nachbarn oder der Kunden, die die Betriebsanlage der Art des Betriebes gemäß aufsuchen, oder das Eigentum oder sonstige dingliche Rechte der Nachbarn zu gefährden; ...

2) die Nachbarn durch Geruch, Lärm, Rauch, Staub, Erschütterungen oder in anderer Weise zu belästigen ..."

§ 77 Abs. 1 GewO lautet:

"(1) Die Betriebsanlage ist zu genehmigen, wenn nach dem Stand der Technik (§ 71 a) und dem Stand der medizinischen und der sonst in Betracht kommenden Wissenschaften zu erwarten ist, daß überhaupt oder bei Einhaltung der erforderlichenfalls vorzuschreibenden bestimmten geeigneten Auflagen die nach den Umständen des Einzelfalles voraussehbaren Gefährdungen im Sinne des § 74 Abs. 2 Z 1 vermieden und Belästigungen, Beeinträchtigungen oder nachteilige Einwirkungen im Sinne des § 72 Abs. 2 Z 2-5 auf ein zumutbares Maß beschränkt werden ..."

§ 77 Abs. 2 GewO bestimmt dazu:

"(2) Ob Belästigungen der Nachbarn im Sinne des § 74 Abs. 2 Z 2 zumutbar sind, ist danach zu beurteilen, wie sich die durch die Betriebsanlage verursachten Änderungen der tatsächlichen örtlichen Verhältnisse auf ein gesundes, normal empfindendes Kind und auf einen gesunden, normal empfindenden Erwachsenen auswirken."

§ 79 Abs. 1 GewO lautet:

"(1) Ergibt sich nach Genehmigung der Anlage, daß die gemäß § 74 Abs. 2 wahrzunehmenden Interessen trotz Einhaltung der im Genehmigungsbescheid vorgeschriebenen Auflagen nicht hinreichend geschützt sind, so hat die Behörde (§§ 333, 334, 335) die nach dem Stand der Technik (§ 71a) und dem Stand der medizinischen und der sonst in Betracht kommenden Wissenschaften zur Erreichung dieses Schutzes erforderlichen anderen oder zusätzlichen Auflagen (§ 77 Abs. 1) vorzuschreiben. Die Behörde hat solche Auflagen nicht vorzuschreiben, wenn sie unverhältnismäßig sind, vor allem wenn der mit der Erfüllung der Auflagen verbundene Aufwand außer Verhältnis zu dem mit den Auflagen angestrebten Erfolg steht. Dabei sind insbesondere Art, Menge und Gefährlichkeit der von der Anlage ausgehenden Emissionen und der von ihr verursachten Immissionen sowie die Nutzungsdauer und die technischen Besonderheiten der Anlage zu berücksichtigen."

§ 79 Abs. 2 GewO bestimmt:

"(2) Zugunsten von Personen, die erst nach Genehmigung der Betriebsanlage Nachbarn im Sinne des § 75 Abs. 2 und 3 geworden sind, sind Auflagen im Sinne des Abs. 1 nur soweit vorzuschreiben, als diese zur Vermeidung einer Gefährdung des Lebens oder der Gesundheit dieser Personen notwendig sind. Auflagen im Sinne des Abs. 1 zur Vermeidung einer über die unmittelbare Nachbarschaft hinausreichenden beträchtlichen Belastung durch Luftschadstoffe, Lärm oder gefährliche Abfälle sind, sofern sie nicht unter den ersten Satz fallen, zugunsten solcher Personen nur dann vorzuschreiben, wenn diese Auflagen im Sinne des Abs. 1 verhältnismäßig sind."

§ 79a GewO lautet:

"(1) Die Behörde (§§ 333, 334, 335) hat ein Verfahren gemäß § 79 von Amts wegen oder auf Antrag des Bundesministeriums für Umwelt, Jugend und Familie einzuleiten.

(2) Der Bundesminister für Umwelt, Jugend und Familie kann den Antrag gemäß Abs. 1 stellen, wenn auf Grund der ihm vorliegenden Nachbarbeschwerden oder Meßergebnisse anzunehmen ist, daß der Betrieb der Anlage zu einer über die unmittelbare Nachbarschaft hinausreichenden beträchtlichen Belastung der Umwelt durch Luftschadstoffe, Lärm oder Sonderabfälle führt."

§ 82 GewO lautet:

"(1) Der Bundesminister für wirtschaftliche Angelegenheiten hat im Einvernehmen mit dem Bundesminister für Arbeit und Soziales und dem Bundesminister für Umwelt, Jugend und Familie durch Verordnung für genehmigungspflichtige Arten von Anlagen die nach dem Stand der Technik (§ 71a) und dem Stand der medizinischen und der sonst in Betracht kommenden Wissenschaften zum Schutz der in § 74 Abs. 2 umschriebenen Interessen und zur Vermeidung von Belastungen der Umwelt (§ 69a) erforderlichen näheren Vorschriften über die Bauart, die Betriebsweise, die Ausstattung oder das zulässige Ausmaß der Emissionen von Anlagen oder Anlagenteilen zu erlassen. Für bereits genehmigte Anlagen sind in einer solchen

Verordnung abweichende Bestimmungen oder Ausnahmen von den nicht unter den nächsten Satz fallenden Verordnungsbestimmungen festzulegen, wenn die nach dem Stand der Technik und dem Stand der medizinischen und der sonst in Betracht kommenden Wissenschaften wegen der Unverhältnismäßigkeit zwischen dem Aufwand zur Erfüllung der betreffenden Verordnungsbestimmungen und dem dadurch erreichbaren Nutzen für die zu schützenden Interessen sachlich gerechtfertigt sind. Betreffen Verordnungsbestimmungen solche Maßnahmen zur Vermeidung einer Gefahr für das Leben oder die Gesundheit der im § 74 Abs. 2 Z 1 genannten Personen, wie sie ohne Regelung in der Verordnung mit Bescheid gemäß § 79 vorgeschrieben werden müßten, so dürfen in der Verordnung keine von diesen entsprechend zu bezeichnenden Verordnungsbestimmungen abweichenden Bestimmungen oder Ausnahmen festgelegt werden."

1.1.4 ArbeitnehmerInnenschutzgesetz – ASchG

§ 50 ASchG lautet:

"(1) Mit Tätigkeiten, die mit gesundheitsgefährdender Lärmeinwirkung verbunden sind, dürfen Arbeitnehmer nur beschäftigt werden, wenn vor Aufnahme der Tätigkeit eine arbeitsmedizinische Untersuchung der Hörfähigkeit durchgeführt wurde. Für diese Untersuchung gelten die Bestimmungen über Eignungsuntersuchungen.

(2) Arbeitgeber haben dafür zu sorgen, daß Arbeitnehmer, die einer gesundheitsgefährdenden Lärmeinwirkung ausgesetzt sind, sich in regelmäßigen Abständen einer arbeitsmedizinischen Untersuchung der Hörfähigkeit unterziehen."

§ 65 ASchG bestimmt:

"(1) Arbeitgeber haben unter Berücksichtigung des Standes der Technik die Arbeitsvorgänge und die Arbeitsplätze entsprechend zu gestalten und alle geeigneten Maßnahmen zu treffen, damit die Lärmeinwirkung auf das niedrigste in der Praxis vertretbare Niveau gesenkt wird. Unter Berücksichtigung des technischen Fortschrittes und der verfügbaren Maßnahmen ist auf eine Verringerung des Lärms, möglichst direkt an der Entstehungsquelle, hinzuwirken.

(2) Im Rahmen der Ermittlung und Beurteilung der Gefahren ist auch zu ermitteln, ob die Arbeitnehmer einer Lärmgefährdung ausgesetzt sein könnten. Wenn eine solche Gefährdung nicht ausgeschlossen werden kann, ist der Lärm zu messen. Bei der Messung ist gegebenenfalls auch Impulslärm zu berücksichtigen. Diese Ermittlung und Messung ist in regelmäßigen Zeitabständen sowie bei Änderung der Arbeitsbedingungen zu wiederholen.

(3) Die Ermittlung und Messung ist unter der Verantwortung der Arbeitgeber fachkundig zu planen und durchzuführen. Das Meßverfahren muß zu einem für die Exposition der Arbeitnehmer repräsentativen Ergebnis führen.

(4) Je nach Ausmaß der Lärmeinwirkung sind die erforderlichen Maßnahmen zur Verringerung und Beseitigung der Gefahren zu treffen. Zu diesen Maßnahmen zählen insbesondere:

1) Die Arbeitnehmer sind über die möglichen Gefahren der Lärmeinwirkung und die zur Verringerung dieser Gefahren getroffenen Maßnahmen zu informieren und zu unterweisen.

2) Den Arbeitnehmern sind geeignete Gehörschutzmittel zur Verfügung zu stellen.

3) Die Arbeitnehmer haben die Gehörschutzmittel zu benutzen.

4) Die Lärmbereiche sind zu kennzeichnen und abzugrenzen. Der Zugang zu diesen Bereichen ist zu beschränken.

5) Die Gründe für die Lärmeinwirkung sind zu ermitteln. Es ist ein Programm technischer Maßnahmen und Maßnahmen der Arbeitsgestaltung zur Herabsetzung der Lärmeinwirkung festzulegen und durchzuführen.

6) Es ist ein Verzeichnis jener Arbeitnehmer zu führen, die der Lärmeinwirkung ausgesetzt sind. Dieses Verzeichnis ist stets auf dem aktuellen Stand zu halten und jedenfalls bis zum Ende der Exposition dem zuständigen Träger der Unfallversicherung zu übermitteln. Arbeitgeber müssen jedem Arbeitnehmer zu den ihn persönlich betreffenden Angaben des Verzeichnisses Zugang gewähren."

1.1.5 Straßenverkehrsordnung – StVO

Die Straßenverkehrsordnung schreibt in § 60 Abs. 1 u.a. vor, daß ein Fahrzeug auf Straßen nur verwendet werden darf, wenn es so gebaut und ausgerüstet ist, daß durch seinen sachgemäßen Betrieb "Personen ... durch Geräusch ... nicht über das gewöhnliche Maß hinaus belästigt ... werden".

1.1.6 Kraftfahrgesetz – KFG

Das Kraftfahrgesetz nimmt an verschiedenen Stellen auf Lärm Bezug, indem von "übermäßigem Lärm" die Rede ist oder normiert wird, daß der Lenker eines Kraftfahrzeuges "nicht ungebührlichen Lärm" verursachen darf (vgl. z.B. §§ 4 Abs. 2, 12 Abs. 1, 57 Abs. 1, 57a Abs. 5 und 102 Abs. 4 KFG).

1.1.7 Kraftfahrgesetz-Durchführungsverordnung – KDV

Die Kraftfahrgesetz-Durchführungsverordnung legt in § 8 Abs. 1 die höchstzulässigen "A-bewerteten Schallpegel des Betriebsgeräusches eines Kraftfahrzeuges oder Anhängers" fest. Die zugehörigen Meßvorschriften sind in Anlage 1c KDV festgelegt.

Sowohl Emissionsgrenzwerte als auch Meßverfahren basieren auf internationalen Übereinkünften.

1.1.8 Maß- und Eichgesetz – MEG

Gem. § 2 Abs. 6 Z 7 Maß- und Eichgesetz ist das Dezibel (dB) die gesetzliche Maßeinheit für den Zehnerlogarithmus des Verhältnisses zweier Leistungen oder zweier Energien, wobei 1 dB 0,1 Bel beträgt.

Gem. § 8 Abs. 1 Z 10 Maß- und Eichgesetz unterliegen im amtlichen und geschäftlichen Verkehr verwendete oder bereit gehaltene Meßgeräte zur Bestimmung von Kennwerten des Geräusches einschließlich der zugehörigen Prüfeinrichtungen der Eichpflicht; dies gem. Abs. 2 leg. cit. insbesondere, wenn solche Meßgeräte von Organen der Gebietskörperschaften bei Amtshandlungen oder von öffentlich bestellten Überwachungsorganen verwendet werden.

1.2 Landesgesetzliche Grundlagen

In vielfältiger Weise nehmen die Raumordnungsgesetze und Bauvorschriften der Länder auf Lärmemissionen Bezug, indem erklärte Zielsetzung dieser Vorschriften der Schutz vor Lärmbelästigung bzw. Schutz vor Lärm ist und betreffend bestimmte Widmungskategorien vorgeschrieben wird, daß keine das örtlich zumutbare Ausmaß übersteigende Lärmbelästigung bzw. keine unzumutbare Lärmbelästigung stattfinden darf.

1.2.1 Burgenland

Burgenländisches Raumplanungsgesetz - BgldRaumplanungsG

§ 13 Abs. 2 Burgenländisches Raumplanungsgesetz sieht bereits in der Urfassung aus dem Jahr 1969 vor, daß bei der Festlegung der Widmung von Bauland, Verkehrsflächen und Grünflächen "eine Beeinträchtigung der Bevölkerung insbesondere durch Lärm, Abwässer und Verunreinigungen der Luft und dergleichen tunlichst vermieden wird". Für Wohngebiete wird in § 14 Abs. 3 lit. a weiters präzisiert, daß "die Errichtung von Einrichtungen und Betrieben zulässig ist, die ... keine das örtlich zumutbare Maß übersteigende Gefährdung oder Belästigung der Nachbarn ... verursachen". Verfahren, nach denen das Maß der möglichen Gefährdung oder Belästigung zu ermitteln ist, sind nicht angegeben.

1.2.2 Kärnten

Kärntner Gemeindeplanungsgesetz – KGemeindeplanungsG

Gemäß § 2 des Kärntner Gemeindeplanungsgesetzes ist bei der Widmung von Flächen als Bauland der Kategorien Dorfgebiete, Wohngebiete, Kurgebiete, gemischte Baugebiete und Geschäftsgebiete darauf Rücksicht zu nehmen, daß "keine örtlich unzumutbare Umweltbelastung" auftritt. § 2 Abs. 10 Kärntner Gemeindeplanungsgesetz legt allgemein fest:

"Das Bauland ist für die Errichtung aller Anlagen bestimmt, die unter Bedachtnahme auf die örtlichen Gegebenheiten und den Charakter der jeweiligen Art des Baulandes (Abs. 3 bis 9) *keine unzumutbare Umweltbelastung* mit sich bringen."

Kärntner Bauordnung – KBauO

§ 15 der Bauordnung für Kärnten regelt die Voraussetzungen für die Erteilung einer Baubewilligung. § 15 Abs. 1 KBauO lautet:

"Die Behörde hat die Baubewilligung zu erteilen, wenn dem Vorhaben nach Art, Lage, Umfang, Form und Verwendung öffentliche Interessen, insbesondere solche der Sicherheit, der Gesundheit ... nicht entgegenstehen."

In Pkt. 44 der Erläuterungen zu § 15 KBauO wird ausgeführt: "Ob ein bestimmter Lärm zu einer Versagung eines Bauvorhabens führt, ist letztlich auf Grund des Gutachtens eines medizinischen Sachverständigen zu beurteilen, ob die Methode des *äquivalenten Dauerschallpegels* für die Lärmmessung heranzuziehen ist, hat der medizinische Sachverständige darzutun (VwGH 13.9.1983, 05/0112/80, BauSlg 85)".

Ähnliches findet sich auch in Pkt. 45 der Erläuterungen zu § 15 KBauO: "Welche Auswirkungen ein bestimmter Lärm auf den menschlichen Organismus ausübt, hat ein medizinischer Sachverständiger zu beurteilen; ein *akustisches Gutachten* reicht nicht aus (VwGH 21.2.1984, 83/05/0156, BauSlg 196)".

Daraus ergibt sich, daß die Methode des *äquivalenten Dauerschallpegels* nicht das einzige für die Beurteilung heranzuziehende Kriterium darstellt, sondern psychoakustische Methoden anzuwenden sind.

Kärntner Baulärmgesetz – KBaulärmG

Das Kärntner Baulärmgesetz LGBl. 26/1973 sieht sowohl eine Begrenzung der Geräuschemissionen von Baumaschinen als auch der Geräuschemissionen, hervorgerufen durch die Bauarbeiten, vor.

§ 3 Kärntner Baulärmgesetz regelt, daß durch Verordnung der Landesregierung (LGBl. 85/1973) der Schallpegel von Maschinen, die auf einer Baustelle verwendet werden, entsprechend ihrer Art und Leistung *nach den Erkenntnissen der technischen Wissenschaften* unter Bedachtnahme auf die Hintanhaltung der Gefährdung und Belästigung der Umwelt festzusetzen ist (Emissionsgrenzwerte).

Der Schallpegel ist also jeweils nach den aktuellen Erkenntnissen der technischen Wissenschaften zu ermitteln; eine bestimmte festgelegte Meßmethode wird nicht normiert. Hier scheint die Anwendung der Psychoakustik rechtlich sogar gefordert.

§ 4 Kärntner Baulärmgesetz legt "die Höchstgrenze des Dauerschallpegels des im Zuge von Bauarbeiten auf einer Baustelle gleichzeitig, wenn aber auch bei verschiedenen Arbeitsvorgängen, erzeugten Lärms" in Abhängigkeit von der Widmungskategorie fest (Tab. 1.1).

Bauland, Nutzungsart	Grenzwert bei Tag	Grenzwert bei Nacht
Kurgebiet	45 dB(A)	35 dB(A)
Wohngebiet	50 dB(A)	40 dB(A)
Dorfgebiet	55 dB(A)	45 dB(A)
gemischtes Baugebiet und Geschäftsgebiet	60 dB(A)	50 dB(A)
Leichtindustriegebiet	65 dB(A)	55 dB(A)
Schwerindustriegebiet	70 dB(A)	60 dB(A)

Tab. 1.1: Höchstgrenze des Dauerschallpegels im Zuge von Bauarbeiten

§ 5 Kärntner Baulärmgesetz regelt, daß "die Durchführung und Auswertung der Lärmmessung *nach dem Stand der technischen Wissenschaften* zu erfolgen hat". Es wird keine bestimmte Meßmethode vorgeschrieben; dieser scheinbare Freiraum findet jedoch durch die zwingende Angabe der Immissionsgrenzwerte des § 4 Kärntner Baulärmgesetz in dB(A) seine Grenze.

Kärntner Emissionswertverordnung – KEmissionswertV

Die Verordnung der Kärntner Landesregierung vom 25. September 1973 über die zulässigen Emissionswerte von Baumaschinen legt Höchstwerte des Schalldruckpegels in dB(A) und das anzuwendende Meßverfahren fest.

Kärntner Straßengesetz - KStraßenG

§ 9 Kärntner Straßengesetz enthält Bestimmungen über den Schutz der Nachbarn. Abs. 1 lautet:

"Bei der Planung und beim Bau von Landesstraßen ist vorzusorgen, daß Beeinträchtigungen der Nachbarn durch den zu erwartenden Verkehr auf Landesstraßen unter Bedachtnahme auf die Bestimmungen des § 8 Abs. 2 so weit herabgesetzt werden, als dies durch einen im

Hinblick auf den erzielbaren Zweck wirtschaftlich vertretbaren Aufwand erreicht werden kann ...".

Der Verweis auf § 8 Abs. 2 bezieht sich auf den Umfang der Straßenerhaltungspflicht, die "nach den Erfahrungen der technischen Wissenschaften im Rahmen der finanziellen Möglichkeiten zu erfolgen hat".

1.2.3 Niederösterreich

Niederösterreichisches Raumordnungsgesetz – NöROG 1976

Gemäß § 14 Abs. 3 Niederösterreichisches Raumordnungsgesetz "hat die Landesregierung durch Verordnung *nach dem jeweiligen Stand der Wissenschaft* und unter Berücksichtigung des *die Gesundheit* der betroffenen Bewohner *belastenden Lärms* den energieäquivalenten Dauerschallpegel für die Widmungen Wohngebiet, Kerngebiet, Betriebsgebiet, Agrargebiet, Sondergebiet und Gebiete für Einkaufszentren gemäß § 17 zu bestimmen, auf den bei der Festlegung der Widmungs- und Nutzungsart der verschiedenen Flächen im Lageverhältnis zueinander Bedacht zu nehmen ist".

Mit der Verordnung der Niederösterreichischen Landesregierung vom 27. Juni 1978 über die Bestimmung des äquivalenten Dauerschallpegels bei Baulandwidmung, LGBl. 8000/4-0 werden die Immissionspegel wie folgt festgelegt (Tab 1.2).

Bauland, Nutzungsart	Grenzwert bei Tag	Grenzwert bei Nacht
Wohngebiete mit einer Wohndichte bis 120 Einwohner/ha	50 dB(A)	40 dB(A)
Wohngebiete mit einer Wohndichte über 120 Einwohner/ha	55 dB(A)	45 dB(A)
Kerngebiet	60 dB(A)	50 dB(A)
Betriebsgebiet	65 dB(A)	55 dB(A)
Agrargebiet	55 dB(A)	45 dB(A)
Sondergebiete für Kranken- und Kuranstalten, Heime, Hotels und Pensionen	45 dB(A)	35 dB(A)
andere Sondergebiete	55 dB(A)	45 dB(A)
Gebiete für Einkaufszentren	60 dB(A)	60 dB(A)

Tab. 1.2: Lärmhöchstwerte

In § 3 der oben genannten VO wird normiert, daß die Durchführung und Auswertung der Lärmmessung zur Bestimmung des äquivalenten Dauerschallpegels nach den Erfahrungen der technischen Wissenschaften vorzunehmen ist. Der äquivalente Dauerschallpegel ist jedoch als die zu ermittelnde Bezugsgröße gesetzlich zwingend vorgeschrieben.

Niederösterreichische Bauordnung - NöBauO 1976

§ 62 Abs. 2 NöBauO bestimmt u.a., daß "für Baulichkeiten, die nach Größe, Lage und Verwendungszweck ... Belästigungen der Nachbarn erwarten lassen, welche das *örtlich zumutbare Maß* übersteigen, die zur Abwehr dieser Gefahren oder Belästigungen nötigen Vorkehrungen zu treffen sind".

Durch die Formulierung "das örtlich zumutbare Maß" ist eine Überprüfung der konkreten Umstände erforderlich. Eine bestimmte Meßmethode wird nicht vorgeschrieben.

Nach HAUER/ZAUSSINGER [HAUER W., ZAUSSINGER F.: Die Bauordnung für Niederösterreich samt Duchführungsverordnungen und Nebengesetzen. 3. Auflage nach dem Stande 1. 1. 1989, Prugg Verlag, Eisenstadt 1988] können die Immissionen eine Störung des Wohlbefindens (*Belästigung*), eine *Gefährdung* der Gesundheit oder eine Gefährdung des Lebens auslösen. Welcher dieser Grade der Beeinflussung der Gesundheit der Nachbarn von den vorhersehbaren, allenfalls durch Auflagen verminderten, Auswirkungen der geplanten Baulichkeit zu erwarten ist, hat auf Grund des Gutachtens eines technischen Sachverständigen jeweils ein medizinischer Sachverständiger zu beurteilen. Er hat dabei vom Maßstab eines gesunden, normal empfindenden Menschen auszugehen.

Weiters führen HAUER/ZAUSSINGER aus, daß die Frage, ob eine Anlage eine Beeinträchtigung der Gesundheit von Nachbarn oder eine das örtlich zumutbare Maß übersteigende Belästigung herbeiführt, nur auf Grund von Gutachten von Sachverständigen beurteilt werden kann, welche nur auf Grund des derzeitigen Standes ihrer Wissenschaft ein Urteil abzugeben in der Lage sind.

1.2.4 Oberösterreich

Oberösterreichisches Raumordnungsgesetz – OöROG 1994

§ 21 Abs. 2 OöROG sieht vor, daß bei der Widmung von Bauland die Gebietskategorien in "ihrer Lage so aufeinander abzustimmen sind, daß sie sich gegenseitig möglichst nicht beeinträchtigen (funktionale Gliederung). Wo erforderlich, sind in den jeweiligen Gebieten Schutzzonen zur Erreichung eines möglichst wirksamen Umweltschutzes vorzusehen".

Oberösterreichische Bauordnung - OöBauO

§ 46 Abs. 1 OöBauO regelt nachträgliche Vorschreibungen von Auflagen und Bedingungen für bestehende bauliche Anlagen. Ergibt sich nach Erteilung der Baubewilligung, daß das ausgeführte Bauvorhaben den dafür geltenden allgemeinen bautechnischen Erfordernissen trotz Einhaltung der im Baubewilligungsbescheid oder im Benützungsbewilligungsbescheid vorgeschriebenen Auflagen und Bedingungen nicht hinreichend entspricht und tritt dadurch eine *Gefährdung* für das Leben und die körperliche Sicherheit von Menschen oder eine *unzumutbare Belästigung* der Nachbarschaft ein, so kann die Baubehörde andere oder zusätzliche Auflagen und Bedingungen vorschreiben, soweit dies zur Beseitigung der Gefährdung oder unzumutbarer Belästigung erforderlich ist.

Eine Beeinträchtigung durch Lärm wird sicherlich eine Belästigung der Nachbarschaft darstellen.

Auch § 50 Abs. 1 OöBauO bestimmt, daß bauliche Anlagen nur so benützt werden dürfen, daß u.a. "schädliche Umwelteinwirkungen möglichst vermieden werden und daß Gefahren für das Leben, die körperliche Sicherheit von Menschen, im besonderen für die Benützer der Bauten und die Nachbarschaft und Beschädigungen fremder Sachwerte verhindert werden".

Oberösterreichisches Bautechnikgesetz - OöBauTG

§ 13 OöBauTG enthält Vorschriften bezüglich des Schallschutzes. Dort heißt es im Abs. 4: "Schall, der von einer baulichen Anlage ausgeht oder in einer baulichen Anlage erzeugt wird (Geräuschemissionen), ist so zu dämmen, daß eine *unzumutbare Belästigung* für die Allgemeinheit und im besonderen für die Benützer der baulichen Anlage und für die Nachbarschaft entsprechend dem jeweiligen *Stand der Technik* vermieden wird".

Erkenntnisse, welche die Psychoakustik liefert, werden gemäß dieser "Schallschutz-bestimmung" auch hier Berücksichtigung finden müssen.

Oberösterrreichische Bautechnikverordnung – O.ö.BauTV

§ 18 O.ö.BauTV normiert einerseits die Zeit, während der Bauarbeiten, die im Freien Lärm erzeugen, vorgenommen werden dürfen, und andererseits den maximal zulässigen Schalldruckpegel. Wiederkehrende Lärmspitzen dürfen 85 dB nicht überschreiten. Ausnahmen von § 18 Abs. 1 und 2 O.ö.BauTV dürfen gemäß § 18 Abs. 3 O.ö.BauTV u.a. nur dann gemacht werden, wenn berechtigten Interessen der Sicherheit und der Gesundheit von Nachbarn durch geeignete Ersatzmaßnahmen Rechnung getragen wird.

1.2.5 Salzburg

Salzburger Raumordnungsgesetz – SlzbgROG

§ 17 SlzbgROG, welcher Bauland definiert, normiert in Abs. 1 lit. c und Abs. 2 lit. c, daß Betriebe nur dann für reine Wohngebiete bestimmt sind, wenn sie u.a. nicht geeignet sind Lärmbelästigung zu verursachen. § 17 Abs. 4 lit. a normiert dieselbe Auflage für Klein- und Mittelbetriebe im ländlichen Kerngebiet.

Salzburger Baupolizeigesetz – SlzbgBauPolG

§ 13 Abs. 1 Salzburger Baupolizeigesetz lautet: "Bei der Ausführung baulicher Maßnahmen dürfen Maschinen, Werkzeuge und Material nur solcher Art und in einer solchen Art und Weise verwendet werden, daß der von der Baustelle ausgehende Baulärm, soweit dies mit technisch zumutbaren Mitteln vermieden werden kann, *keine Gefahren*, erhebliche Nachteile oder *erhebliche Belästigungen* bewirkt. Die Landesregierung kann unter Bedachtnahme auf die Anforderungen der Gesundheit, des Fremdenverkehrs, des Kurortewesens und der Art und Dichte der Besiedelung *nach den Erkenntnissen der Wissenschaften* und technischen Mög-lichkeiten durch Verordnung jene Lärmgrößen festlegen, die von einzelnen auf Baustellen verwendeten Maschinen sowie von der gesamten Baustelle aus nicht überschritten werden dürfen".

Eine entsprechende Verordnung wurde bisher nicht erlassen. Wieder findet man den Verweis auf die Erkenntnisse der Wissenschaften und auf die technischen Möglichkeiten, welcher den Schluß nahelegt, daß rein dB(A)-bezogene Meßmethoden nicht ausreichend sind und die Anwendung anderer Meßmethoden (z.B. Psychoakustik) gesetzlich geboten scheint.

§ 15 Abs. 3 SlzbgBauPolG, welcher die Überwachung der Ausführung der baulichen Maßnahmen zum Inhalt hat, besagt: "Die Baubehörde hat die Weiterverwendung einer Maschine, die *unzulässigen Lärm* (§ 13 Abs. 1) verursacht, im Rahmen der betreffenden Baumaßnahmen zu untersagen. Werden von einer Baustelle aus die zulässigen Lärmgrenzen wiederholt und trotz Hinweis überschritten, kann die Ausführung der baulichen Maßnahme solange eingestellt werden, als ihre Fortsetzung in einer den diesbezüglichen Vorschriften entsprechenden Weise nicht sichergestellt ist".

Da hier explizit auf § 13 Abs. 1 SlzbgBauPolG verwiesen wird, werden wohl die dort vorgeschriebenen Meßmethoden (die dem Stand der technischen Wissenschaften entsprechen) auch bei der Überwachung der Ausführung der baulichen Maßnahmen heranzuziehen sein.

Salzburger Bautechnikgesetz - SlzbgBauTG

Die §§ 1, 4 Abs. 3, 9 Abs. 1, 10 Abs. 2 und 12 Abs. 1 Salzburger Bautechnikgesetz enthalten alle *Schallschutz*vorschriften, jedoch keine den *Lärmschutz* betreffende Regelungen bezüglich der Ausführung von Bauten.

1.2.6 Steiermark

Steirisches Raumordnungsgesetz - StmkROG

Vorschriften, die der entsprechenden Nutzung widersprechende Immissionsbelastungen hintanhalten sollen, finden sich in § 23 StmkROG, welcher die verschiedenen Nutzungskategorien festlegt. So heißt es u.a. in § 23 Abs. 1 Z 5 StmkROG, daß als vollwertiges Bauland nur Grundflächen festgelegt werden dürfen, die "keiner der beabsichtigten Nutzung widersprechenden Immissionsbelastung (*Lärm*, Luftschadstoffe, Erschütterungen u. dgl.) unterliegen".

Steirisches Baugesetz – StmkBauG

§ 4 Z 11 Steirisches Baugesetz definiert Baulärm als "jedes die öffentliche Ordnung störendes Geräusch, das im Zuge von Bauarbeiten entsteht".

Gemäß § 35 Abs. 1 StmkBauG ist "bei der Baudurchführung darauf zu achten, daß die Sicherheit von Menschen und Sachen gewährleistet ist, und *unzumutbare Belästigungen* vermieden werden".

Weiters werden die Gemeinden in § 35 Abs. 3 StmkBauG ermächtigt, "durch Verordnung bestimmen zu können, daß in der Nähe von Einrichtungen, die eines besonderen Schutzes gegen Lärm bedürfen, wie z.B. Schulen, Kirchen, Krankenanstalten, Erholungsheime und Kindergärten, sowie zum Schutz von Kur- und Erholungsgebieten lärmerregende Bauarbeiten während bestimmter Zeiten überhaupt nicht vorgenommen sowie bestimmte Baumaschinen nicht verwendet werden dürfen, und welche *Vorkehrungen* gegen die Ausbreitung des Baulärms getroffen werden müssen".

Steirisches Baulärmgesetz - StmkBaulärmG

Mit Inkrafttreten des StmkBaulärmG, LGBl. 59/1995, tritt das bisher geltende Steirische Baulärmgesetz, LGBl. 129/1974, außer Kraft. Das Baulärmgesetz hat Immissionsgrenzwerte, welche bei der Baudurchführung einzuhalten waren, enthalten. Die Überwachung hat sich jedoch als nicht praktikabel erwiesen.

1.2.7 Tirol

Tiroler Raumordnungsgesetz - TirROG 1994

In § 27 Abs. 2 lit. c TirROG 1994 wird "die weitestmögliche Vermeidung von Nutzungskonflikten und wechselseitigen Beeinträchtigungen beim Zusammentreffen verschiedener Baulandwidmungen" als besonderes Ziel der örtlichen Raumordnung festgelegt. Ebenso ist gemäß § 37 Abs. 3 bei der Widmung von Wohn-, Gewerbe-/Industrie- und Mischgebieten "darauf Bedacht zu nehmen, daß gegenseitige Beeinträchtigungen, insbesondere durch Lärm, Luftverunreinigungen, Geruch oder Erschütterungen so weit wie möglich vermieden werden".

§ 38 Abs. 3 lit. b regelt weiters, daß "auf Grundflächen, welche als Wohngebiet oder gemischtes Wohngebiet gewidmet sind, wo rechtmäßig bereits Gebäude für andere als die im Wohngebiet oder gemischten Wohngebiet zulässigen Betriebe oder Einrichtungen bestehen, Gebäude für diese Betriebe bzw. Einrichtungen errichtet werden dürfen, wenn dies weder eine Gefahr für das Leben und die Gesundheit noch eine ... größere Belästigung der Bevölkerung, insbesondere durch Lärm, Luftverschmutzung, Geruch oder Erschütterungen ... bewirkt".

Verfahren, nach denen das Maß der möglichen Gefährdung oder Belästigung zu ermitteln ist, sind nicht angegeben.

Tiroler Bauordnung - TirBauO

Eine Grundsatzbestimmung bezüglich zulässiger Lärmentwicklung findet sich im § 38 Abs. 2 der Tiroler Bauordnung. Dort heißt es, daß "der Bauführer bei der Bauausführung alle Maßnahmen zu treffen hat, die die Sicherheit von Menschen und Sachen gewährleisten und *unzumutbare Belästigungen* der Nachbarn, insbesondere durch *Lärm* und Staub, hintanhalten".

§ 38 Abs. 4 normiert, daß "die Landesregierung unter Bedachtnahme auf die Gesunderhaltung der Bevölkerung und die Erholung der Fremdengäste durch Verordnung nähere Bestimmungen darüber zu erlassen hat, welche Grenzwerte der Lärm an Baustellen nicht überschreiten darf. In dieser Verordnung kann auch festgelegt werden, daß während bestimmter Zeiten jede Lärmentwicklung an Baustellen untersagt ist".

Tiroler Baulärmverordnung – TirBaulärmVO

§ 1 TirBaulärmVO definiert Baulärm als "jedes störende Geräusch, das durch Bauarbeiten auf Baustellen verursacht wird".

§ 3 Abs. 1 und 2 TirBaulärmVO gibt die Höchstgrenzen des Gesamtschallpegels (in Dezibel A-bewertet) für die jeweilige Widmungskategorie für Tages- (7°°- 20°°) und Nachtzeit sowie für Wochenenden an. Nach § 5 sind jedoch Ausnahmen bzgl. des höchstzulässigen Gesamtschallpegels unter bestimmten Voraussetzungen zulässig.

Bauland, Nutzungsart	Grenzwert bei Tag (an Wochentagen zwischen 7°° und 20°°)	Grenzwert bei Nacht (sowie Samstag ab 12°°, Sonn- u. Feiertag ganztägig)
Kurbezirke	45 dB(A)	35 dB(A)
Fremdenverkehrsgebiete	50 dB(A)	40 dB(A)
Kerngebiete	60 dB(A)	55 dB(A)
Mischgebiete	65 dB(A)	55 dB(A)
Gewerbe- u. Industriegebiete	70 dB(A)	70 dB(A)

Tab. 1.3: Grenzwerte für den Gesamtschallpegel gem. § 3 Tiroler BaulärmVO

In § 4 TirBaulärmVO sind die Grenzwerte für den Schallpegel von Baumaschinen und die genaue Meßmethode zur Ermittlung des Schallpegels von Baumaschinen festgelegt.

1.2.8 Vorarlberg

Vorarlberger Raumplanungsgesetz -VoRPG

Eines der Ziele der Raumplanung ist gemäß § 2 Abs. 2 lit. b VoRPG der "Schutz der Umwelt, insbesondere durch ... Sicherung vor Lärm- und Geruchsbelästigung ...". Darüber hinaus dürfen in Wohngebieten andere Bauwerke [als Wohngebäude] nur errichtet werden, wenn ... ihre ordnungsgemäße Benützung keine Gefahren oder Belästigungen für Einwohner mit sich bringt. Verfahren, nach denen das Maß der möglichen Gefährdung oder Belästigung zu ermitteln ist, sind nicht angegeben.

1.2.9 Wien

Wiener Garagengesetz - WrGaragenG

Für den Wiener Bereich ist insbesondere das Wiener Garagengesetz (§ 6 Abs. 1) zu nennen, wo ausdrücklich normiert ist, daß jede Anlage zur Einstellung von Kraftfahrzeugen und jede

Tankstelle so beschaffen sein muß, "... daß eine das nach der festgesetzten Widmung zulässige Ausmaß übersteigende Belästigung der Bewohner derselben Liegenschaft oder der Nachbarn durch Lärm, üblen Geruch oder Erschütterung nicht zu erwarten ist".

Wiener Baulärmgesetz - WrBaulärmG
In Wien gibt es überdies ein eigenes Gesetz vom 26.1.1973 LGBl. 16 (i.d.F. LGBl. 25/1981 und 17/1991) zum Schutz gegen Baulärm. Die wesentlichsten Bestimmungen dieses Gesetzes lauten:

§ 1 Abs. 1:
"(1) Baulärm im Sinne dieses Gesetzes ist jedes die öffentliche Ordnung störende Geräusch, das im Zuge von Bauarbeiten erzeugt wird. Unter Bauarbeit wird jeder Arbeitsvorgang bis zur Fertigstellung eines Bauvorhabens, der Abbruch von Baulichkeiten, die Einrichtung von Baustellen, die Vornahme von Erdbewegungsarbeiten sowie von Probebohrungen verstanden."

§ 2 Abs. 1:
"(1) Der Bauführer (§ 124 Abs. 1 der Bauordnung für Wien in der geltenden Fassung) hat, unbeschadet der Bestimmungen des § 3, dafür zu sorgen, daß jeder unnötige Baulärm auf der Baustelle vermieden wird. Er ist dafür verantwortlich, daß die Bestimmungen dieses Gesetzes sowie die auf Grund dieses Gesetzes erlassenen Verordnungen eingehalten werden."

§ 3: Grenzwerte
"(1) Durch Verordnung der Landesregierung ist zur Sicherung eines ausreichenden Schutzes der Umwelt sowie zur Erzielung eines größtmöglichen Schutzes der Anrainer vor Gefährdung und Belästigung entsprechend dem jeweiligen Stand der Technik der höchstzulässige Schallpegel bestimmter Kategorien von Baumaschinen als Geräuschleistungspegel festzusetzen (Emissionsgrenzwert). Die Landesregierung hat alle zwei Jahre nach Erlassung der Verordnung zu prüfen, ob der höchstzulässige Schallpegel dem jeweiligen Stand der Technik entspricht. Kann der höchstzulässige Schallpegel dem fortentwickelten Stand der Technik entsprechend herabgesetzt werden, so hat die Landesregierung die neuen Werte durch Verordnung festzulegen. Unter Bedachtnahme auf die wirtschaftlichen Kriterien einer Bauführung können hierbei zum Zeitpunkt der Erlassung der Verordnung und zum Zeitpunkt der jeweiligen Anpassung höchstzulässige Schallpegel festgelegt werden, die erst ab einem späteren Zeitpunkt gelten.

(2) Durch Verordnung der Landesregierung ist der höchstzulässige Schallpegel aller im Zuge einer Bauarbeit, sei es auch bei verschiedenen Arbeitsvorgängen, gleichzeitig erzeugten Geräusche nach Maßgabe der Widmungskategorien im Bauland (§ 4 Abs. 2 lit. c der Bauordnung für Wien in der geltenden Fassung) und unter Bedachtnahme auf die in Abs. 1 genannten Erfordernisse im Freien vor dem Fenster eines Aufenthaltsraumes (§ 87 Abs. 3 der Bauordnung für Wien in der geltenden Fassung) festzusetzen (Immissionsgrenzwert).

(3) Die Lärmmessung hat nach dem jeweiligen Stand der technischen Wissenschaft zu erfolgen. Durch Verordnung der Landesregierung können über die Lärmmessung und das dabei zu beobachtende Verfahren Vorschriften erlassen oder entsprechende Richtlinien als verbindlich erklärt werden.

(4) Der Schallpegel der Emissionsgrenzwerte und der Immissionsgrenzwerte ist A-bewertet in dB festzusetzen.

(5) Die Behörde kann über Antrag von den Grenzwerten der nach Abs. 1 oder 2 zu erlassenden Verordnungen Ausnahmen bewilligen, wenn andernfalls die Bauführung

a) in Ansehung der technischen Erfordernisse nicht durchgeführt werden könnte oder

b) einen erheblichen wirtschaftlichen Aufwand erfordern würde; als erheblich ist der wirtschaftliche Aufwand dann anzusehen, wenn er die Bauführung in einer zu den Gesamtkosten des Projektes unverhältnismäßigen Höhe belasten würde. Eine unverhältnismäßige Höhe ist jedenfalls dann gegeben, wenn die Belastung mehr als 5% der geschätzten Gesamtkosten des Projektes beträgt. Gesamtkosten des Projektes sind jene Kosten, die notwendig sind, um an der betroffenen Baulichkeit oder Anlage eine beabsichtigte bautechnische Maßnahme zu verwirklichen, ungeachtet des Umstandes, daß die Arbeiten, aus welchem Grund immer, nur in zeitlichen Abständen oder von verschiedenen Gewerbetreibenden ausgeführt werden. Hiebei ist nach den vorliegenden Kostenvoranschlägen bei Fehlen von solchen durch behördliche Schätzung vorzugehen. Die Kostenvoranschläge unterliegen hiebei hinsichtlich der Durchführung und Preisangemessenheit der behördlichen Überprüfung.

(6) Die Ausnahmebewilligung nach Abs. 5 ist nur dann zu erteilen, wenn nicht öffentliche Interessen, insbesondere solche der Gesundheit der Nachbarschaft, entgegen stehen. Die Bewilligung ist an Auflagen, Bedingungen und Befristungen zu knüpfen, soweit dies zur Wahrung der öffentlichen Interessen erforderlich ist. Sie ersetzt nicht die für Arbeiten zur Nachtzeit erforderliche Bewilligung nach § 4.

(7) Vor rechtskräftiger Erteilung der Ausnahmebewilligung darf die betreffende Bauarbeit nicht begonnen oder fortgesetzt werden.

(8) Über ein ordnungsgemäß belegtes Ansuchen ist in der Regel binnen 4 Wochen zu entscheiden."

Eine Verordnung gem. § 3 Abs. 3 des Wiener Baulärmgesetzes wurde bisher nicht erlassen (vgl. Geuder-Hauer, Wiener Bauvorschriften 2 Anm. 3 zu § 3 Wiener Baulärmgesetz).

Abgesehen von § 72 GewO und § 3 des Wiener Baulärmgesetzes, die beide hinsichtlich des Schallpegels bzw. des Geräuschleistungspegels vorschreiben, daß er A-bewertet in dB festzusetzen ist, enthalten alle genannten Vorschriften keine näheren Regeln betreffend die zur Lärmmessung anzuwendenden Methoden. Aus § 3 Abs. 3 des Wiener Baulärmgesetzes ist weiters zu gewinnen, daß es für die Lärmmessung auf den jeweiligen Stand der technischen Wissenschaften ankommt.

1.3 Das Wesen der psychoakustischen Methode

Diese berücksichtigt im Wege eines verbesserten Lärmbewertungsverfahrens über den Schallpegelwert hinaus auch andere Faktoren, die insgesamt als "lästiger Lärm" empfunden werden, insbesondere die Lautheit, den Einfluß der jeweiligen Tages- und Nachtzeit, die Schärfe, die zeitliche Struktur und die tonalen Komponenten.

Die Methode wurde auf Basis der Erkenntnis entwickelt, daß es verschiedene Geräusche gibt, die denselben A-bewerteten Schallpegel besitzen, die aber doch ganz unterschiedlich laut und im Ergebnis unterschiedlich lästig (störend) empfunden werden.

Es stellt sich nun die Frage, ob diese Methode im Sinne des aufgrund der gesetzlichen Vorgaben maßgeblichen Standes der Technik als Erkenntnisquelle zur Beurteilung gesundheitlicher Gefährdungen bzw. (un)zumutbarer Belästigungen im Sinne des § 77 Abs. 1 Z 1 und 2 GewO (aber auch darüber hinaus in allen anderen Bereichen, wo es auf die Beurteilung von Lärmimmissionen ankommt) zulässig ist.

1.4 Standpunkt der Judikatur des Verwaltungsgerichtshofes

Zunächst ist festzuhalten, daß nach Auffassung des VwGH dann, wenn eine Messung der (z.B. von einer Betriebsanlage) Immissionen möglich ist, immer eine solche vorzunehmen und die bloße Schätzung bzw. Berechnung der Immissionen aufgrund der Projektunterlagen unzulässig ist (VwGH, 30. 6. 1986, 85/04/0128; 3. 9. 1996, 95/04/0189 und 8. 10. 1996, 94/04/0191).

Sowohl die Beurteilung der Frage, ob Lärmimmissionen geeignet sind, die Gesundheit der Nachbarn zu beeinträchtigen, als auch die Beurteilung der Zumutbarkeit einer Belästigung der Nachbarn durch Lärm sind Rechtsfragen, deren Lösung der Behörde obliegt (VwGH 29.3.1994, 93/04/0145; 21.9.1993, 91/04/0123 und 19.10.1993, 91/04/0163 u.a.).

Grundlage für die Entscheidung dieser Rechtsfrage durch die Behörde sind sachverhaltsbezogene Feststellungen auf der Basis von Sachverständigengutachten, einerseits aus dem Gebiete der gewerblichen Technik und andererseits aus dem Gebiete des Gesundheitswesens (VwGH 29.3.1994, 93/04/0145; 19.10.1993, 91/04/0163). Das Ergebnis der Beweisaufnahme durch die Sachverständigen bildet nur ein Element des für die Erlassung des Bescheides maßgeblichen Sachverhaltes (VwGH 19.10.1993, 91/04/0163).

Zur Aufgabenstellung für den gewerbetechnischen und den medizinischen Sachverständigen vertritt der Verwaltungsgerichtshof in ständiger Rechtsprechung folgende Meinung:

Den Sachverständigen obliegt es, aufgrund ihres Fachwissens ein Gutachten abzugeben. Der gewerbetechnische Sachverständige hat sich über die Art und das Ausmaß der von der Betriebsanlage zu erwartenden Immissionen zu äußern.

Dem ärztlichen Sachverständigen fällt, fußend auf dem Gutachten des gewerbetechnischen Sachverständigen, die Aufgabe zu, darzulegen, welche Einwirkungen die zu erwartenden unvermeidlichen Immissionen nach Art und Dauer auf den menschlichen Organismus, entsprechend den in diesem Zusammenhang in § 77 Abs. 2 GewO enthaltenen Tatbestandsmerkmalen, auszuüben vermögen. Aufgrund der Sachverständigengutachten hat sich sodann die Behörde im Rechtsbereich ihr Urteil zu bilden (VwGH 19.10.1993, 91/04/0163; 29.3.1994, 93/04/0145; 29.5.1990, 89/04/0225; 20.9.1994, 92/04/0279 und 20.10.1992, 92/04/0096).

In der Medizin werden in diesem Zusammenhang auch psychoakustische Faktoren zur Beurteilung von Belästigungen, Gesundheitsstörung bzw. Gesundheitsgefährdungen berücksichtigt; die Technik ist dazu heute in der Lage, die entsprechenden Meßmethoden zu liefern. Nach Meinung des VwGH enthält die Gewerbeordnung selbst keine Vorgaben für die Gutachtenserstellung. Zu beachten sind die nach dem jeweiligen Stand der Technik bzw. der medizinischen oder sonst in Betracht kommenden Wissenschaft anerkannten Methoden. Der VwGH hat in diesem Zusammenhang in seinem Erkenntnis vom 2.7.1992, 92/04/0061 der Behörde aufgetragen, sich mit den genannten (in einem Privatgutachten aufgeworfenen) Aspekten auseinanderzusetzen und deshalb den angefochtenen Bescheid aufgehoben. Konkret ging es (wie schon zuvor im ersten Rechtsgang - Erk. vom 23.4.1991, 90/04/0274) unter anderem um die Berücksichtigung der Häufigkeit und allfälligen Klangcharakteristik der einzelnen Lärmereignisse (Lärmspitzen) und ihrer Relation zum herrschenden Grundgeräuschpegel.

Der VwGH hat allerdings in dem oben schon zitierten (späteren) Erkenntnis 93/04/0145 betont, daß kein allgemeiner Erfahrungssatz existiert, wonach die einschlägigen Fragen nur unter Anwendung der psychoakustischen Beurteilung gelöst werden können. Die psychoakustische Beurteilungsmethode ist also keineswegs die allein maßgebliche. Der VwGH hat aber der damals belangten Behörde dennoch aufgetragen, das eingeholte Gutachten (das lediglich vom erhobenen Wert des Dauerschallpegels ausgegangen war) dahin zu ergänzen, daß nicht nur die annähernd gleichbleibenden Lärmgeschehnisse zu berücksichtigen sind, sondern zusätzlich auftretende Lärmspitzen und weiters der Charakter der einzelnen Lärmereignisse wie z.B. der Impulscharakter und die Informationshaltigkeit.

Daraus folgt, daß der VwGH auch in diesem Fall die Auseinandersetzung mit psychoakustisch relevanten Faktoren als erforderlich angesehen hat.

Im Erkenntnis vom 25.5.1993, 92/04/0233 erachtete der VwGH insbesondere die Bedachtnahme auf die Frage der Gleichzeitigkeit oder Verschiedenzeitigkeit bzw. Unkoordinierbarkeit des Auftretens der verschiedenen Lärmereignisse als relevant und deshalb das eingeholte medizinische Sachverständigengutachten als unschlüssig.

Im Erkenntnis vom 27.4.1993, 90/04/0265, 0268 führte der VwGH aus, daß die Ermittlung der Auswirkungen von Lärmemissionen auf den menschlichen Organismus zweifelsfrei der Untersuchung mit "Methoden der (medizinischen) Naturwissenschaft" zugänglich sei.

Im Erkenntnis vom 19.10.1993, 91/04/0163 betonte der VwGH (unter Berufung auf sein Erkenntnis vom 29.1.1991, 90/04/0178), daß hinsichtlich der Eigenart des Geräusches, wie z.B. Impulscharakter, besondere Frequenzzusammensetzung und Informationshaltigkeit, subjektive Wahrnehmungen durch den ärztlichen Sachverständigen von Bedeutung sein können.

Im Erkenntnis vom 29.5.1990, 89/04/0225 hob der VwGH die Bedeutung, die Spitzenwerten zukommt, die durch "Klopfen und Schlagen" aufgrund ihrer von den Verkehrsgeräuschen abweichenden Klangcharakteristik aus den Umgebungsgeräuschen herauszuhören seien, hervor.

Besonders deutlich wurde der VwGH im Erkenntnis vom 20.9.1994, 94/04/0054. Er führte darin u.a. wörtlich aus:

"... dabei gehört es grundsätzlich zu den Aufgaben des gewerbetechnischen Sachverständigen, sich in einer die Schlüssigkeitsprüfung ermöglichenden Weise nicht nur über das Ausmaß, sondern auch über die Art der zu erwartenden Immissionen zu äußern und in diesem Zusammenhang darzulegen, ob und gegebenenfalls welche Eigenart einem Geräusch (wie z.B. Impulscharakter, besondere Frequenzzusammensetzung) unabhängig von seiner Lautstärke anhaftet. Demgegenüber hat der ärztliche Sachverständige auch dann, wenn hinsichtlich der Klangcharakteristik subjektive Wahrnehmungen von Bedeutung sein können, vor allem von den objektiven, durch den gewerbetechnischen Sachverständigen aufgenommenen Beweisen in seinem Gutachten auszugehen."

Der VwGH betonte dabei, daß "eine bloße Gegenüberstellung des Dauerschallpegels mit den betriebskausalen Störgeräuschimmissionen, ohne daß in schlüssig erkennbarer Weise vor allem auf das Verhältnis von Intensität, Klangcharakteristik und Häufigkeit der Störgeräusche gegenüber dem Grundgeräuschpegel und der Intensität, Klangcharakteristik und Häufigkeit der sonstigen sich über den Grundgeräuschpegel erhebenden Umgebungsgeräusche eingegangen wird, - jedenfalls ohne nähere Begründung - keine Rückschlüsse auf eine Belästigung der Nachbarn durch betriebskausale Immissionen zuläßt."

Außerdem wurde in dem zitierten Erkenntnis (im Zusammenhang mit der Beurteilung des Geräusches von abtropfendem Tauwasser in Dachrinnen) hervorgehoben, daß "in Fällen, in denen die akustische Umgebungssituation während der in Betracht zu ziehenden Zeiträume starken Schwankungen unterliegt, die Auswirkung der von der zu genehmigenden Betriebsanlage ausgehenden Immissionen unter Zugrundelegung jener Situation zu beurteilen sind, in der diese Immissionen für den Nachbarn am ungünstigsten (belastendsten) sind." Diese Meinung hatte der VwGH zuvor schon im Erkenntnis vom 2. 10. 1989, 87/04/0046, vertreten, und daran hat der Gerichtshof seither wiederholt ausdrücklich festgehalten (Erkenntnisse vom 27. 6. 1995, 95/04/0029, 3.9.1996, 95/04/0189 und vom 8. 10. 1996, 94/04/0191).

Betreffend die Aufgaben des medizinischen Gutachters führte der VwGH in seinem Erkenntnis vom 22.11.1994, 94/04/0129 u.a. aus:

"Zur Gewinnung eines medizinisch fundierten Substrats für die Beurteilung, ob von einer gewerblichen Betriebsanlage ausgehende Schallimmissionen den Nachbarn zumutbar oder unzumutbar sind oder gar eine Gefährdung ihrer Gesundheit befürchten lassen, bedarf es zunächst einer umfassenden generellen und sachlich fundierten Darstellung der Reaktionen des menschlichen Körpers auf Schallimmissionen verschiedener Intensität - allenfalls unter besonderer Berücksichtigung der Auswirkungen auf die Erholungsfunktion des Schlafes - hieraus sind sodann Erkenntnisse über die Auswirkungen der konkreten Schallimmissionen auf die betroffenen Nachbarn abzuleiten."

Im Erkenntnis vom 20.9.1994, 92/04/0279 wurde mit besonderer Deutlichkeit darauf hingewiesen, daß es allein auf den erhobenen durchschnittlichen Schallpegel (Dauerschallpegel) nicht ankommt, wörtlich heißt es dazu:

"Die Beschwerde erweist sich ... als berechtigt, weil das Gutachten des ... Bedenken begegnet, die seine Schlüssigkeit in Zweifel ziehen. Der Sachverständige geht nämlich bei Verneinung des Vorliegens einer Gesundheitsgefährdung lediglich von dem erhobenen "durchschnittlichen Schallpegel" aus, ohne in einer für den VwGH nachprüfbaren schlüssigen Weise darzulegen, warum unabhängig von dem - hier nicht - als gesundheitsschädigend festgestellten Grenzwert des Dauerschallpegels durch den Charakter der einzelnen erhobenen Lärmereignisse (z.B. Impulscharakter, Informationshaltigkeit, etc.) und der damit verbundenen, immer wieder auftretenden Lärmspitzen (Bremsenzischen, starkes Gasgeben, Hämmern aus der Werkstatt) keine Gesundheitsgefährdung gegeben ist."

Wie der VwGH weiters in seinem Erkenntnis vom 29.1.1991, 90/04/0178 betonte, muß der medizinische Sachverständige von dem objektiv durch den gewerbetechnischen Sachverständigen aufgenommenen Beweis ausgehen. Der Gerichtshof führte dazu aus:

"Selbst dann, wenn etwa hinsichtlich der Eigenart eines Geräusches, wie z.B. Impulscharakter, besondere Frequenzzusammensetzung und Informationshaltigkeit, subjektive Wahrnehmungen durch den ärztlichen Sachverständigen von Bedeutung sein können, hat dieser hiebei von dem objektiv durch den gewerbetechnischen Sachverständigen aufgenommenen Beweis in seinem Gutachten auszugehen."

Im Erkenntnis vom 12.7.1994, 92/04/0067, 0068 hatte sich der VwGH mit der Frage der Bedeutung von allgemeinen Lärmbeurteilungsrichtlinien zu befassen. Er führte dazu u.a. aus:

"Allgemeine Lärmbeurteilungsrichtlinien (hier: → *ÖAL-Richtlinien* und → *ÖNORM S 5021*) haben nur jene Bedeutung, die ihnen durch Gesetz (oder Verordnung) beigemessen wird; sie sind, wie andere Sachverhaltselemente, Gegenstand der Beweisaufnahme und der Beweiswürdigung und können ohne Darlegung der ihnen zugrundeliegenden fachlichen Prämissen nicht herangezogen werden (24.1.1980, 1115/79 VwSlg 10020/A). Daraus folgt aber, daß eine unmittelbare Anwendung von Lärmbeurteilungsrichtlinien im Zusammenhang mit "raumplanerischen Richtlinien ... für ein erweitertes Wohngebiet" bei der Beurteilung von Lärmimmissionen i.S.d. § 77 Abs. 2 GewO nicht statthaben kann, und zwar i.S.d. Beschwerdevorbringens, daß eine Überschreitung der Werte der Richtlinien jedenfalls als zumutbare Lärmstörung zu werten sei."

Im Erkenntnis vom 20.10.1992, 92/04/0096 hatte sich der VwGH mit der Frage zu befassen, ob Mähdrescher und Traktoren lärmtechnisch und medizinisch anders zu beurteilende Störwirkungen entfalten können als ein Lkw. Der Verwaltungsgerichtshof führte dazu aus:

"Die belangte Behörde begnügte sich im angefochtenen Bescheid im gegebenen Zusammenhang nämlich damit "grundsätzlich" festzuhalten, daß die Motorgeräusche von Traktoren in ländlichen Gebieten zum gewohnten Umgebungsgeräusch zählen und nicht durch besondere Auffälligkeiten hervorstechen; aufgrund "der geringen Anzahl der Traktorgeräusche" und "ihrer grundsätzlich nicht anderen Charakteristik gegenüber Lkw-Geräuschen (beide Male handle es sich um relativ langsam laufende Dieselmotoren)" fielen diesbezüglich Lärmemissionen nicht ins Gewicht. Demgegenüber ist es nach allgemeiner Lebenserfahrung zumindest nicht von vorn herein ausgeschlossen, daß Mähdrescher und Traktoren zufolge der besonderen - impulshaltigen - Charakteristik ihrer Motorengeräusche an einer benachbarten Tankstelle lärmtechnisch und in der Folge auch medizinisch anders zu beurteilende akustische Störwirkungen als ein - wenn auch nicht lärmarm konstruierter und in einer geräuschvollen und forcierten Fahrweise betriebener - Lkw entfalten können. Der technische und der medizinische Sachverständige hätten eine Beurteilung dieser Frage in ihre Sachverständigengutachten einbeziehen müssen, was jedoch unterblieb."

Mit dieser Entscheidung wird eindeutig klargestellt, daß auch der technische Sachverständige auf Fragen unterschiedlicher Faktoren, z.B. auf die impulshaltige Charakteristik von Motorengeräuschen einzugehen hat!

1.5 Schlußfolgerungen

- Letzten Endes ist die Beurteilung der Frage, ob Lärm gesundheitsgefährdend ist bzw. eine (un)zumutbare Belästigung der Nachbarn darstellt, eine von der Behörde zu entscheidende Rechtsfrage.

- Die zur Entscheidung dieser Rechtsfrage erforderlichen Sachverhaltsfeststellungen sind aufgrund der Ergebnisse von Sachverständigengutachten (und zwar eines gewerbetechnischen und eines medizinischen) zu treffen, wobei die Gewerbeordnung keine Vorgaben für die Gutachtenserstellung enthält. In der Gewerbeordnung (und in anderen Vorschriften) wird allenfalls auf den Stand der Technik und den Stand der medizinischen oder sonst in Betracht kommenden Wissenschaften Bezug genommen. Nur in § 65 Abs. 2 ASchG ist ausdrücklich darauf hingewiesen, daß bei Messungen gegebenenfalls auch Impulslärm zu berücksichtigen ist.

- Der technische Sachverständige hat sich insbesondere zur Art und zum Ausmaß der Lärmimmissionen zu äußern, und zwar auch zu Faktoren, die über die bloße Messung des Schallpegels hinausgehen.

- Auf der durch den gewerbetechnischen Sachverständigen ermittelten Basis fußend, hat dann der medizinische Sachverständige die Aufgabe, darzulegen, welche Einflüsse die Lärmemission nach ihrer Art und Dauer auf den menschlichen Organismus hat.

- Da die Technik heute in der Lage ist, jene Grundlagen zu liefern, die für den medizinischen Gutachter zur Berücksichtigung psychoakustischer Faktoren erforderlich sind, und weil die nach dem jeweiligen Stand der Technik (bzw. der medizinischen oder sonst in Betracht kommenden Wissenschaften) anerkannten Methoden zu berücksichtigen sind, ist die Berücksichtigung auch psychoakustischer Faktoren nicht nur zulässig, sondern sogar gesetzlich geboten (vgl. § 77 Abs. 1 GewO sowie § 17 Abs. 2 UVP-G, § 65 Abs. 2 ASchG und § 3 Abs. 3 WrBaulärmG). Im Rahmen des zivilrechtlichen Nachbarschaftsschutzes gemäß § 364 Abs. 2 ABGB bietet die von der Judikatur betonte Störungseignung eine Grundlage für die Berücksichtigung psychoakustischer Umstände.

- Die Unterlassung der Auseinandersetzung mit den genannten psychoakustischen Faktoren belastet ein Ermittlungsverfahren mit einem Verfahrensmangel, der zur Bescheidaufhebung führen muß.

- Es existiert jedoch (noch) kein allgemeiner Erfahrungssatz des Inhaltes, daß nach dem Stand der (medizinischen) Wissenschaft die einschlägige Frage nur unter Anwendung der psychoakustischen Methode zu lösen wäre.

- Allgemeine Lärmbeurteilungsrichtlinien haben nur jene Bedeutung, die ihnen allenfalls durch ein Gesetz oder eine Verordnung beigemessen wird; davon abgesehen sind sie bloß Sachverhaltselemente, die Gegenstand der Beweisaufnahme sind.

- Das Maß- und Eichgesetz steht einer Anwendung der psychoakustischen Methode nicht entgegen, weil es lediglich normiert, unter welchen Voraussetzungen ein Meßgerät eichpflichtig ist, jedoch keine Aussagen darüber enthält, daß die sachliche Beurteilung von lärmrelevanten Faktoren nur mit geeichten Meßgeräten durchgeführt werden dürfte.

- Das Maß- und Eichgesetz hat Bedeutung lediglich insoweit, als betreffend die Messung des A-bewerteten Schallpegels in dB geeichte Meßgeräte zu verwenden sind. Die Beurteilung des (nachteiligen) Einflusses von Geräuschemissionen auf die menschliche Gesundheit bzw. in Richtung einer (un)zumutbaren Belästigung der Nachbarn ist eine darüberhinausgehende, durch das Maß- und Eichgesetz keinesfalls ausgeschlossene Beurteilung unter Berücksichtigung auch der relevanten Faktoren, die der Psychoakustik zuzurechnen sind. Die endgültige Beurteilung ist eine Rechtsfrage, die immer der entscheidenden Behörde zukommt und die einer Überprüfung durch den Verwaltungsgerichtshof zugänglich ist.

2. Rechtliche Rahmenbedingungen in Deutschland

U. DALDRUP

2.1 Bundesrecht

Zahlreiche Rechtsvorschriften enthalten Bestimmungen zum Schutz vor Lärm; die wichtigsten (ohne Anspruch auf Vollständigkeit) sind im folgenden wiedergegeben.

2.1.1 Bürgerliches Gesetzbuch - BGB

§ 906 Abs. 1 BGB bestimmt:

"Der Eigentümer eines Grundstücks kann die Zuführung von Gasen, Dämpfen, Gerüchen, Rauch, Ruß, Wärme, Geräusch, Erschütterungen und ähnliche von einem anderen Grundstück ausgehende Einwirkungen insoweit nicht verbieten, als die Einwirkung die Benutzung seines Grundstücks nicht oder nur unwesentlich beeinträchtigt. Eine unwesentliche Beeinträchtigung liegt in der Regel vor, wenn die in Gesetzen oder Rechtsverordnungen festgelegten Grenz- oder Richtwerte von den nach diesen Vorschriften ermittelten und bewerteten Einwirkungen nicht überschritten werden. Gleiches gilt für Werte in allgemeinen Verwaltungsvorschriften, die nach § 48 des Bundes-Immissionsschutzgesetzes erlassen worden sind und den Stand der Technik wiedergeben."

2.1.2 Gesetz über Ordnungswidrigkeiten - OWiG

§ 117 Abs. 1 OwiG lautet:

"Ordnungswidrig handelt, wer ohne berechtigten Anlaß oder in einem unzulässigen oder nach den Umständen vermeidbaren Ausmaß Lärm erregt, der geeignet ist, die Allgemeinheit oder die Nachbarschaft erheblich zu belästigen oder die Gesundheit eines anderen zu schädigen."

2.1.3 Gesetz über die Umweltverträglichkeitsprüfung - UVPG

§ 1 UVPG lautet:

"Zweck dieses Gesetzes ist es sicherzustellen, daß bei den in der Anlage zu § 3 aufgeführten Vorhaben zur wirksamen Umweltvorsorge nach einheitlichen Grundsätzen

1. die Auswirkungen auf die Umwelt frühzeitig und umfassend ermittelt, beschrieben und bewertet werden,

2. das Ergebnis der Umweltverträglichkeitsprüfung so früh wie möglich bei allen behördlichen Entscheidungen über die Zulässigkeit berücksichtigt wird."

§ 2 Abs. 1 Satz 1 UVPG lautet:

"Die Umweltverträglichkeitsprüfung ist ein unselbständiger Teil verwaltungsbehördlicher Verfahren, die der Entscheidung über die Zulässigkeit von Vorhaben dienen. Die Umweltverträglichkeitsprüfung umfaßt die Ermittlung, Beschreibung und Bewertung der Auswirkungen eines Vorhabens auf

1. Menschen, Tiere und Pflanzen, Boden, Wasser, Luft, Klima und Landschaft, einschließlich der jeweiligen Wechselwirkungen,

2. Kultur- und sonstige Sachgüter."

2.1.4   Bundes - Immissionsschutzgesetz - BImSchG

§ 1 BImSchG lautet:

"Zweck dieses Gesetzes ist es, Menschen, Tiere und Pflanzen, den Boden, das Wasser, die Atmosphäre sowie Kultur- und sonstige Sachgüter vor schädlichen Umwelteinwirkungen und, soweit es sich um genehmigungsbedürftige Anlagen handelt, auch vor Gefahren, erheblichen Nachteilen und erheblichen Belästigungen, die auf andere Weise herbeigeführt werden, zu schützen und dem Entstehen schädlicher Umwelteinwirkungen vorzubeugen."

§ 3 BImSchG lautet:

"(1) Schädliche Umwelteinwirkungen im Sinne dieses Gesetzes sind Immissionen, die nach Art, Ausmaß oder Dauer geeignet sind, Gefahren, erhebliche Nachteile oder erhebliche Belästigungen für die Allgemeinheit oder die Nachbarschaft herbeizuführen.

(2) Immissionen im Sinne dieses Gesetzes sind auf Menschen, Tiere und Pflanzen, den Boden, das Wasser, die Atmosphäre sowie Kultur- und sonstige Sachgüter einwirkende Luftverunreinigungen, Geräusche, Erschütterungen, Licht, Wärme, Strahlen und ähnliche Umwelteinwirkungen.

(3) Emissionen im Sinne dieses Gesetzes sind die von einer Anlage ausgehenden Luftverunreinigungen, Geräusche, Erschütterungen, Licht, Wärme, Strahlen und ähnliche Erscheinungen.

(4) ...

(5) Anlagen im Sinne dieses Gesetzes sind

1.   Betriebsstätten und sonstige ortsfeste Einrichtungen,

2.   Maschinen, Geräte und sonstige ortsveränderliche technische Einrichtungen sowie Fahrzeuge, soweit sie nicht der Vorschrift des § 38 unterliegen, und

3.   Grundstücke, auf denen Stoffe gelagert oder abgelagert oder Arbeiten durchgeführt werden, die Emissionen verursachen können, ausgenommen öffentliche Verkehrswege.

(6) Stand der Technik im Sinne dieses Gesetzes ist der Entwicklungsstand fortschrittlicher Verfahren, Einrichtungen oder Betriebsweisen, der die praktische Eignung einer Maßnahme zur Begrenzung von Emissionen gesichert erscheinen läßt. Bei der Bestimmung des Standes der Technik sind insbesondere vergleichbare Verfahren, Einrichtungen oder Betriebsweisen heranzuziehen, die mit Erfolg im Betrieb erprobt worden sind."

§ 5 Abs. 1 Nr. 1 und 2 BImSchG bestimmt:

"Genehmigungsbedürftige Anlagen sind so zu errichten und zu betreiben, daß

1.   schädliche Umwelteinwirkungen und sonstige Gefahren, erhebliche Nachteile und erhebliche Belästigungen für die Allgemeinheit und die Nachbarschaft nicht hervorgerufen werden können,

2.   Vorsorge gegen schädliche Umwelteinwirkungen getroffen wird, insbesondere auch die dem Stand der Technik entsprechenden Maßnahmen zur Emissionsbegrenzung."

§ 17 Abs. 1 und Abs. 2 Satz 1 BImSchG lautet:

"(1) Zur Erfüllung der sich aus diesem Gesetz und der auf Grund dieses Gesetzes erlassenen Rechtsverordnungen ergebenden Pflichten können nach Erteilung der Genehmigung Anordnungen getroffen werden. Wird nach Erteilung der Genehmigung festgestellt, daß die Allgemeinheit oder die Nachbarschaft nicht ausreichend vor schädlichen Umwelteinwirkungen oder sonstigen Gefahren, erheblichen Nachteilen oder erheblichen Belästigungen geschützt ist, soll die zuständige Behörde nachträgliche Anordnungen treffen.

(2) Die zuständige Behörde darf eine nachträgliche Anordnung nicht treffen, wenn sie unverhältnismäßig ist, vor allem wenn der mit der Erfüllung der Anordnung verbundene Aufwand außer Verhältnis zu dem mit der Anordnung angestrebten Erfolg steht; dabei sind insbesondere Art, Menge und Gefährlichkeit der von der Anlage ausgehenden Emissionen und der von ihr verursachten Immissionen sowie die Nutzungsdauer und technischen Besonderheiten der Anlage zu berücksichtigen."

§ 22 Abs. 1 Satz 1 BImSchG bestimmt:

"Nicht genehmigungsbedürftige Anlagen sind so zu errichten und zu betreiben, daß

1. schädliche Umwelteinwirkungen verhindert werden, die nach dem Stand der Technik vermeidbar sind,

2. nach dem Stand der Technik unvermeidbare schädliche Umwelteinwirkungen auf ein Mindestmaß beschränkt werden und

3. die beim Betrieb der Anlagen entstehenden Abfälle ordnungsgemäß beseitigt werden können."

§ 24 BImSchG lautet:

"Die zuständige Behörde kann im Einzelfall die zur Durchführung des § 22 und der auf dieses Gesetz gestützten Rechtsverordnungen erforderlichen Anordnungen treffen. Kann das Ziel der Anordnung auch durch eine Maßnahme zum Zwecke des Arbeitsschutzes erreicht werden, soll diese angeordnet werden."

§ 41 BImSchG bestimmt:

"(1) Bei dem Bau oder der wesentlichen Änderung öffentlicher Straßen sowie von Eisenbahnen und Straßenbahnen ist unbeschadet des § 50 sicherzustellen, daß durch diese keine schädlichen Umwelteinwirkungen durch Verkehrsgeräusche hervorgerufen werden können, die nach dem Stand der Technik vermeidbar sind.

(2) Absatz 1 gilt nicht, soweit die Kosten der Schutzmaßnahmen außer Verhältnis zu dem angestrebten Schutzzweck stehen würden."

§ 42 Abs. 1 und 2 BImSchG lautet:

"(1) Werden im Falle des § 41 die in der Rechtsverordnung nach § 43 Abs. 1 Satz 1 Nr. 1 festgelegten Immissionsgrenzwerte überschritten, hat der Eigentümer einer betroffenen baulichen Anlage gegen den Träger der Baulast einen Anspruch auf angemessene Entschädigung in Geld, es sei denn, daß die Beeinträchtigung wegen der besonderen Benutzung der Anlage zumutbar ist. Dies gilt auch bei baulichen Anlagen, die bei Auslegung der Pläne im Planfeststellungsverfahren oder bei Auslegung des Entwurfs der Bauleitpläne mit ausgewiesener Wegeplanung bauaufsichtlich genehmigt waren.

(2) Die Entschädigung ist zu leisten für Schallschutzmaßnahmen an den baulichen Anlagen in Höhe der erbrachten notwendigen Aufwendungen, soweit sich diese im Rahmen der Rechtsverordnung nach § 43 Abs. 1 Satz 1 Nr. 3 halten. Vorschriften, die weitergehende Entschädigungen gewähren, bleiben unberührt."

§ 43 Abs. 1 BImSchG bestimmt:

"Die Bundesregierung wird ermächtigt, nach Anhörung der beteiligten Kreise (§ 51) durch Rechtsverordnung mit Zustimmung des Bundesrates die zur Durchführung des § 41 und des § 42 Abs. 1 und 2 erforderlichen Vorschriften zu erlassen, insbesondere über

1. bestimmte Grenzwerte, die zum Schutz der Nachbarschaft vor schädlichen Umwelteinwirkungen durch Geräusche nicht überschritten werden dürfen, sowie über das Verfahren zur Ermittlung der Emissionen oder Immissionen,

2. bestimmte technische Anforderungen an den Bau von Straßen, Eisenbahnen und Straßenbahnen zur Vermeidung von schädlichen Umwelteinwirkungen durch Geräusche und

3. Art und Umfang der zum Schutz vor schädlichen Umwelteinwirkungen durch Geräusche notwendigen Schallschutzmaßnahmen an baulichen Anlagen.

In den Rechtsverordnungen nach Satz 1 ist den Besonderheiten des Schienenverkehrs Rechnung zu tragen."

§ 47a Abs. 1 - 3 BImSchG bestimmt:

"(1) In Gebieten, in denen schädliche Umwelteinwirkungen durch Geräusche hervorgerufen werden oder zu erwarten sind, haben die Gemeinden oder die nach Landesrecht zuständigen Behörden die Belastung durch die einwirkenden Geräuschquellen zu erfassen und ihre Auswirkungen auf die Umwelt festzustellen.

(2) Die Gemeinde oder die nach Landesrecht zuständige Behörde hat für Wohngebiete und andere schutzwürdige Gebiete Lärmminderungspläne aufzustellen, wenn in den Gebieten nicht nur vorübergehend schädliche Umwelteinwirkungen durch Geräusche hervorgerufen werden oder zu erwarten sind und die Beseitigung oder Verminderung der schädlichen Umwelteinwirkungen ein abgestimmtes Vorgehen gegen verschiedenartige Lärmquellen erfordert. Bei der Aufstellung sind die Erfordernisse der Raumordnung und Landesplanung zu beachten.

(3) Lärmminderungspläne sollen Angaben enthalten über

1. die festgestellten und die zu erwartenden Lärmbelastungen,

2. die Quellen der Lärmbelastungen und

3. die vorgesehenen Maßnahmen zur Lärmminderung oder zur Verhinderung des weiteren Anstieges der Lärmbelastung."

§ 48 BImSchG bestimmt:

"Die Bundesregierung erläßt nach Anhörung der beteiligten Kreise (§ 51) mit Zustimmung des Bundesrates zur Durchführung dieses Gesetzes und der auf Grund dieses Gesetzes erlassenen Rechtsverordnungen des Bundes allgemeine Verwaltungsvorschriften, insbesondere über

1. Immissionswerte, die zu dem in § 1 genannten Zweck nicht überschritten werden dürfen,

2. Emissionswerte, deren Überschreiten nach dem Stand der Technik vermeidbar ist,

3. das Verfahren zur Ermittlung der Emissionen und Immissionen..."

§ 50 BImSchG lautet:
"Bei raumbedeutsamen Planungen und Maßnahmen sind die für eine bestimmte Nutzung vorgesehenen Flächen einander so zuzuordnen, daß schädliche Umwelteinwirkungen auf die ausschließlich oder überwiegend dem Wohnen dienenden Gebiete sowie auf sonstige schutzbedürftige Gebiete soweit wie möglich vermieden werden."

2.1.5 Gaststättengesetz - GastG

§ 2 Abs. 1 Satz 1 GastG bestimmt:
"Wer ein Gaststättengewerbe betreiben will, bedarf der Erlaubnis."

§ 5 Abs. 1 Nr. 3 GastG lautet:
"Gewerbetreibenden, die einer Erlaubnis bedürfen, können jederzeit Auflagen zum Schutze

3. gegen schädliche Umwelteinwirkungen im Sinne des Bundes-Immissionsschutzgesetzes und sonst gegen erhebliche Nachteile, Gefahren oder Belästigungen für die Bewohner des Betriebsgrundstücks oder der Nachbargrundstücke sowie der Allgemeinheit erteilt werden."

2.1.6 Rasenmäherlärmverordnung - 8. BImSchV

Auf Grund des BImSchG ist die Rasenmäherlärm-Verordnung erlassen worden. Sie regelt das Inverkehrbringen und den Betrieb von Rasenmähern, ersteres zur Umsetzung von EU-Richtlinien. Entsprechend den EU-Richlinien wird auf den A- bewerteten Geräuschleistungspegel abgestellt.

2.1.7 Baumaschinenlärmverordnung - 15. BImSchV

Die ebenfalls auf Grund des BImSchG erlassene Baumaschinenlärm-Verordnung regelt - zur Umsetzung von EU-Richtlinien - das Inverkehrbringen bestimmter Baumaschinen, wie sie zu Arbeiten auf Baustellen der Bauwirtschaft dienen. Die zulässigen Emissionspegel werden entsprechend den EU-Richtlinien in Dezibel (A) angegeben.

2.1.8 Sportanlagenlärmschutzverordnung - 18. BImSchV

§ 2 bestimmt:
"(1) Sportanlagen sind so zu errichten und zu betreiben, daß die in den Absätzen 2 bis 4 genannten Immissionsrichtwerte unter Einrechnung der Geräuschimmissionen anderer Sportanlagen nicht überschritten werden.

(2) Die Immissionsrichtwerte betragen für Immissionsorte außerhalb von Gebäuden

1. in Gewerbegebieten

tags außerhalb der Ruhezeiten	65 dB(A)
tags innerhalb der Ruhezeiten	60 dB(A)
nachts	50 dB(A)

2. in Kerngebieten, Dorfgebieten und Mischgebieten

tags außerhalb der Ruhezeiten   60 dB(A)
tags innerhalb der Ruhezeiten   55 dB(A)
nachts   45 dB(A)

3. in allgemeinen Wohngebieten und Kleinsiedlungsgebieten

tags außerhalb der Ruhezeiten   55 dB(A)
tags innerhalb der Ruhezeiten   50 dB(A)
nachts   40 dB(A)

4. in reinen Wohngebieten

tags außerhalb der Ruhezeiten   50 dB(A)
tags innerhalb der Ruhezeiten   45 dB(A)
nachts   35 dB(A)

5. in Kurgebieten, für Krankenhäuser und Pflegeanstalten

tags außerhalb der Ruhezeiten   45 dB(A)
tags innerhalb der Ruhezeiten   45 dB(A)
nachts   35 dB(A)

(3) ....

(4) Einzelne kurzzeitige Geräuschspitzen sollen die Immissionsrichtwerte nach Absatz 2 tags um nicht mehr als 30 dB(A) sowie nachts um nicht mehr als 20 dB(A) überschreiten.

(5) Die Immissionsrichtwerte beziehen sich auf folgende Zeiten:

1. tags an Werktagen   06.00 bis 22.00 Uhr
    an Sonn- und Feiertagen   07.00 bis 22.00 Uhr

2. nachts an Werktagen   00.00 bis 06.00 Uhr
    und   22.00 bis 24.00 Uhr
    an Sonn- und Feiertagen   00.00 bis 07.00 Uhr
    und   22.00 bis 24.00 Uhr

3. Ruhezeiten an Werktagen   06.00 bis 08.00 Uhr
    und   20.00 bis 22.00 Uhr
    an Sonn- und Feiertagen   07.00 bis 09.00 Uhr
                                  13.00 bis 15.00 Uhr
    und   20.00 bis 22.00 Uhr

Die Ruhezeit von 13.00 bis 15.00 Uhr an Sonn- und Feiertagen ist nur zu berücksichtigen, wenn die Nutzungsdauer der Sportanlage oder der Sportanlagen an Sonn- und Feiertagen in der Zeit von 09.00 bis 20.00 Uhr 4 Stunden oder mehr beträgt."

§ 5 Abs. 5 - 7 bestimmt:

"(5) Die zuständige Behörde soll von einer Festsetzung von Betriebszeiten absehen, wenn infolge des Betriebs einer oder mehrerer Sportanlagen bei seltenen Ereignissen nach Nummer 1.5 des Anhangs Überschreitungen der Immissionsrichtwerte nach § 2 Abs. 2

1. die Geräuschimmissionen außerhalb von Gebäuden die Immissionsrichtwerte nach § 2 Abs. 2 um nicht mehr als 10 dB(A), keinesfalls aber die folgenden Höchstwerte überschreiten:

tags außerhalb der Ruhezeiten	70 dB(A)
tags innerhalb der Ruhezeiten	65 dB(A)
nachts	55 dB(A)

und

2. einzelne kurzzeitige Geräuschspitzen die nach Nummer 1 für seltene Ereignisse geltenden Immissionsrichtwerte tags um nicht mehr als 20 dB(A) und nachts um nicht mehr als 10 dB(A) überschreiten.

(6) Die Art der in Absatz 2 bezeichneten Gebiete und Anlagen ergibt sich aus den Festsetzungen in den Bebauungsplänen. Sonstige in Bebauungsplänen festgesetzte Flächen für Gebiete und Anlagen sowie Gebiete und Anlagen, für die keine Festsetzungen bestehen, sind nach Absatz 2 entsprechend der Schutzbedürftigkeit zu beurteilen. Weicht die tatsächliche bauliche Nutzung im Einwirkungsbereich der Anlage erheblich von der im Bebauungsplan festgesetzten baulichen Nutzung ab, ist von der tatsächlichen baulichen Nutzung unter Berücksichtigung der vorgesehenen baulichen Entwicklung des Gebietes auszugehen.

(7) Die von der Sportanlage oder den Sportanlagen verursachten Geräuschimmissionen sind nach dem Anhang zu dieser Verordnung zu ermitteln und zu beurteilen."

Der Beurteilungspegel setzt sich aus dem Mittelungspegel L_{Am} und Zuschlägen für Impulshaltigkeit und/oder auffällige Pegeländerungen sowie für Ton- und Impulshaltigkeit zusammen. Von meßtechnisch bestimmten Beurteilungspegeln werden vor dem Vergleich mit dem Immissionsrichtwert 3 dB(A) abgezogen.

2.1.9 Verkehrslärmschutzverordnung - 16. BImSchV

Die auf Grund des § 43 Abs. 1 Satz 1 Nr. 1 BImSchG erlassene Verordnung enthält u.a. folgende Regelungen:

"*§ 1:*

(1) Die Verordnung gilt für den Bau oder die wesentliche Änderung von öffentlichen Straßen sowie von Schienenwegen der Eisenbahnen und Straßenbahnen (Straßen und Schienenwege).

(2) Die Änderung ist wesentlich, wenn

1. eine Straße um einen oder mehrere durchgehende Fahrstreifen für den Kraftfahrzeugverkehr oder ein Schienenweg um ein oder mehrere durchgehende Gleise baulich erweitert wird oder

2. durch einen erheblichen baulichen Eingriff der Beurteilungspegel des von dem zu ändernden Verkehrsweg ausgehenden Verkehrslärms um mindestens 3 Dezibel (A) oder auf mindestens 70 Dezibel (A) am Tage oder mindestens 60 Dezibel (A) in der Nacht erhöht wird.

Eine Änderung ist auch wesentlich, wenn der Beurteilungspegel des von dem zu ändernden Verkehrsweg ausgehenden Verkehrslärms von mindestens 70 Dezibel (A) am Tage oder 60

Dezibel (A) in der Nacht durch einen erheblichen baulichen Eingriff erhöht wird; dies gilt nicht in Gewerbegebieten.

§ 2:

(1) Zum Schutz der Nachbarschaft vor schädlichen Umwelteinwirkungen durch Verkehrsgeräusche ist bei dem Bau oder der wesentlichen Änderung sicherzustellen, daß der Beurteilungspegel einen der folgenden Immissionsgrenzwerte nicht überschreitet:

		Tag	Nacht
1.	an Krankenhäusern, Schulen, Kurheimen und Altenheimen	57 dB(A)	47 dB(A)
2.	in reinen und allgemeinen Wohngebieten und Kleinsiedlungsgebieten	59 dB(A)	49 dB(A)
3.	in Kerngebieten, Dorfgebieten und Mischgebieten	64 dB(A)	54 dB(A)
4.	in Gewerbegebieten	69 dB(A)	59 dB(A)

(2) Die Art der in Absatz 1 bezeichneten Anlagen und Gebiete ergibt sich aus den Festsetzungen in den Bebauungsplänen. Sonstige in Bebauungsplänen festgesetzte Flächen für Anlagen und Gebiete sowie Anlagen und Gebiete, für die keine Festsetzungen bestehen, sind nach Absatz 1, bauliche Anlagen im Außenbereich nach Absatz 1 Nr. 1, 3 und 4 entsprechend der Schutzbedürftigkeit zu beurteilen.

(3) Wird die zu schützende Nutzung nur am Tage oder nur in der Nacht ausgeübt, so ist nur der Immissionsgrenzwert für diesen Zeitraum anzuwenden.

§ 3:

Der Beurteilungspegel ist für Straßen nach Anlage 1 und für Schienenwege nach Anlage 2 zu dieser Verordnung zu berechnen. Der in Anlage 2 zur Berücksichtigung der Besonderheiten des Schienenverkehrs vorgesehene Abschlag in Höhe von 5 Dezibel (A) gilt nicht für Schienenwege, auf denen in erheblichem Umfang Güterzüge gebildet oder zerlegt werden."

Für die Berechnung des Beurteilungspegels - jeweils für den Tag (06.00 bis 22.00 Uhr) und für die Nacht (22.00 bis 06.00 Uhr) - ist ein Verfahren festgelegt, dem das prognostizierte Verkehrsaufkommen auf dem neuen oder zu ändernden Verkehrsweg zugrunde liegt. Der Beurteilungspegel bei Straßen setzt sich aus dem Mittelungspegel L_{AFm} und dem Kreuzungszuschlag zusammen. Bei Schienenwegen setzt sich der Beurteilungspegel aus dem Mittelungspegel L_{AFm} und dem Schienenbonus 5 dB(A) zusammen.

2.1.10 Verkehrswege - Schallschutzmaßnahmenverordnung - 24. BImSchV

Die nach § 43 Abs. 1 Nr. 3 BImSchG erlassene Verordnung legt Art und Umfang der notwendigen Schallschutzmaßnahmen für schutzbedürftige Räume in baulichen Anlagen fest.

Für die Berechnung der erforderlichen Schalldämm-Maße in Dezibel ist ein bestimmtes Verfahren festgelegt.

2.1.11 Technische Anleitung zum Schutz gegen Lärm - TA Lärm

Die nach § 66 Abs. 2 BImSchG übergeleitete TA Lärm gilt für genehmigungsbedürftige Anlagen bei Errichtung, Betrieb und wesentlichen Änderungen sowie bei nachträglichen Anordnungen. Sie enthält u.a. folgende Regelungen:

"2.1   Begriffe im Sinne dieser Technischen Anleitung

2.1.1   Lärm
Lärm ist Schall (Geräusch), der Nachbarn oder Dritte stören (gefährden, erheblich benachteiligen oder erheblich belästigen) kann oder stören würde.

2.1.3   Immission
Immission ist eine Einwirkung eines von einer Anlage ausgehenden Geräusches auf Nachbarn oder Dritte.

Die Immissionsrichtwerte sind unter Nummer 2.3.2.1 festgesetzt.

2.1.3   Schallpegel L_A

Der Schallpegel L_A ist der mit Frequenzbewertungskurve A nach DIN 45633 bewertete Schallpegel in dB(A).

2.2   Allgemeine Grundsätze

2.2.1   Prüfung der Anträge auf Genehmigung zur Errichtung neuer Anlagen

2.2.1.1 Die Genehmigung zur Errichtung neuer Anlagen darf grundsätzlich nur erteilt werden, wenn

a)   die dem jeweiligen Stand der Lärmbekämpfungstechnik entsprechenden Lärmschutzmaßnahmen vorgesehen sind und

b)   die Immissionsrichtwerte nach Nummer 2.3.2.1 im gesamten Einwirkungsbereich der Anlage außerhalb der Werksgrundstücksgrenzen ohne Berücksichtigung einwirkender Fremdgeräusche nicht überschritten werden.

2.3.2   Immissionsrichtwerte

2.3.2.1 Die Immissionsrichtwerte werden festgesetzt für

a)   Gebiete, in denen nur gewerbliche oder industrielle Anlagen und Wohnungen für Inhaber und Leiter der Betriebe sowie für Aufsichts- und Bereitschaftspersonen untergebracht sind, auf 70 dB(A)

b)   Gebiete, in denen vorwiegend gewerbliche Anlagen untergebracht sind, auf
tagsüber   65 dB(A)
nachts   50 dB(A)

c)   Gebiete mit gewerblichen Anlagen und Wohnungen, in denen weder vorwiegend gewerbliche Anlagen noch überwiegend Wohnungen untergebracht sind, auf
tagsüber   60 dB(A)
nachts   45 dB(A)

d) Gebiete, in denen vorwiegend Wohnungen untergebracht sind, auf
tagsüber   55 dB(A)
nachts   40 dB(A)

e) Gebiete, in denen ausschließlich Wohnungen untergebracht sind, auf
tagsüber   50 dB(A)
nachts   35 dB(A)

f) Kurgebiete, Krankenhäuser und Pflegeanstalten auf
tagsüber   45 dB(A)
nachts   35 dB(A)

g) Wohnungen, die mit der Anlage baulich verbunden sind, auf
tagsüber   50 dB(A)
nachts   30 dB(A)

Die Nachtzeit beträgt acht Stunden; sie beginnt um 22 Uhr und endet um 6 Uhr. Die Nachtzeit kann bis zu einer Stunde hinausgeschoben oder vorverlegt werden, wenn dies wegen der besonderen örtlichen oder wegen zwingender betrieblicher Verhältnisse erforderlich und eine achtstündige Nachtruhe des Nachbarn sichergestellt ist."

Zur Bestimmung der Geräuschimmissionen ist der Beurteilungspegel aus Mittelungspegel L_{AFm} oder Wirkpegel L_{AFTm} zu ermitteln; Zuschläge werden beim L_{AFm} für Ton- und Impulshaltigkeit, beim L_{AFTm} nur für Tonhaltigkeit gegeben. Vom Meßwert sind vor dem Vergleich mit den Immissionsrichtwerten zur Berücksichtigung von Meßunsicherheiten 3 dB(A) abzuziehen. Einzelne Geräuschspitzen dürfen nachts den Immissionsrichtwert um nicht mehr als 20 dB(A) überschreiten.

2.1.12 Allgemeine Verwaltungsvorschrift zum Schutz gegen Baulärm - Geräuschimmissionen

Die nach § 66 Abs. 2 BImSchG übergeleitete Vorschrift enthält u.a. folgende Regelungen:

"1.   Sachlicher Geltungsbereich

Diese Vorschrift gilt für den Betrieb von Baumaschinen auf Baustellen, soweit die Baumaschinen gewerblichen Zwecken dienen oder im Rahmen wirtschaftlicher Unternehmungen Verwendung finden. Sie enthält Bestimmungen über Richtwerte für die von Baumaschinen auf Baustellen hervorgerufenen Geräuschimmissionen, das Meßverfahren und über Maßnahmen, die von den zuständigen Behörden bei Überschreiten der Immissionsrichtwerte angeordnet werden sollen.

....

3.1.3   Der Immissionsrichtwert ist überschritten, wenn der nach Nummer 6 ermittelte Beurteilungspegel den Richtwert überschreitet. Der Immissionsrichtwert für die Nachtzeit ist ferner überschritten, wenn ein Meßwert oder mehrere Meßwerte (Nummer 6.5) den Immissionsrichtwert um mehr als 20 dB(A) überschreiten.

....

4. Maßnahmen zur Minderung des Baulärms

4.1 Grundsatz

Überschreitet der nach Nummer 6 ermittelte Beurteilungspegel des von Baumaschinen hervorgerufenen Geräusches den Immissionsrichtwert um mehr als 5 dB(A), sollen Maßnahmen zur Minderung der Geräusche angeordnet werden."

Die Immissionsrichtwerte entsprechen denen der TA Lärm, wobei als Nachtzeit die Zeit von 20 bis 7 Uhr gilt. Zur Bestimmung der Geräuschimmissionen ist der Wirkpegel L_{AFTm} zu ermitteln; wenn in dem Geräusch deutlich hörbare Töne hervortreten (z.B. Singen, Heulen, Pfeifen, Kreischen), ist ein Tonzuschlag bis zu 5 dB(A) angezeigt.

2.1.13 Arbeitslärm

Die wichtigsten Rechtsnormen zum Schutz der Arbeitnehmer vor Lärm sind die Arbeitsstättenverordnung sowie die EU-Richtlinien zum Schutz vor gesundheitsgefährdendem Lärm und zur Sicherheit vor Maschinen. Durch die Unfallverhütungsvorschrift Lärm, das Gerätesicherheitsgesetz und die 3. und 9. Verordnung zum Gerätesicherheitsgesetz sind diese EU-Regelungen in deutsches Recht umgesetzt worden.

2.1.14 Arbeitsstättenverordnung

§ 15 lautet:

"(1) In Arbeitsräumen ist der Schallpegel so niedrig zu halten, wie es nach der Art des Betriebes möglich ist. Der Beurteilungspegel am Arbeitsplatz in Arbeitsräumen darf auch unter Berücksichtigung der von außen einwirkenden Geräusche höchstens betragen:

1. bei überwiegend geistigen Tätigkeiten 55 dB(A),

2. bei einfachen oder überwiegend mechanisierten Bürotätigkeiten und vergleichbaren Tätigkeiten 70 dB(A),

3. bei allen sonstigen Tätigkeiten 85 dB(A); soweit dieser Beurteilungspegel nach der betrieblich möglichen Lärmminderung zumutbarerweise nicht einzuhalten ist, darf er bis zu 5 dB(A) überschritten werden.

(2) In Pausen-, Bereitschafts-, Liege- und Sanitätsräumen darf der Beurteilungspegel höchstens 55 dB(A) betragen. Bei der Festlegung des Beurteilungspegels sind nur die Geräusche der Betriebseinrichtungen in den Räumen und die von außen auf die Räume einwirkenden Geräusche zu berücksichtigen."

2.1.15 Maschinenlärminformationsverordnung

Die 3. Verordnung zum Gerätesicherheitsgesetz enthält insbesondere folgende Regelung:

"§ 1:

(1) Wer als Hersteller oder Einführer technische Arbeitsmittel in den Verkehr bringt oder ausstellt, hat ihnen eine Betriebsanleitung in deutscher Sprache beizufügen, die mindestens die in Absatz 2 genannten Angaben über das bei üblichen Einsatzbedingungen von dem technischen Arbeitsmittel ausgehende Geräusch enthält.

(2) In die Betriebsanleitung sind Angaben aufzunehmen über:

1. die folgenden Geräuschemissionswerte:

a) den arbeitsplatzbezogenen Emissionswert an den Arbeitsplätzen des Bedienungs-personals, wenn dieser 70 dB(A) überschreitet; ist der arbeitsplatzbezogene Emissions-wert gleich oder kleiner als 70 dB(A), reicht die Angabe 70 dB(A) aus;

b) den Geräuschleistungspegel und den arbeitsplatzbezogenen Emissionswert an den Arbeitsplätzen des Bedienungspersonals, wenn der letztere 85 dB(A) überschreitet; bei Maschinen mit sehr großen Abmessungen können statt des Geräuschleistungspegels die Schalldruckpegel an bestimmten Stellen im Maschinenumfeld angegeben werden;

c) den Höchstwert des momentanen C-bewerteten Schalldruckpegels an den Arbeitsplätzen, wenn dieser 130 dB überschreitet; falls sich Arbeitsplätze nicht festlegen lassen oder nicht festgelegt sind, sind statt der arbeitsplatzbezogenen Emissionswerte folgende Pegel anzugeben:

der höchste Schalldruckpegel von allen Schalldruckpegeln, die in einem Abstand von 1 m von der Maschinenoberfläche und 1,60 m über dem Boden oder der Zugangsplattform bestimmt werden, sowie der dazugehörige Meßpunkt oder

der Meßflächenschalldruckpegel in 1 m Abstand von der Maschinenoberfläche; als Auslöseschwelle für die vorzunehmenden Angaben sind der höchste Schalldruckpegel-wert und der dazugehörige Meßpunkt bzw. der Meßflächenschalldruckpegel in 1 m Abstand zugrundezulegen;

2. den Betriebszustand und die Aufstellungsbedingungen, bei denen die in Nummer 1 genannten Werte bestimmt worden sind;

3. die Regeln der Meßtechnik, die den Messungen und Angaben zugrunde liegen.

(3) Die Angaben nach Absatz 2 sind nach den europäischen harmonisierten Normen und, soweit nicht vorhanden, nach den Normen des Deutschen Instituts für Normung zu bestimmen und anzugeben. Der Hersteller oder Einführer kann von diesen Normen abweichen, wenn er gleichwertige Bedingungen zugrunde legt, die in der Betriebsanleitung anzugeben sind."

2.1.16 Straßenverkehrsverordnung - StVO

Nach § 45 StVO können die Straßenverkehrsbehörden die Benutzung bestimmter Straßen oder Straßenstrecken u.a. zum Schutz der Wohnbevölkerung vor Lärm beschränken oder verbieten oder den Verkehr umleiten. Die Straßenverkehrsbehörden ordnen u.a. die Kenn-zeichnung von Fußgängerbereichen, verkehrsberuhigten Bereichen, geschwindigkeitsbe-schränkten Zonen und Maßnahmen zum Schutz der Bevölkerung vor Lärm und Abgasen im Einvernehmen mit der Gemeinde an.

2.1.17 Straßenverkehrs-Zulassungs-Ordnung - StVZO

Nach § 49 StVZO müssen Kraftfahrzeuge und ihre Anhänger so beschaffen sein, daß die Geräuschentwicklung das nach dem jeweiligen Stand der Technik unvermeidbare Maß nicht übersteigt. Kraftfahrzeuge, für die Vorschriften über den zulässigen Geräuschpegel und die Schalldämpferanlage in der dort genannten Richtlinie der Europäischen Gemeinschaft fest-gelegt sind, müssen diesen Vorschriften entsprechen. Diese enthalten Emissionsgrenzwerte in dB(A) und die zugehörigen Meßverfahren.

2.1.18 Luftverkehrsgesetz - LuftVG

§ 6 Abs. 1 und 2 LuftVG lautet:

"(1) Flugplätze (Flughäfen, Landeplätze und Segelfluggelände) dürfen nur mit Genehmigung angelegt oder betrieben werden. Im Genehmigungsverfahren für Flugplätze, die einer Planfeststellung bedürfen, ist die Umweltverträglichkeit zu prüfen. § 15 Abs. 1 Satz 2 des Gesetzes über die Umweltverträglichkeitsprüfung bleibt unberührt. Die Genehmigung kann mit Auflagen verbunden und befristet werden.

(2) Vor Erteilung der Genehmigung ist besonders zu prüfen, ob die geplante Maßnahme den Erfordernissen der Raumordnung und Landesplanung entspricht und ob die Erfordernisse des Naturschutzes und der Landschaftspflege sowie des Städtebaus und der Schutz vor Fluglärm angemessen berücksichtigt sind."

§ 19a Satz 1 LuftVG bestimmt:

"Der Unternehmer eines Verkehrsflughafens, der dem Fluglinienverkehr angeschlossen ist, hat innerhalb einer von der Genehmigungsbehörde festzusetzenden Frist auf dem Flughafen und in dessen Umgebung Anlagen zur fortlaufend registrierenden Messung der durch die an- und abfliegenden Luftfahrzeuge entstehenden Geräusche einzurichten und zu betreiben."

Nach § 32 Abs. 1 Satz 1 Nr. 15 LuftVG erläßt der Bundesminister für Verkehr mit Zustimmung des Bundesrates Rechtsverordnungen über den Schutz der Bevölkerung vor Fluglärm, insbesondere durch Maßnahmen zur Geräuschminderung am Luftfahrzeug, beim Betrieb von Luftfahrzeugen am Boden, beim Starten und Landen und beim Überfliegen besiedelter Gebiete. Diese Rechtsverordnungen schließen Anlagen zur Messung des Fluglärms und zur Auswertung der Meßergebnisse ein.

2.1.19 Landeplatzverordnung

Die auf Grund des Luftverkehrsgesetzes erlassene Verordnung über die zeitliche Einschränkung des Flugbetriebs mit Leichtflugzeugen und Motorseglern an Landeplätzen verbietet zum Schutz der Bevölkerung vor Fluglärm bestimmte Flüge zu festgelegten Ruhezeiten an stark frequentierten Landeplätzen. Die zeitlichen Einschränkungen gelten nicht für Leichtflugzeuge und Motorsegler, die erhöhten Schallschutzanforderungen entsprechen; dies gilt nicht für Nachtflüge. Erhöhten Schallschutzanforderungen entsprechen Leichtflugzeuge und Motorsegler, wenn sie die international geltenden Emissionsgrenzwerte um mindestens 8 dB(A) unterschreiten.

2.1.20 Luftverkehrs-Ordnung - LuftVO

§ 1 Abs. 2 LuftVO stellt als Grundregel auf, daß der Lärm eines Luftfahrzeugs nicht stärker sein darf, als es die ordnungsgemäße Führung oder Bedienung unvermeidbar erfordert.

§ 11a LuftVO untersagt im Geltungsbereich der Verordnung Flüge ziviler Luftfahrzeuge mit Überschallgeschwindigkeit (größer als Mach 1).

§ 11c LuftVO schreibt - in Umsetzung einer EU-Richtlinie - Beschränkungen der Starts und Landungen von Flugzeugen mit Strahltriebwerken vor. Die durch das Lärmzeugnis oder der ihm entsprechenden Urkunde ausgewiesenen Geräuschpegel müssen bestimmten Mindestanforderungen genügen, die in EPNdB (Effective Perceived Noise dB) ausgedrückt sind.

2.1.21 Gesetz zum Schutz gegen Fluglärm - FlugLG

§ 1 Satz 1 und 2 FlugLG bestimmt:

"Zum Schutz der Allgemeinheit vor Gefahren, erheblichen Nachteilen und erheblichen Belästigungen durch Fluglärm in der Umgebung von Flugplätzen werden für

1.   Verkehrsflughäfen, die dem Fluglinienverkehr angeschlossen sind, und

2.   militärische Flugplätze, die dem Betrieb von Flugzeugen mit Strahltriebwerken zu dienen bestimmt sind,

Lärmschutzbereiche festgesetzt. Wenn der Schutz der Allgemeinheit es erfordert, sollen auch für andere Flugplätze, die dem Betrieb von Flugzeugen mit Strahltriebwerken zu dienen bestimmt sind, Lärmschutzbereiche festgesetzt werden."

§ 2 FlugLG lautet:

"(1) Der Lärmschutzbereich umfaßt das Gebiet außerhalb des Flugplatzgeländes, in dem der durch Fluglärm hervorgerufene äquivalente Dauerschallpegel 67 dB(A) übersteigt.

(2) Der Lärmschutzbereich wird nach dem Maße der Lärmbelastung in zwei Schutzzonen gegliedert. Die Schutzzone 1 umfaßt das Gebiet, in dem der äquivalente Dauerschallpegel 75 dB(A) übersteigt, die Schutzzone 2 das übrige Gebiet des Lärmschutzbereichs."

§ 3 FlugLG bestimmt:

"Der äquivalente Dauerschallpegel wird unter Berücksichtigung von Art und Umfang des voraussehbaren Flugbetriebes auf der Grundlage des zu erwartenden Ausbaus des Flugplatzes nach der Anlage zu diesem Gesetz ermittelt."

§ 4 Abs. 2 und 3 FlugLG lautet:

"(2) Der Lärmschutzbereich ist neu festzusetzen, wenn eine Änderung in der Anlage oder im Betrieb des Flugplatzes zu einer wesentlichen Veränderung der Lärmbelastung in der Umgebung des Flugplatzes führen wird. Eine Veränderung der Lärmbelastung ist insbesondere dann als wesentlich anzusehen, wenn sich der äquivalente Dauerschallpegel an der äußeren Grenze des Lärmschutzbereichs um mehr als 4 dB(A) erhöht.

(3) Spätestens nach Ablauf von zehn Jahren seit Festsetzung des Lärmschutzbereichs ist zu prüfen, ob sich die Lärmbelastung wesentlich verändert hat oder innerhalb der nächsten zehn Jahre voraussichtlich wesentlich verändern wird. Die Prüfung ist in Abständen von zehn Jahren zu wiederholen, sofern nicht besondere Umstände eine frühere Prüfung erforderlich machen."

§ 5 Abs. 1 und 2 FlugLG bestimmt:

"(1) Im Lärmschutzbereich dürfen Krankenhäuser, Altenheime, Erholungsheime, Schulen und ähnliche in gleichem Maße schutzbedürftige Einrichtungen nicht errichtet werden. Die nach Landesrecht zuständige Behörde kann Ausnahmen zulassen, wenn dies zur Versorgung der Bevölkerung mit öffentlichen Einrichtungen oder sonst im öffentlichen Interesse dringend geboten ist.

(2) In der Schutzzone 1 dürfen Wohnungen nicht errichtet werden."

Nach § 9 FlugLG werden dem Eigentümer eines in der Schutzzone 1 gelegenen Grundstücks, auf dem bei Festsetzung des Lärmschutzbereichs schutzbedürftige Einrichtungen oder

Wohnungen errichtet sind, auf Antrag Aufwendungen für bauliche Schallschutzmaßnahmen erstattet. Hierzu ist nach § 12 Abs. 1 FlugLG der Flugplatzhalter verpflichtet. Der Höchstbetrag ist nach der Schallschutzerstattungs-Verordnung je Quadratmeter Wohnfläche 130 DM.

In die nach der Anlage zu § 3 FlugLG durchzuführende Berechnung gehen u.a. Daten des Flugplatzes wie Lage und Abmessungen der Start- und Landebahnsysteme, der Verlauf der An- und Abflugstrecken und der Flugplatzrunden sowie die Anzahl der Flugbewegungen ein.

2.1.22 Schallschutzverordnung - SchallschutzV

Die auf Grund des Fluglärmgesetzes erlassene Schallschutzverordnung legt die Anforderungen für bauliche Anlagen, die nach § 5 Abs. 1 Satz 2 und Abs. 3 FlugLG errichtet werden dürfen, sowie für Wohnungen in der Schutzzone 2 fest. Nach § 3 Abs. 2 SchallschutzV muß das bewertete Bauschalldämm-Maß R_w der Umfassungsbauteile von Aufenthaltsräumen in Schutzzone 1 mindestens 50 dB und in Schutzzone 2 mindestens 45 dB betragen.

2.1.23 Raumordnungsgesetz - ROG

Nach § 2 Abs. 1 ROG gehört zu den Grundsätzen der Raumordnung u.a. auch die Sorge für den Schutz der Allgemeinheit vor Lärm.

2.1.24 Baugesetzbuch - BauGB

Nach § 1 BauGB haben die Gemeinden Bauleitpläne aufzustellen, sobald und soweit es für die städtebauliche Entwicklung und Ordnung erforderlich ist. Die Bauleitpläne sind den Zielen der Raumordnung und Landesplanung anzupassen. Sie sollen u.a. dazu beitragen, eine menschenwürdige Umwelt zu sichern. Die Gemeinden haben bei der Bauleitplanung die betroffenen öffentlichen und privaten Belange gerecht gegeneinander und untereinander abzuwägen. § 9 Abs. 1 Nr. 11 BauGB ermächtigt die Gemeinden, die Verkehrsplanung durch Festsetzungen in den Bebauungsplänen zu betreiben. § 9 Abs. 1 Nr. 24 BauGB läßt Anordnungen zum Schutz vor schädlichen Umwelteinwirkungen zu. Hierzu zählen auch bauliche oder technische Maßnahmen zum Schutz vor Verkehrslärm.

2.1.25 Baunutzungsverordnung - BauNVO

Nach § 1 Abs. 4 Satz 1 Nr. 2 Satz 2 BauNVO können zur Gliederung von Baugebieten in sich und untereinander nach Art der Betriebe und Anlagen Emissions- und Immissionsgrenzwerte, z.B. ein flächenbezogener Geräuschleistungspegel festgesetzt werden.

2.1.26 Eichgesetz und Eichordnung

Nach § 1 Abs. 1 Eichgesetz unterliegen Meßgeräte, die im geschäftlichen oder amtlichen Verkehr im Gesundheitsschutz, Arbeitsschutz, Umweltschutz oder Strahlenschutz oder im Verkehrswesen verwendet werden, der Eichpflicht, sofern dies zur Gewährleistung der Meßsicherheit erforderlich ist.

Nach § 3 Abs. 1 Ziff. 1 Eichordnung müssen u.a. Schallpegelmeßgeräte geeicht sein, wenn sie im Bereich des Arbeits- oder Umweltschutzes zur Durchführung öffentlicher Überwachungsaufgaben verwendet werden. Die in Anlage 21 der Eichordnung festgesetzten Eichfehlermeßgrenzen für Schallpegelmeßgeräte sind auf Dezibel bezogen.

2.1.27 Gesetz über Einheiten im Meßwesen und Einheitsverordnung

Nach § 1 Abs. 1 und 2 des Einheitsgesetzes sind im geschäftlichen und amtlichen Verkehr Größen in gesetzlichen Einheiten anzugeben, wenn für sie Einheiten in einer

Rechtsverordnung nach diesem Gesetz festgesetzt sind. In Nr. 18 der Anlage 1 der Einheitsverordnung ist die Einheit Hertz für Frequenz festgelegt.

2.2   Landesrecht

Auch die Länder haben zahlreiche Vorschriften zum Schutz vor Lärm erlassen. Im folgenden wird beispielhaft darauf hingewiesen.

2.2.1   Die Raumordnungs- und Landesplanungsgesetze der Länder

Sie haben u. a. den Schutz vor Lärm zum Ziel.

Nach § 15 des Gesetzes zur Landesentwicklung des Landes Nordrhein-Westfalen ist z.B. darauf hinzuwirken, daß die Bevölkerung vor Gesundheitsgefahren und sonstigen unzumutbaren Auswirkungen von Einrichtungen, insbesondere der Wirtschaft und des Verkehrs geschützt wird. Nach § 28 Abs. 4 b) Satz 2 sind in der Umgebung von Flughäfen, Militärflugplätzen und Landeplätzen mit Entlastungs- oder Schwerpunktfunktionen Gebiete festzulegen, in denen Planungsbeschränkungen zum Schutz der Bevölkerung vor Fluglärm erforderlich sind.

2.2.2   Bauordnungsrecht

Die Bauordnungen der Länder regeln u.a. die Anforderungen an den Schallschutz von baulichen Anlagen und Bauprodukten.

Die Bauordnung des Landes Nordrhein-Westfalen (BauONW) bestimmt z.B. in § 18 Abs. 2:

"Gebäude müssen einen ihrer Lage und Nutzung entsprechenden Schallschutz haben. Geräusche, die von ortsfesten Anlagen oder Einrichtungen in baulichen Anlagen oder von Baugrundstücken ausgehen, sind so zu dämmen, daß Gefahren oder unzumutbare Belästigungen nicht entstehen."

2.2.3   Immissionsschutzrecht

Soweit der Bund keine abschließende Regelung getroffen hat, können die Länder Rechtsvorschriften erlassen.

So hat z.B. das Land Nordrhein-Westfalen im Landes-Immissionsschutzgesetz - LImSchG - bestimmt, daß jeder sich so zu verhalten hat, daß schädliche Umwelteinwirkungen vermieden werden, soweit das nach den Umständen des Einzelfalles möglich und zumutbar ist. Von 22 bis 6 Uhr sind grundsätzlich alle ruhestörenden Betätigungen verboten. Die Benutzung von Tongeräten wird ebenso geregelt wie das Abbrennen von Feuerwerken und Feuerwerkskörpern. In den Verwaltungsvorschriften zum Landes-Immissionsschutzgesetz wird darauf hingewiesen, daß allgemein zur Beurteilung der Störung der Nachtruhe die TA Lärm und die VDI-Richtlinie 2058 entsprechend herangezogen werden können, daß jedoch eine schematische Anwendung dieser Regelwerke verfehlt sei, weil eine Anpassung der abstrakten, technischen Grundsätze an die besonderen Gegebenheiten des Einzelfalles nötig sein könne.

Nach der Lärmschutzverordnung des Landes Rheinland-Pfalz ist es grundsätzlich verboten, von 22.00 bis 7.00 Uhr Anlagen aller Art so zu betreiben, daß dadurch die Nachtruhe anderer gestört wird. In Wohnhäusern gilt dieses Verbot auch in der Mittagszeit von 13.00 bis 15.00 Uhr.

Zur Beurteilung der durch Freizeitanlagen verursachten Geräusche hat der Länderausschuß für Immissionsschutz (LAI) 1987 Hinweise verabschiedet und 1990 fortgeschrieben. Etliche Länder haben entsprechende Erlasse veröffentlicht, z.B. Brandenburg 1996. Die Freizeitlärm-Richtlinie gilt insbesondere für Volks- und Rummelplätze, Spielhallen, Vergnügungsparks, Erlebnisbäder, Abenteuer-Spielplätze und Zirkusse. Die Erheblichkeit einer Lärmbelästigung wird nicht allein nach der Lautstärke der Geräusche beurteilt, sondern auch nach der Nutzung des Gebietes, auf das sie einwirken, der Art der Geräusche und der Geräuschquellen sowie dem Zeitpunkt (Tageszeit) oder der Zeitdauer der Einwirkungen. Auch die Einstellung der Betroffenen zu der Geräuschquelle kann für den Grad der Belästigung von Bedeutung sein. Die im Einzelfall noch hinzunehmende Geräuscheinwirkung hängt von der Schutzbedürftigkeit der Bewohner des Gebietes und den tatsächlich nicht weiter zu vermindernden Geräuschemissionen ab. Bei der Ermittlung der durch Freizeitanlagen verursachten Geräuschemissionen kann auf die allgemein anerkannten akustischen Grundregeln, wie sie in der TA Lärm, der Sportanlagenlärmschutz-Verordnung (18. BImSchV) und der VDI-Richtlinie 2058, Bl. 1, festgehalten sind, zurückgegriffen werden. Impulshaltigkeit und/oder auffällige Pegeländerungen sowie Ton- und Informationshaltigkeit werden durch Zuschläge berücksichtigt. Für die Geräusche von Freizeitanlagen (z.B. auch für Musik) ist im allgemeinen ein Impulszuschlag erforderlich. Die Immissionsrichtwerte und die Regelung von einzelnen Geräuschspitzen entsprechen denen der Sportanlagenlärmschutz-Verordnung (vgl. Kapitel 2.1.8). Bei seltenen Störereignissen (an nicht mehr als maximal 5 % der Tage oder Nächte eines Jahres) ist zu prüfen, ob den Betroffenen eine höhere Belastung zugemutet werden kann. Als maximal zulässige Beurteilungspegel vor den Fenstern (im Freien) werden angesehen:

während der Tageszeit	(6.00 bis 22.00 Uhr)	70 dB(A)
während der lautesten Stunde der Nachtzeit	(22.00 bis 6.00 Uhr)	55 dB(A).

Auftretende Maximalpegel sollen diese Werte tagsüber um nicht mehr als 20 dB(A) und nachts um nicht mehr als 10 dB(A) überschreiten.

2.3 Rechtsprechung

Noch vor der entsprechenden Novellierung des § 906 Abs. 1 BGB haben das Bundesverwaltungsgericht (BverwGE 79, 254) und der Bundesgerichtshof (→ *BGHZ* 111, 63) die Auffassung vertreten, daß die Maßstäbe, mit denen das private und das öffentliche Immissionsschutzrecht die Grenze für eine Duldungspflicht bestimmen, nämlich einerseits Wesentlichkeit und anderseits Erheblichkeit, nicht unterschiedlich ausgelegt werden könnten.

Daß die Schwelle zur Gesundheitsgefahr in keinem Fall überschritten werden darf, hat das Bundesverwaltungsgericht (→ *BVerwGE* 88, 210/216) bestätigt.

Zu schädlichen Umwelteinwirkungen durch Lärm hat das Bundesverwaltungsgericht festgestellt: "Umwelteinwirkungen sind schädlich und erheblich i.S. des § 3 Abs. 1 BImSchG, wenn sie unzumutbar sind. Was der Umgebung an nachteiligen Wirkungen zugemutet werden darf, bestimmt sich nach der aus ihrer Eigenart herzuleitenden Schutzwürdigkeit und Schutzbedürftigkeit" (BVerwGE 90, 53/56). "Die Einzelbeurteilung richtet sich insbesondere nach der durch die Gebietsart und die tatsächlichen Verhältnisse bestimmten Schutzwürdigkeit, wobei wertende Elemente, wie die Herkömmlichkeit, die soziale Adäquanz und die allgemeine Akzeptanz mitbestimmend sind" (BVerwGE 90, 163/165).

"Eine erhebliche Belästigung i.S. des § 3 Abs. 1 BImSchG stellt ein Geräusch dar, wenn es bezogen auf das Empfinden eines verständigen Durchschnittsmenschen - nicht auf die individuelle Einstellung eines besonders empfindlichen Nachbarn - das zumutbare Maß überschreitet" (BVerwGE 68, 62/67).

Das Bundesverwaltungsgericht (BverwGE 79, 254 f) hat festgestellt, die Zumutbarkeit des Lärms einer Feuerwehrsirene reiche nicht bis zur Grenze der Gesundheitsgefahr oder des schweren und unerträglichen Eingriffs in das Eigentum. Unzumutbar sei bereits eine erhebliche Belästigung im Sinne des § 3 Abs. 1 BImSchG. Wo die Grenze der erheblichen Belästigung verlaufe, hänge von den jeweiligen Umständen ab, die das Tatsachengericht zu würdigen habe. Dabei dürfe der Alarmzweck, nämlich die Wahrnehmung der öffentlichen Aufgabe des vorbeugenden Brandschutzes, nicht unberücksichtigt bleiben. Für die Beurteilung der Lärmbelästigung liefert weder die VDI-Richtlinie 2058 Bl. 1 noch die Maßstäbe für die Beurteilung der Zumutbarkeit von Einzelgeräuschen beim Sport geeignete Anhaltspunkte.

Zu den Regelwerken zur Lärmbewertung hat das Oberverwaltungsgericht Münster bereits 1983 festgestellt, daß die TA Lärm als antizipiertes Sachverständigengutachten für gerichtliche Entscheidungen bedeutsam sei und daß die dort und in der VDI-Richtlinie 2058, Bl. 1, festgelegten Immissionswerte ein geeigneter Maßstab für die Feststellung der unzumutbaren Geräuschbelästigungen seien. Lärmbelästigungen seien in der Regel nur dann i.S. des § 5 Nr. 1 BImSchG erheblich, wenn die dort festgesetzten Immissionswerte überschritten würden (OVG Münster, → *DÖV* 84, 473).

Für sog. Gemengelagen gilt folgendes: "In den Bereichen, in denen Baugebiete von unterschiedlicher Qualität und unterschiedlicher Schutzwürdigkeit zusammentreffen, ist die Grundstücksnutzung mit einer gegenseitigen Pflicht zur Rücksichtnahme belastet, die u.a. dazu führt, daß der Belästigte Nachteile hinnehmen muß, die er außerhalb eines derartigen Grenzbereichs nicht hinzunehmen brauchte. Es ist eine *Art von Mittelwert* zu bilden" (BVerwGE 50, 49/54).

Zur Anwendung der TA Lärm auf nicht genehmigungsbedürftige Anlagen hat das Bundesverwaltungsgericht festgestellt: "Die nach § 66 Abs. 2 BImSchG fortgeltende TA Lärm betrifft zwar nur die genehmigungsbedürftigen Anlagen i.S. des § 4 BImSchG. Die in ihr niedergelegten Ermittlungs- und Bewertungsgrundsätze sind aber auch für Geräusche nicht genehmigungsbedürftiger Anlagen - je nach Ähnlichkeit mit dem von genehmigungsbedürftigen Anlagen ausgehenden Lärm - bedeutsam, dies umso mehr, wenn es sich - wie bei Tankstellenlärm - um gewerblichen Lärm handelt und soweit die von dem nächtlichen Tankstellenbetrieb ausgehenden Geräuscheinwirkungen vor allem wegen der sehr hohen impulshaltigen Einzelgeräusche als gesundheitsgefährdend bewertet worden sind. Für die schlafstörende Wirkung solcher Einzelgeräusche ist vornehmlich deren Lautstärke - hier bis zu 87 dB(A) - maßgebend." (BVerwGE 91, 92/94 f)

Auch das Zeitschlagen von Kirchturmuhren während der Nachtzeit (22.00 bis 6.00 Uhr) unterliegt grundsätzlich den allgemein geltenden Anforderungen des Immissionsschutzrechts. Das Bundesverwaltungsgericht hat dazu ausgeführt, daß die TA Lärm als maßgebliche Beurteilungsgrundlage herangezogen werden könne, weil es um die Lästigkeit nächtlicher Einzelgeräusche gehe und nicht um die Mittelwertbildung bei einem Dauergeräusch. Für die schlafstörende Wirkung solcher Einzelgeräusche seien weniger ihre Art und Dauer als vornehmlich ihre Lautstärke maßgebend. Dementsprechend gelte der für die Nachtzeit maßgebliche Immissionsrichtwert auch dann als überschritten, wenn ein Meßwert mehr als 20 dB(A) über dem Richtwert liege. Gesichtspunkte der Herkömmlichkeit könnten zwar für die soziale Adäquanz und damit für die Zumutbarkeit höherer Lärmimmissionen durchaus bedeutsam sein. Um Störungen der Nachtruhe zu rechtfertigen, reichten diese für das Zeitschlagen von Kirchturmuhren regelmäßig geltenden Begleitumstände jedoch nicht aus. Glockenschläge mit einem Geräuschpegel von über 60 dB(A) nachts in einem Wohngebiet widersprächen daher der Anforderung des § 22 Abs. 1 BImSchG an den Betrieb des Schlagwerks (BVerwGE 90, 163/166 f).

Zum Sportlärm hat das Bundesverwaltungsgericht (DVBl. 95,514) festgestellt, § 2 der 18. BImSchV schließe als normative Festlegung der Zumutbarkeitsschwelle im Sinne des § 3 Abs. 1 BImSchG grundsätzlich die tatrichterliche Beurteilung aus, daß Lärmimmissionen, die die festgelegten Immissionsrichtwerte unterschreiten, im Einzelfall gleichwohl als erheblich eingestuft werden.

Der Bundesgerichtshof hatte sich mit dem Unterlassungsanspruch eines Nachbarn gegen einen Froschteichbesitzer zu befassen (→ *NJW* 1993, 925 f) Er hat dazu festgestellt, daß bei der Beurteilung des Lärms durch Froschquaken das geänderte Umweltbewußtsein und der auf Frösche bezogene Artenschutz im Naturschutzrecht nicht unberücksichtigt bleiben könne. Auch einem verständigen Durchschnittsmenschen seien aber massive Störungen seiner Nachtruhe - hier 61 dB(A) gegenüber einem Richtwert von 35 dB(A) - durch Froschlärm nicht zumutbar. Auch Froschlärm könne über eine Lärmpegelmessung nach den Richtwerten der VDI-Richtlinie 2058 Bl. 1 (oder ähnlichen Richtlinien wie TA Lärm, LAI-Hinweise) beurteilt werden. Berücksichtige der Tatrichter sowohl den Richtliniencharakter als auch die Besonderheiten des zu beurteilenden Lärms, sei nicht zu beanstanden, daß er bei deutlicher Überschreitung der Richtlinienwerte eine wesentliche Lärmbeeinträchtigung annehme. Daß das Landgericht sich mit dem Sachverständigengutachten am Mittelwert für die lauteste Stunde orientiere, wie es den Meßvorschriften der VDI-Richtlinie 2058 Bl. 1 entspreche, und den Beurteilungspegel mit einem Zuschlag von 6 dB(A) wegen der besonderen Tonhaltigkeit und Störwirkung des Froschquakens gebildet habe, sei nicht zu beanstanden.

Der Bundesgerichtshof (BGHZ 111, 63 f) hat festgestellt, daß die "Hinweise zur Beurteilung der durch Freizeitanlagen verursachten Geräusche" den Gerichten als Entscheidungshilfe bei der Beurteilung von Volksfestlärm dienen könnten. Im Rahmen der gebotenen Güterabwägung könnten bei der Beurteilung des nächtlichen Lärms gesetzliche Wertungen (hier: Lärmschutz-VO in Rheinland-Pfalz) nicht unberücksichtigt bleiben.

Zum Lärmschutz beim Straßenbau ist das Bundesverwaltungsgericht (BVerwG, → *DVBl.* 1996, 916 f) der Auffassung entgegengetreten, die Beurteilungspegel nach § 2 Abs. 1 der 16. BImSchV seien als "Summenpegel" unter Einbeziehung von Lärmvorbelastungen durch bereits vorhandene Verkehrswege zu ermitteln. Eine Berechnung der Lärmbeeinträchtigung nach Maßgabe eines Summenpegels könne nur dann in Betracht kommen, wenn der neue oder zu ändernde Verkehrsweg im Zusammenwirken mit vorhandenen Vorbelastungen anderer Verkehrswege insgesamt zu einer Lärmbelastung führe, die mit Gesundheitsgefahren oder einem Eingriff in die Substanz des Eigentums verbunden seien.

Das Bundesverwaltungsgericht (→ *UPR* 1996, 346) hat bestätigt, daß der Lärmschutz im Straßenbau sich grundsätzlich nicht an möglichen Spitzenbelastungen, sondern nur an der vorausschätzbaren Durchschnittsbelastung auszurichten braucht. Das in der 16. BImSchV verwirklichte Lärmschutzkonzept, das die Immissionsgrenzwerte als Mittelungspegel ausweise, verstoße deshalb nicht gegen § 41 Abs. 1 BImSchG. Durch die Immissionsgrenzwerte des § 2 Abs. 1 der 16. BImSchV werde in Gebieten, die durch Wohnnutzung geprägt seien, sichergestellt, daß auch zu Zeiten überdurchschnittlicher Inanspruchnahme der

Straße nach dem derzeitigen Kenntnisstand Gesundheitsgefährdungen nicht zu besorgen seien.

2.4 Schlußfolgerungen

- Für die Beurteilung der Unzumutbarkeit von Lärm gelten im öffentlichen Recht und im Zivilrecht dieselben Maßstäbe. Wesentliche Beeinträchtigungen im Sinne des § 906 BGB sind identisch mit erheblichen Belästigungen und damit schädlichen Umwelteinwirkungen im Sinne des § 3 Abs. 1 BImSchG.

- Schädliche Umwelteinwirkungen im Sinne des § 3 Abs. 1 BImSchG sind Lärmimmissionen, die nach Art, Ausmaß und Dauer geeignet sind, Gefahren, erhebliche Nachteile oder erhebliche Belästigungen für die Allgemeinheit oder die Nachbarschaft hervorzurufen.

- Ob Lärm eine schädliche Umwelteinwirkung darstellt, ist von der Behörde - evtl. mit Hilfe von Sachverständigengutachten - zu entscheiden. Die Entscheidung unterliegt in tatsächlicher und rechtlicher Hinsicht der verwaltungsgerichtlichen Kontrolle.

- Gesundheitsschäden sind immer erheblich. Sie können z. B. durch nächtliche sehr laute impulshaltige Einzelgeräusche hervorgerufen werden. Auf die besondere, atypische Empfindlichkeit einzelner Personen kommt es nicht an. Geschützt sind jedoch auch Risikogruppen wie Kinder, Kranke und Alte.

- Lärmbelästigungen sind erheblich, wenn sie unzumutbar sind. Dabei ist auf das Empfinden eines verständigen Durchschnittsmenschen in vergleichbarer Lage abzustellen. Die Zumutbarkeitsgrenze ist im konkreten Einzelfall zu bestimmen. Die Einzelbeurteilung richtet sich insbesondere nach der durch die Gebietsart und die tatsächlichen Verhältnisse bestimmten Schutzwürdigkeit und Schutzbedürftigkeit, wobei gesetzliche Wertungen und wertende Elemente wie Herkömmlichkeit, soziale Adäquanz und allgemeine Akzeptanz mitbestimmend sind.

- Werden Grenz- oder Richtwerte, die in Gesetzen, Verordnungen oder allgemeinen Verwaltungsvorschriften aufgrund § 48 BImSchG festgelegt sind, nicht überschritten, so liegt in der Regel keine erhebliche Lärmbelästigung vor. Nicht verbindlich sind diese Werte bei einem atypischen Sachverhalt, d.h. einem Sachverhalt, den der Vorschriftengeber nicht regeln konnte oder wollte. Im Einzelfall kann daher auch bei Unterschreitung der Werte die Lärmbelästigung erheblich sein.

- Die Verwaltungsbehörden und Gerichte haben die in den o. a. Vorschriften festgelegten Werte nebst zugehörigen Meß- und Beurteilungsverfahren ihren Entscheidungen zugrundezulegen. Die Werte beruhen auf naturwissenschaftlichen und technischen Erkenntnissen und enthalten als Ausdruck allgemeiner Erfahrungsgrundsätze generelle Maßstäbe. Dabei ist zu prüfen, ob sie im Einzelfall die Geräusche zutreffend bewerten oder ob ein atypischer Sachverhalt vorliegt. Dies gilt insbesonders für Geräusche mit erhöhter Störqualität z. B. Informations- und Impulshaltigkeit, An- und Abschwellen, plötzliches Auftreten und hohe Schallpegel in bestimmten Frequenzzusammensetzungen. Die Zumutbarkeitsgrenze ist stets im konkreten Einzelfall zu ermitteln.

- Die TA Lärm berücksichtigt die unterschiedliche Schutzbedürftigkeit der betroffenen Nutzungen durch Immissionswerte, die entsprechend der Gebietsart (z. B. allgemeines Wohngebiet, Gewerbegebiet) gestaffelt sind. In "Gemengelagen" führt die gegenseitige Pflicht zur Rücksichtnahme dazu, daß höhere Lärmbelästigungen eher zumutbar sind als außerhalb eines solchen Grenzbereichs.

- Die TA Lärm ist auch für die Beurteilung der Geräusche nicht genehmigungsbedürftiger Anlagen - je nach Ähnlichkeit mit dem von genehmigungsbedürftigen Anlagen ausgehenden Lärm - bedeutsam.

- Die VDI-Richtlinie 2058 Bl. 1 und die "Freizeit-Hinweise" sind als Entscheidungshilfen heranzuziehen. Sie geben Anhaltspunkte für die Zumutbarkeit der Lärmbelästigungen.

- Auch für die Beurteilung von Lärm, der durch das Zeitschlagen von Kirchturmuhren während der Nachtzeit oder das Froschquaken aus einem benachbarten Teich hervorgerufen wird, können technische Regelwerke wie die TA Lärm und die VDI-Richtlinie 2058 Bl. 1 herangezogen werden.

- Für die Beurteilung der Lärmbelästigung durch eine Feuerwehrsirene liefern weder die VDI-Richtline 2058 Bl. 1 noch die Maßstäbe für die Beurteilung der Zumutbarkeit von Einzelgeräuschen beim Sport geeignete Anhaltspunkte.

- Bei geräuschvollem Verhalten von Personen ist immer eine Einzelfallprüfung erforderlich, bei der es um eine Interessenabwägung geht.

- Die Gesetze, Verordnungen, Verwaltungsvorschriften und Richtlinien zur Beurteilung schädlicher Umwelteinwirkungen durch Lärm verwenden den A-bewerteten Dauerschallpegel als Beurteilungskriterium. Etliche dieser Vorschriften verwenden als zusätzliches Kriterium den A-bewerteten Maximalpegel. Diese Vorschriften berücksichtigen auch - entsprechend ihrem Regelungsgegenstand - psychoakustische Kriterien wie z. B. den Einfluß der Tages- und Nachtzeit, die gegenüber dem Straßenverkehr geringere Störqualität des Schienenverkehrslärms sowie die erhöhte Störqualität von Straßenverkehrslärm an Kreuzungen bzw. von ton- oder impulshaltigen Geräuschen. Bei der Beurteilung von schädlichen Umwelteinwirkungen durch Lärm in der Nachbarschaft, die weitgehend eine Frage tatrichterlicher Bewertung ist, können im Einzelfall weitere Kriterien - auch psychoakustische - herangezogen werden.

3. Medizinisch-hygienische Grundlagen der Lärmbeurteilung

P. LERCHER

Dieses Kapitel enthält eine kritische Bestandsaufnahme dessen, was wir über Schallwirkungen wissen und wie wir die Schallwirkung am besten messen können. Damit soll ein Nichtfachmann in der Lage sein, das notwendige Verständnis zu gewinnen, um die Schlußfolgerungen einer Lärmbeurteilung nachvollziehen zu können.

3.1 Grundlagen des Hörens: Die Verarbeitung von Lärm

Die von außen auf den Menschen einwirkenden Schallwellen werden durch die als Schalltrichter wirkende Ohrmuschel auf das Trommelfell geleitet und in mechanische Schwingungen umgewandelt. Die mechanische Übertragung über die Gehörknöchelchenkette des Mittelohres zum Innenohr zeigt bereits eine deutliche Frequenzabhängigkeit. Höhere Frequenzbereiche (zwischen 1 und 5 kHz) erhalten eine leichte Verstärkung während tiefere Frequenzen (unter 1 kHz) etwas gedämpft werden. Die resultierende mechanische Auslenkung bringt schließlich eine Flüssigkeit im eigentlichen Hörorgan (der Schnecke des Innenohres) in Bewegung. Die in der Schnecke auf der sog. Basilarmembran sitzenden Haarzellen (ca. 15.000 "Sinneshaare") registrieren die Stärke der Bewegung und wandeln sie in nervöse Impulse um, die über die Nerven der Hörbahn an verschiedene Hirnzentren übermittelt werden.

Die Umwandlung der mechanischen Energie in Nervenimpulse in der Schnecke des Innenohres basiert auf drei wesentlichen Prinzipien:

Jeder Ort an der Basilarmembran der Schnecke codiert eine bestimmte Frequenz des eintreffenden Schalles (Frequenzselektives Hören, Abb. 3.1). Frequenzen zwischen 16 und 16.000 Herz führen zu Höreindrücken. Dabei gibt es immer eine Nervenfaser, die für eine bestimmte Frequenz besonders empfindlich ist (sog. charakteristische Frequenz).

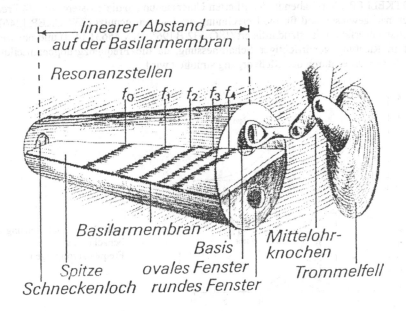

Abb. 3.1: Frequenz-Decoder Innenohr

Es werden aber auch benachbarte Sinneszellen mitangeregt, insbesondere diejenigen der benachbarten höheren Frequenzen (Asymmetrische Erregungspegelverteilung, siehe Abb. 3.2). ZWICKER/FELDTKELLER [244], die diese Erkenntnisse in die Lautheitsmessung haben einfließen lassen, sprechen von Kern- und Flankenlautheit. Erst die Berücksichtigung dieser Erregungscharakteristik der Haarzellen, wie sie an der Basilarmembran der Schnecke abläuft, sichert eine gehörrichtige Abschätzung der tatsächlich empfundenen Lautheit.

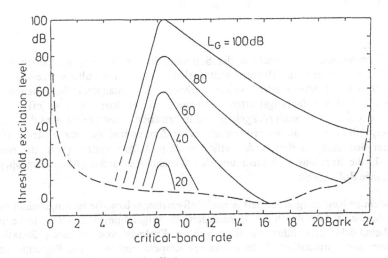

Abb. 3.2: Asymmetrische Erregungspegelauffächerung

Erregungen innerhalb einer bestimmten Frequenzbandbreite verschmelzen zu einem Empfindungsbild (Abb. 3.3). Um 2 gleichzeitig dargebotene Töne als separate Komponenten hören zu können, müssen sie die sog. Frequenzgruppenbreite überschreiten. ZWICKER /FELDTKELLER [244] haben in detaillierten Untersuchungen die Existenz von 24 Frequenzgruppen nachgewiesen und für die Berechnung der Lautheit genutzt (ZWICKER [246]). Das Lautheitsmeßverfahren ist standardisiert (ISO 532 B [96], DIN 45631 [41]) und ein wichtiger Schritt in Richtung gehörrichtiger Schallmessung, da die Frequenzgruppenaufteilung des menschlichen Ohres durch den Meßvorgang simuliert wird.

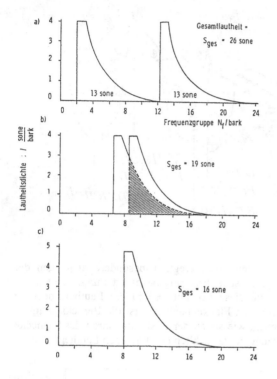

Abb. 3.3: Verschmelzung zweier benachbarter Frequenzerregungen

Mit der Verarbeitung der Signale in der Schnecke ist der Hörvorgang jedoch keineswegs abgeschlossen. Die über den Hörnerv weitergeleiteten Nervenimpulse werden im sog. Hörzentrum des Zentralnervensystems weiterverarbeitet. Die einlangende Information wird mit bereits vorliegenden Erfahrungswerten verglichen, z.T. ergänzt und über efferente Fasern erhalten die Sinneszellen auch rückgekoppelte Information. Gleichzeitig wird die Information über Zweigverbindungen an weitere zentralnervöse Zentren und Systeme weitergegeben. Von besonderer Bedeutung hierbei ist das aufsteigende retikuläre System (Formatio retikularis), welches für die Regelung und Steuerung des Wachheitszustandes (Aktivierungspegel) eine dominierende Rolle spielt.

Dieses wichtige Reglerorgan reagiert je nach Informations- bzw. Bedeutungsgehalt mehr oder weniger deutlich auf die durch das Sinnesorgan Ohr aufgenommenen und weiterverarbeiteten Geräuscheindrücke und führt zu einer ganzen Kaskade von weiteren Reaktionen im vegetativen und hormonellen System unseres Körpers, mit dem die Formatio retikularis verbunden ist. Entwicklungsgeschichtlich dient das Hörsystem nämlich nicht nur der Orientierung und Kommunikation, sondern es ist Teil einer Alarmanlage, die uns auf die jeweiligen Erfordernisse des Lebens vorbereitet. Je nach Intensität oder Bedeutungsgehalt wird das retikuläre System aktiviert und ist mehr oder weniger gewöhnungsfähig. Die moderierende Funktion dieses Systems ist neben einer Fülle von dispositionellen Faktoren (Alter, vegetative Labilität, hereditäre Belastungen etc.) auch mitverantwortlich für die z.T. große Streuung individueller physiologischer Reaktionen auf Lärmbelastung (JANSEN /SCHWARZE [103]).

Diese allgemeine Aktivierung unseres Körpers können wir jedoch nicht vollständig verhindern, sie läuft unbewußt nach alten phylogenetischen Mustern ab. Unser Körper wird in einen Streßzustand übergeführt (ergotrope Umstimmung des vegetativen Gleichgewichtes), der zu einer Reihe von meßbaren körperlichen und psychischen Veränderungen führt. Die Wesentlichsten davon sind:

- verstärkte Hormonausschüttung (vor allem Katecholamine und Glukokortikoide mit einer Reihe von Folgereaktionen: z.B. Fettstoffwechselveränderungen, Beeinflussung der Blutgerinnung, vermehrte Magnesiumausscheidung und Calciumanstieg in der Zelle)

- Herz-Kreislaufwirkungen (Blutdruck- und Pulsveränderungen, Verringerung der Hautdurchblutung etc.)

- Magen-Darmveränderungen (Verringerung der Speichel- und Magensaftproduktion, Absinken der Magen-Darm-Motilität)

- Erhöhung des Muskeltonus und der Muskelaktionspotentiale

- Veränderung der Atemfrequenz

- Stoffwechselveränderungen (erhöhter O_2-Bedarf)

Durch chronische Lärmbelastung können die Regelungsmöglichkeiten dieser Systeme überfordert werden. Dann erhöht sich das Risiko für eine sog. extraaurale (die Hörsinneszellen nicht betreffende) Krankheit (z.B. Bluthochdruck).

Alle oben erwähnten Veränderungen können jedoch auch von anderen Streßreizen in derselben Weise bewirkt werden. Die Reaktionen sind also nicht lärmspezifisch. Dieser Umstand erschwert einerseits den Nachweis lärmbedingter extraauraler Krankheiten, macht andererseits aber verständlich, daß Kombinationswirkungen mit anderen Stressoren des täglichen Lebens von großer Bedeutung sein müssen.

Zusammenfassend können wir festhalten, daß die Intensität von Umweltgeräuschen im allgemeinen (sieht man von Explosionen oder der Tiefflugproblematik einmal ab) nicht ausreicht, um eine dauerhafte Schädigung der Hörsinneszellen ("aurale Wirkungen") zu verursachen. Die Schallpegel liegen jedoch durchaus über jenem als "effektive Ruhe" bezeichneten Bereich (unter 65 dB), der weder zu Hörermüdung noch Verzögerung der Hörerholung führt (DONNER et al. [42], HAIDER/KOLLER [83]). Das bedeutet, daß die Hörerholung durch ständig einwirkenden Umweltlärm gestört und verlangsamt wird. Dieses Faktum hat zu der These geführt, daß in den entwickelten Industriegesellschaften die außerberufliche Lärmexposition eine mitverursachende Bedeutung für die Abnahme des Hörvermögens ("Sozioakusis") mit zunehmendem Alter habe, die bei einem vorindustriell lebenden afrikanischen Stamm in weit geringerem Ausmaß gefunden wurde.

Von größerer Bedeutung für die Beurteilung von gesundheitlichen Beeinträchtigungen durch Umweltlärm sind die sog. "extraauralen" Wirkungen, die im wesentlichen Nebenwirkungen einer durch Hörempfindungen ausgelösten allgemeinen Aktivierung des Körpergeschehens darstellen, welche wir nicht einfach abstellen können, da diese Reaktionen eine entwicklungsgeschichtliche Bedeutung als Warnsystem haben.

3.2 Lärmmessung und Hörempfindung

In diesem Kapitel wollen wir der Frage nachgehen, wie weit die vorherrschende Praxis der Lärmmessung die Hörempfindungen des Menschen nachzubilden in der Lage ist. Zu diesem Zweck bedienen wir uns im wesentlichen der Erkenntnisse von Psychophysik und Psychoakustik.

Für die subjektive Beurteilung von Schallereignissen durch den Menschen spielen die Lautstärkeempfindung (Lautheit), die Tonhöhe, der zeitliche Ablauf und die Gerichtetheit des Schalles eine elementare Rolle.

Die Meßgröße für die Lautstärke ist das Dezibel (dB). Bei diesem Maß handelt es sich um eine logarithmierte Intensitätsverhältnisskala. Hierbei wird die gemessene Schallintensität (der Schalldruck) in Bezug zur Schallintensität an der Hörschwelle bei 1000 Hertz (Hz) gesetzt. Die Logarithmierung ist notwendig, da der Schallintensitätsunterschied, der vom Ohr wahrgenommen werden kann (Hörschwelle bis Schmerzgrenze) 12 Zehnerpotenzen ($1 - 10^{13}$) umspannt (Tab. 3.1) und die Skala deshalb unübersichtlich werden würde. Andererseits hatte Fechner bereits Anfang dieses Jahrhunderts mit der Formulierung des Weber-Fechnerschen Gesetzes einen logarithmischen Zusammenhang (Empfindungsstärke = K*log Reizstärke) zwischen physikalischem Reiz und Empfindungsstärke postuliert.

Schallquelle	Intensitätsverhältnis	
Düsenmotor	10.000.000.000.000	1,0E+13
Niethammer	1.000.000.000.000	1,0E+12
Bohrhammer	100.000.000.000	1,0E+11
Papiermaschine	10.000.000.000	1,0E+10
Webereisaal	1.000.000.000	1,0E+09
Blechwerkstatt	100.000.000	1,0E+08
Straßenverkehr	10.000.000	1,0E+07
Normal. Gespräch	1.000.000	1,0E+06
Leise Radiomusik	100.000	1,0E+05
Leises Gespräch	10.000	1,0E+04
Flüstern	1.000	1,0E+03
Ruhige Stadtwohnung	100	1,0E+02
Laubesrauschen	10	1,0E+01
Hörschwelle	1	1,0E+00

Tab. 3.1: Menschlicher Hörbereich. Das Laubesrauschen hat danach eine zehnfache Schallintensität der Hörschwelle.

STEVENS [209] und ZWICKER [246] haben als Ergebnis ihrer Untersuchungen zur Beziehung zwischen Schallintensität und Lautstärkeempfindung jedoch eine Potenzfunktion (Lautheit = $k*I^{0.3}$) gefunden.

Die logarithmische Skala macht es (nicht nur) dem Laien besonders schwer die Arithmetik der Schalltechniker zu verstehen. Die Addition von zwei Schallquellen gleicher Intensität (z.B. je 65 dB) ergibt nur eine Erhöhung der Gesamtintensität um 3 dB auf 68 dB. Oder wenn zu einer Schallquelle mit 70 dB noch eine mit 60 dB hinzukommt, so ergibt sich rechnerisch nur ein Zuwachs auf 70,4 dB. Diese kleine Erhöhung von 0,4 dB durch die hinzukommende Schallquelle wäre nach der rein energetischen Schallpegeladdition praktisch nicht wahrnehmbar, da der Zuwachs im Rahmen der üblichen Meßgenauigkeit verwendeter Schallpegelmesser (etwa 1 dB) liegt. Um nämlich tatsächlich unterscheidbar zu werden, müßte der Anstieg zumindest 2 dB groß sein (Tab. 3.2).

Schallpegeländerung	Stufe der Wahrnehmung
0 - 2 dB	nicht wahrnehmbar (Meßgenauigkeit)
2 - 5 dB	gerade wahrnehmbar
5 - 10 dB	deutlich wahrnehmbare Veränderung
10 - 20 dB	große, überzeugende Veränderung
> 20 dB	überaus große, bedeutende Veränderung

Tab. 3.2: Wahrnehmung von Signalen unterschiedlicher Schallpegel

Rechnungen dieser Art werden in gewerblichen Begutachtungsverfahren immer wieder gemacht, ohne daß die Grundregeln, die für solche Rechnungen eingehalten werden müssen, überprüft werden.

Ein Faktor, der hierbei meist unberücksichtigt bleibt ist die Variation des Schallpegels mit der Zeit. Das übliche Rechenverfahren zur Beurteilung von Umweltlärm mittelt einfach Geräusche unterschiedlicher Zeitstruktur. Es wird durch Integration der Schallintensität über die Zeit ein fiktiver "Durchschnittsdauerpegel" errechnet, der als energieäquivalenter Dauerschallpegel (Leq) bezeichnet wird (Abb. 3.4). Ein Vorteil dieses Äquivalenzverfahrens ist seine einfache Anwendbarkeit, da eine Verdoppelung oder Halbierung der Wirkungszeit einer Erhöhung oder Erniedrigung des Schallpegels um eine fixe Größe entspricht. Beim Leq entspricht die Halbierung der Einwirkzeit einer Erniedrigung des Schallpegels um 3 dB. Ein zweiter Vorteil ist die Reduktion eines komplexen Geräusches auf einen einzigen Zahlenwert (Leq). Die Vorteile sind also überwiegend administrativer Natur.

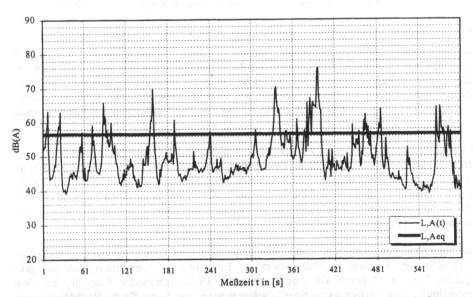

Abb. 3.4: Beispiel eines Schallpegelverlaufs L(t) über den Zeitabschnitt T mit energieäquivalentem Dauerschallpegel Leq

Der offensichtliche Nachteil des Äquivalenzverfahrens aus der Sicht der Wirkungsforschung besteht in der vollkommenen Vereinheitlichung aller Geräusche durch die Ausschaltung oder Unkenntlichmachung ihrer spezifischen Zeitstruktur. Das für jede Quelle eigentümliche Geräuschbild geht somit verloren, die Quellen können nicht mehr unterschieden werden (Abb. 3.5). Insbesondere für stärker schwankende Geräusche (Fluglärm, Schienenlärm, Industrielärm) ist dieses Verfahren problematisch und sollte nur als grobe Annäherung angesehen werden.

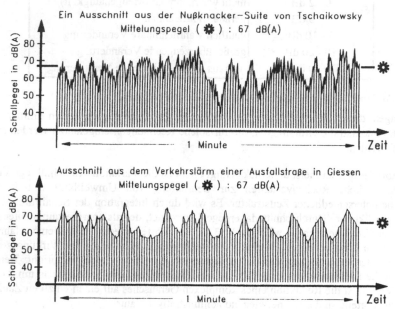

Abb. 3.5: Vergleich zweier zeitlich schwankender Geräusche

Auch der Einsatz verschiedener Zeitkonstanten ("slow", "fast", "impuls") hilft hier nicht weiter. ZWICKER/FASTL [243] konnten am Beispiel eines lauten Flugzeugs demonstrieren, daß alle drei verfügbaren Zeitkonstanten nicht in der Lage sind die Lautheits-Zeitstruktur entsprechend der menschlichen Empfindung wiederzugeben. In dem von ihnen entwickelten Lautheitsmeßgerät ist die gehörrichtige Bewertung der Zeitstruktur von Geräuschen bereits integriert.

In verschiedenen Experimenten zur zeitlichen Auflösung des Ohres haben Psychoakustiker ferner den Nachweis erbracht, daß die Dauer eines Schallimpulses (3,2 kHz Ton) von 100 ms die gleiche subjektive Dauer hervorruft wie eine Pausendauer von etwa 400 ms. Für weißes Rauschen wurde nur eine halb so lange Pausendauer (200 ms) als gleich lang empfunden. Bei Schallimpulsen über einer Sekunde Dauer wird gleiche subjektive Dauer bei gleicher Dauer von Impuls und Pause erreicht (ZWICKER [246]).

Eine brauchbare Korrelation zwischen Energieäquivalenz und Wirkungsäquivalenz ist nur bei gleichbleibenden Geräuschen ohne besondere Ton-, Impuls- oder Informationshaltigkeit gegeben. Für die Mehrzahl der uns umgebenden Umweltgeräusche führt die kritiklose Anwendung dieses Verfahrens zu einer falschen Beurteilung. Sogar für die Risikobeurteilung von Hörschäden, wo ein Maß für die kumulierte Schallenergie zweifelsohne von eminenter Bedeutung ist, hat sich die Energieäquivalenzhypothese bei der Wirkungsbeurteilung für impulshaltigen Schall als nicht zielführend herausgestellt (HENDERSON et al. [88]).

Nach SCHICK [192] haben Fletcher und Munson bereits 1933 festgestellt, daß die Dezibel-Skala für die Beurteilung der wahrgenommenen Lautheit nicht ideal ist. Durch die hinzukommende Problematik der energieäquivalenten Schallintegrierung ergibt sich ein weiterer Unsicherheitsfaktor, der die Wirkungsbeurteilung erschwert.

Die ausgeprägte Frequenzselektivität des Hörorgans läßt uns sehr differenziert unterscheiden, ob ein Ton eher hoch oder tief klingt.

Die Tonhöhe einer Schallquelle wird durch die Zahl ihrer Schwingungen pro Sekunde (Frequenz) bestimmt und in Hertz (Hz oder kHz) angegeben. Töne reiner Frequenz (Sinustöne) spielen in der Lärmbegutachtung kaum eine Rolle, da im Alltag praktisch nur zusammengesetzte Geräusche vorkommen.

Die Bestimmung der Hörschwelle, also die Feststellung des kleinsten Schallpegels einer bestimmten Frequenz, der zu einer Hörempfindung führt, wird jedoch mit reinen Tönen vorgenommen. Abb. 3.6 zeigt den Verlauf einer solchen Hörkurve. Aus ihr können wir ableiten, daß unser Gehörsinn am empfindlichsten zwischen 3 und 4 kHz ist (Hörschäden werden bei diesen Frequenzen zuerst sichtbar) und gegen die tiefen Frequenzen hin mit deutlich höheren Schallpegeln gereizt werden muß. Bei den tiefen Frequenzen ist auch der Abstand zwischen Hörschwelle und Schmerzschwelle deutlich kleiner als für die höheren Frequenzen.

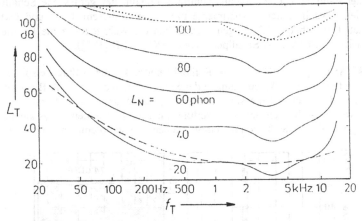

Abb. 3.6: Kurven gleicher Lautstärke

Besonders schwierig ist die Bestimmung der Hörschwelle für Frequenzen unterhalb von 100 Hz, weil sich der Höreindruck verändert und der Proband bereits gleichzeitig Erschütterungswirkungen wahrnimmt.

Um nun auch zu klären, ob sich dieselbe Art der Frequenzabhängigkeit auch für höhere Schallpegel ergibt, wie wir sie in unserer Umgebung gewöhnlich erfahren, wurden die sog. Kurven gleicher Lautstärkepegel (Isophone) gewonnen. Dabei bot man Versuchspersonen zunächst einen Standardton (z.B. 1 kHz) mit einem bestimmten Schallpegel dar und ließ sie dann einen Vergleichston (z.B. 500 Hz) mit Hilfe eines Reglers so lange verstellen bis Standardton und Vergleichston gleich laut empfunden wurden. Aus diesen Kurven gleicher Lautstärkepegel sehen wir, daß mit zunehmendem Pegel die Flanke für die tiefen Frequenzen flacher wird.

Dieses Ergebnis ist von besonderer Bedeutung, da die A-Bewertung, die seit 1967 von der ISO als Bewertungskurve empfohlen wird, die tiefen Frequenzen entsprechend einem Lautstärkepegel von maximal 40 dB bewertet. Dadurch kommt es zu einer beträchtlichen

Unterschätzung der tatsächlich empfundenen Lautheit und Lästigkeit von tieffrequenten Geräuschen.

In bezug auf die wahrgenommene Lautheit haben schon ältere Experimente aufgezeigt, daß, wenn der Schallpegel eines 100 Hz-Tones um 10 dB angehoben wird, sich damit die empfundene Lautheit nicht wie üblich verdoppelt, sondern auf das vier- bis fünffache ansteigt (SCHARF [190]).

Schwedische Untersuchungen (PERSSON et al. [173], PERSSON/BJÖRKMAN [174]) zur Lästigkeit von tieffrequenten Schallquellen haben nachweisen können, daß die A-Bewertung sogar bei kontinuierlichen (nicht schwankenden) Breitbandgeräuschen zu einer Unterschätzung der tatsächlich empfundenen Belästigung um 3 dB (bei 65 dB(lin)), bzw. 6 dB (bei 70 dB(lin)) führt.

Ein zweites Übertragungsproblem ergibt sich aus dem Umstand, daß reine Töne, also Geräusche mit einem sehr schmalen Spektrum für diese Untersuchungen verwendet wurden. Bei Umweltlärm haben wir es jedoch fast ausschließlich mit breitbandigen Geräuschen zu tun.

BRITTAIN [19] konnte schon 1939 nachweisen, daß die empfundene Lautstärke mit zunehmender Bandbreite eines Schalls zunimmt, obwohl der gemessene Schallpegel selbst konstant bleibt. Auch spätere Experimente mit etwas breiterem Terz- und Oktavrauschen haben bestätigt, daß bei breitbandigen Geräuschen die wahrgenommene Lautheit zunimmt ohne daß sich der A-bewertete Schallpegel ändert (KRYTER [135]).

ZWICKER/FASTL [246] führen eine Reihe beeindruckender Alltagsbeispiele an, welche nicht mehr zu tolerierende Abweichungen der Standardmeßverfahren (A-Bewertung, Leq) im Vergleich mit der Lautheitsmessung (Abb. 3.7) aufzeigen. Im Extremfall können zwei Geräusche, welche sich nach der A-Bewertung nicht unterscheiden (physikalisch identische Schallpegel), um bis zu 380 % von der empfundenen Lautstärkeempfindung abweichen.

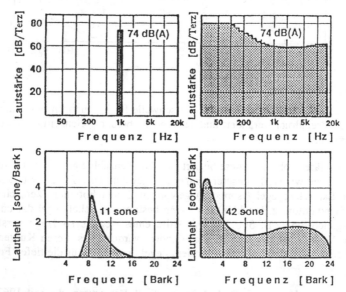

Abb. 3.7: Subjektive Lautheit (sone) für zwei Lärmquellen unterschiedlicher Frequenzverteilung bei gleicher Lautstärke (dB(A))

Umfangreiche Untersuchungen japanischer Autoren (KUWANO/NAMBA [137], OSHIMA/YAMADA [170], TACHIBANA et al. [211]) haben vor allem folgende Einschränkungen für den A-bewerteten Leq gemacht:

Wenn die dominierenden Frequenzen besonders tief oder hoch sind, dann kann der Leq auf Basis der A-Bewertung zu einer Unterschätzung der Lästigkeit führen.

Wenn tiefe Frequenzen (Dieselmotoren, Hubschrauber, Ventilatoren etc.) vorherrschen, dann erweist sich der unbewertete Schallpegel als günstiger für die Abschätzung der Lästigkeit. Diesen Schluß hat LEVERE [147] bereits 1974 für die Beurteilung von lärmbedingten Schlafstörungen gezogen.

Diese Ergebnisse machen deutlich, daß die mit der A-Bewertung versuchte Annäherung an eine gehörgerechte Lärmmessung (Frequenzselektivität des Ohres) ein Kompromiß ist, der in realen Umweltsituationen zu deutlichen "Meßfehlern" führen kann, wenn die wirkungsgerechte Beurteilung von Geräuschen in Hinblick auf Lästigkeit und Gesundheitsrelevanz das Ziel ist.

KRÜGER [130] formuliert die Problematik folgendermaßen: "Das weitverbreitete Verfahren ... erfüllt weitestgehend den Aspekt der energetischen Schallbewertung (Hörschäden), wenn man davon absieht, daß sich bereits in diesem Bereich bei der Festlegung von zeitlichen Summationsmaßen oder der Erfassung sehr kurzer Schallimpulse (Impulslärm) die Beschränkung eines solchen Ansatzes zeigt."

Wenn wir es jedoch bei der Beurteilung von Umweltlärm mit Aspekten der Schallwirkung unterhalb der energetischen Schädigungsschwelle zu tun haben (unter 75 dB Dauerschall), "muß man sich darüber Rechenschaft ablegen, daß dem Maß dB(A) auf dieser Ebene nur eine approximative, operationale Bedeutung zukommt". Das dB(A) erhält allein daher seine Berechtigung, daß das Meßverfahren standardisiert, gerätetechnisch relativ leicht zu handhaben und weit verbreitet ist (KRÜGER [130]).

Die Hauptursachen für die z.T. enormen Abweichungen zwischen gemessenem Schallpegel ($L_{A,eq}$) und wahrgenommener Lautheit oder Lästigkeit wollen wir hier noch einmal kurz zusammenfassen:

Die Schallpegelmesser integrieren über den gesamten Frequenzbereich, während das Ohr auf der Basis von Frequenzgruppen (siehe Kap. 3.1) in einem komplizierten Prozeß die Teillautheiten zu einer Gesamtlautheit integriert.

Die A-Bewertungskurve bildet die frequenzabhängige Empfindlichkeit des Ohres nur für schmalbandige Geräusche bei niedrigen Schallpegeln nach und führt vor allem zu einer Unterschätzung der Lautheit tieffrequenter und hochfrequenter Anteile von Geräuschen.

Tieffrequente breitbandige Geräusche spielen jedoch eine bedeutende Rolle, wie Analysen von Lärmbeschwerden ergeben haben (PERSSON/RYLANDER [175], GUSKI [78]).

Zusätzliche Schwierigkeiten ergeben sich durch den Umstand, daß gerade tieffrequente Geräusche wegen ihrer großen Wellenlängen (20 Hz-Ton: 17,2 m) meist an Hindernissen gebeugt werden. Tieffrequente Geräusche werden also gut weitergeleitet und sind besonders schwierig zu bekämpfen. Die meisten einfachen Lärmschutzmaßnahmen (Schallschutzfenster, Schallschutzwände) zeigen eine deutlich verringerte Wirkung bei tiefen Frequenzen (Abb. 3.8 und Abb. 3.9). Diese Tatsache wird bei der Planung von Lärmschutzmaßnahmen meist nicht berücksichtigt. Wenn nämlich in Wohnsituationen durch Schallschutzmaßnahmen die hohen

Frequenzen stark gedämpft werden, gewinnen die schlechter zu dämmenden tieffrequenten Schallanteile (die vor der Dämmung durch höherfrequente Anteile z.T. auch verdeckt waren) die Oberhand. Sie werden besser hörbar und führen zu deutlicher Störung, welche von der A-Bewertung völlig unterschätzt wird.

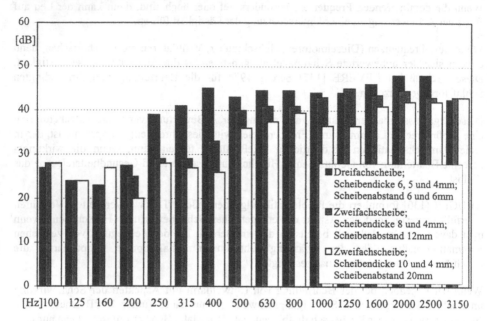

Abb. 3.8: Drei Luftschalldämmaße verschiedener Schallschutzfenster

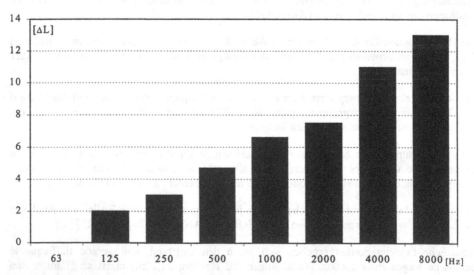

Abb. 3.9: Pegelminderung ΔL des Autobahngeräusches durch die Abschirmwand, in Abhängigkeit von der Frequenz

Aus der Sicht der Wirkungsforschung kommt es deshalb zu einem doppelten Fehler. Die erste Unterschätzung tieffrequenter Geräusche ergibt sich bei der Messung, die zweite erfolgt, wenn die Lärmschutzmaßnahme geplant wird. Insbesondere in der Bauphysik ist diese Problematik bekannt.

Ein weiterer bedeutsamer Unterschied zwischen Messung und tatsächlicher Signalverarbeitung durch das Sinnesorgan Ohr existiert für das räumliche Hören oder Richtungshören (die Ortung eines Geräusches). Während ein übliches Meßmikrophon für alle Schalleinfallsrichtungen einen linearen, frequenzunabhängigen Pegelverlauf zeigt, ergeben sich durch das Außenohr bereits deutliche Filterwirkungen in Abhängigkeit vom Einfallswinkel und der Frequenz des eintreffenden Schalles. Ein noch offensichtlicherer Unterschied liegt in der Tatsache, daß unser Gehörsinn zwei Eingangskanäle hat. Erst die binaurale Signalverarbeitung (Stereo statt Mono) ermöglicht es uns eine akustische Raumvorstellung aufzubauen (BLAUERT [13]). Wir können Geräusche räumlich zuordnen und selektieren, was im Alltag von wesentlicher Bedeutung ist und uns die Orientierung erleichtert (Cocktail Party-Situation). Für die Wahrnehmung von Umweltgeräuschen bedeutet dies, daß unser Ohr in der Lage ist bestimmte Einzelgeräusche aus einem komplexen Gemisch herauszuhören, die bei konventioneller Meßmikrophonaufnahme aufgrund der verlorengegangenen richtungsabhängigen Filterung durch das Außenohr nicht mehr unterscheidbar sind (verdeckt werden). Durch die "Mono"-Aufnahme des Schallpegelmessers wird folglich die Signalerkennungsfähigkeit der beschallten Person unterschätzt. Im wesentlichen handelt es sich um drei Faktoren, welche die Richtungswahrnehmung bei realen Personen unterstützen (KRÜGER [130]):

- Intensitätsunterschiede zwischen beiden Ohren
- Laufzeitunterschiede zwischen beiden Ohren
- Klangbildunterschiede aufgrund von spektralen Unterschieden (Frequenzunterschiede durch Außenohrfilterung)

Die binaurale Signalverarbeitung des Ohres wird seit kurzem durch Messungen mit standardisierten Kunstkopf-Meßsystemen simuliert (GENUIT [65], [66]) und als Erweiterung des Zwickerschen Verfahrens erarbeitet. Die wissenschaftliche Erforschung der binauralen Signalverarbeitung des menschlichen Gehörs steht noch am Anfang und ist bei weitem nicht vollständig (SCHICK [192]). Sie trägt jedoch bereits jetzt dazu bei, Diskrepanzen zwischen von Menschen Gehörtem und von Standardschallmeßgeräten Aufgezeichnetem abzubauen.

3.3 Ergebnisse der psychophysiologischen Streß- und Aktivierungsforschung

SOKOLOV [202] hat die Aktivierungsforschung wesentlich durch seine Unterscheidung zwischen orientierender und defensiver Aktivierung bereichert. Während die orientierende Aktivierung die Grundlage für die Aufnahme neuer Information darstellt (Hinwendung) erschwert eine defensive Aktivierung diese Informationsaufnahme durch Fluchttendenzen. Auch auf der physiologischen Ebene unterscheiden sich diese zwei Formen der Aktivierung. Während die Orientierungsreaktion nur zu einer Verminderung der peripheren Durchblutung (Gliedmaßen) führt und gewöhnungsfähig ist, kann man für die Defensivreaktion auch eine Verringerung der Durchblutung zentraler Gefäße (z.B. Temporalarterie) nachweisen. Eine Gewöhnung ist nicht möglich.

Die Entscheidung über die Qualität der Aktivierung wird vom Organismus selbst auf der Basis des Stimulus (Intensität, Auffälligkeit etc.) und den Erfahrungen im Umgang mit derartigen Stimuli getroffen. Dies bedeutet, daß auch "leisere" Geräusche eine Defensivreaktion auslösen können, wenn sie mit Bedrohungserfahrungen verknüpft sind (GUSKI [80]). In Abb. 3.10 ist dies schematisch dargestellt. Generell steigt die Wahrscheinlichkeit einer Defensivreaktion mit der Intensität des Stimulus an. Lärmspitzen über 80 dB lösen in beinahe jedem Fall Defensivreaktionen aus. Zwischen 60 und 80 dB hängt die Auslösung vor allem von der Auffälligkeit des Impulses ab (z.B. hohe Anstiegssteilheit). Anstiegssteilheiten von 40 dB innerhalb einer Sekunde führen meist zu Schreckreaktionen (z.B. Überflug). Der vorherrschende Hintergrundpegel dient dabei als Referenz.

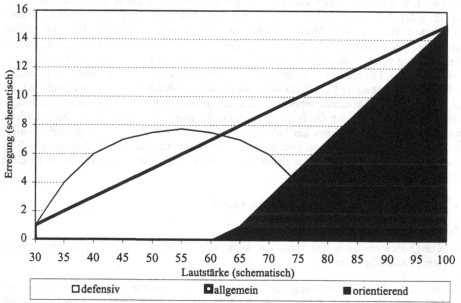

Abb. 3.10: Schematische Darstellung der Erregung über der Lautstärke

Experimentelle Untersuchungen zur Reaktion der Fingerpulsamplitude auf Lärm haben eine Reihe von moderierenden Einflußfaktoren nachweisen können (JANSEN/REY [102], GRIEFAHN [72], JANSEN/GROS [100]):

- der Maximalpegel ist die entscheidende Größe für die medizinisch-physiologischen Wirkungen

- Breitbandgeräusche zeigen stärkere Reaktionen

- Tageszeit: In der Phase des physiologischen Tiefpunkts (zwischen 13 und 15 Uhr) liegt die Reizschwelle für signifikante Reaktionen um 10-15 dB niedriger, während der Nachtzeit um etwa 15 dB

- Disposition: Vegetativ labile Menschen, Neurotiker, Hypertoniker und andere Kranke weisen eine um 10-15 dB niedrigere Auslöseschwelle für vegetative Reaktionen auf oder zeigen andere Kurvenverläufe (langsame Rückbildung, schnelle Initialreaktion etc.)

Experimentelle Studien sind in ihrer Aussagefähigkeit begrenzt, weil die Situation, die Tätigkeit, die zeitliche Expositionsdauer und der Schallreiz meist nicht mit den realen Verhältnissen übereinstimmen.

Wird z.B. ein informations- und bedeutungsarmes Geräusch mit langsam ansteigender Intensität präsentiert, können die meisten Versuchspersonen auch für Schallpegel über 80 dB noch eine Habituation ihrer physiologischen Reaktion zeigen (GLASS/SINGER [68], McLEAN/TARNOPOLSKY [151]). Wird hingegen den Probanden das bedeutungsvolle Geräusch eines Zahnarztbohrers dargeboten, so werden deutlich stärkere vegetative Reaktionen schon bei niedrigeren Schallpegeln gefunden. JANSEN/GROS [100] haben signifikant schwächere Reaktionen der Fingerpulsamplitude unter der Einwirkung von klassischer Musik gesehen (Abb. 3.11). Etwa 4 - 6 % der jungen Versuchspersonen zeigen aber auch für bedeutungslose Geräusche keine Habituation (McLEAN/TARNOPOLSKY [151]).

Deshalb ist eine Übertragung dieser Ergebnisse meist nur relativ, jedoch nicht absolut möglich. Dies bedeutet für die oben erwähnten Ergebnisse, daß die für die verschiedenen Faktoren gefundenen Unterschiede sich zwar relativ auch in der Feldsituation abbilden können, daß aber der absolute Bezug hinsichtlich des Schwellenwertes der auslösenden Lärmbelastung nicht übertragen werden kann, weil die reale Belastungssituation nicht mit der "neutralen" Laborsituation verglichen werden kann. Dies zu berücksichtigen ist von wesentlicher Bedeutung, wenn Grenzwerte für Lärmbelastungen aus dem Umweltbereich abgeleitet werden sollen.

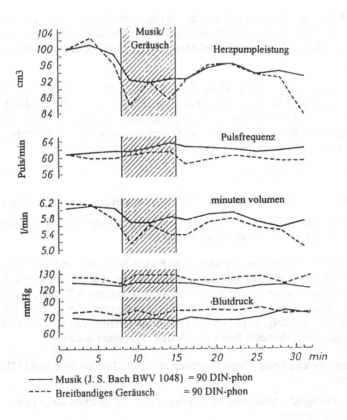

Abb. 3.11: Periphäre Blutzirkulation bei Musik und Lärm

ISING [95] hat nachweisen können, daß Personen, welche sich als lärmempfindlich einschätzen im Kurzzeitlärmtest im Labor keine verstärkte Blutdruckreaktion zeigen, jedoch bei mehrstündiger Lärmbelastung unter Feldbedingungen eine deutlich stärkere Blutdruckreaktion aufweisen. Andererseits ist bestätigt worden, daß Personen mit Veranlagung zu Hypertonie und kranke Menschen deutlich stärkere lärmbedingte Blutdruckreaktionen zeigen.

Ein wesentlicher Unterschied zwischen Labor- und Feldversuch liegt darin, daß Menschen unter realen Bedingungen meist eine Tätigkeit ausüben müssen, die durch die Lärmbelastung empfindlich gestört werden kann. Der zur Bewältigung der Aufgabe unter Lärmbelastung notwendige psychische Mehraufwand kann dann aber zu verstärkten physiologischen Reaktionen führen.

FRANKENHAEUSER/LUNDBERG [59] sowie LUNDBERG/FRANKENHAEUSER [149] haben in einer Serie von Experimenten die Bedeutung der Ausgangssituation für die Auslösung von physiologischen Auswirkungen durch Lärmbelastung während geistiger Tätigkeit untersucht. Nach Motivation der Versuchspersonen, haben die Forscher keinen Leistungsabfall während der Lärmbelastung aber ein Gefühl der Überanstrengung und verstärkte Streßhormonausschüttungen (Noradrenalinanstiege) feststellen können. In einem stärker auf Demotivierung angelegten Studiendesign hat sich umgekehrt ein deutlicher Leistungsabfall, aber keine Streßreaktionen unter Lärmbelastung der Probanden gezeigt.

Diese Ergebnisse machen deutlich, daß der streßgeprüfte Mensch nur zwei Alternativen hat: Entweder sich "zusammenzureißen" mit dem offensichtlichen Resultat vermehrter psychischer und physischer Kosten oder Hinnahme der Situation mit dem Ergebnis beeinträchtigter Leistungen.

In Nachahmung einer alltäglichen Situation hat ISING [95] im Rahmen einer Fortbildungsveranstaltung eine Verkehrslärmbelastung von 60 dB für die Dauer von 6,5 Stunden eingespielt und signifikante Anstiege der angegebenen Müdigkeit, der psychischen Anspannung, des Blutdrucks und der Streßhormonausscheidungen (Noradrenalin) im Vergleich mit einem Seminartag ohne Lärmbelastung nachweisen können.

Diese Ergebnisse zeigen zweierlei:

- im Alltag haben wir praktisch keine Wahlmöglichkeit und zeigen Reaktionen

- das Ausmaß der gefundenen Reaktionen ist unter Laborbedingungen gewöhnlich nur mit sehr viel höheren Lärmbelastungen erreichbar

Beeinflußt sind diese Studien vor allem durch eine Serie von früheren Experimenten von GLASS/SINGER [68] worden, die nachgewiesen haben, daß die erwarteten Reaktionen auf Lärm nicht notwendigerweise sofort auftreten müssen, sondern z.T. erst nach Beendigung der Lärmexposition sichtbar werden. Sie haben diese Reaktionen "after effects" (Nachwirkungen) benannt und damit aufgezeigt, daß Kurzzeitexperimente nur begrenzt Auskunft über Lärmwirkungen geben können. Ihre wesentlichen Ergebnisse waren:

- Personen, welche keine Kurzzeitwirkungen zeigen, können sehr wohl "Nachwirkungen" aufweisen

- "Nachwirkungen" treten auch bei Personen auf, die Zeichen einer guten Adaptation an die Situation zeigen

- die Intensität der Lärmbelastung ist nur ein Parameter für das Ausmaß der "Nachwirkungen"; der soziale und kognitive Kontext, in welchem die Lärmbelastung stattfindet, ist von ebensolcher Bedeutung

- Unvorhersehbarkeit (unpredictability) der Lärmbelastung war ein wesentlicher Faktor für "Nachwirkungen"

- Situationen, in welchen die Versuchsperson keine Möglichkeit hat, sich der Lärmbelastung zu entziehen oder sie zu vermeiden (uncontrollability), begünstigen "Nachwirkungen"

- die "Nachwirkungen" sind besonders deutlich, wenn gleichzeitig schwierige Aufgaben zu bewältigen sind

- die psychischen "Nachwirkungen" werden als Frustration, Entmutigung und Hilflosigkeit beschrieben

Nachfolgende Studien anderer Autoren haben diese Ergebnisse auch bei geringerer Lärmbelastung bestätigt (WOHLWILL et al. [240], COHEN [35]).

Ein weiteres Argument für die Verschiedenheit der Reaktionen bei Laborbedingungen und Feldbedingungen kommt aus Blutdruckuntersuchungen. Die meisten Laborstudien haben bei ausreichender Lärmintensität in der Regel einen Anstieg des diastolischen Blutdrucks gebracht (JANSEN [104], MOSSKOV/ETTEMA [159], ANDRÉN et al. [7], NEUS et al. [162], VON EIFF et al. [225], SVENSSON et al. [210], KJELLBERG [119]). Unter Feldbedingungen hat sich jedoch meist auch der systolische Blutdruck erhöht. VON EIFF et al. [225] haben diesen Unterschied mit der hinzukommenden emotionalen Komponente der Verärgerung bei Lärmbelastung unter realen Lebensbedingungen erklärt.

Experimentelle Kurzzeitstudien haben auch häufig widersprüchliche Ergebnisse hinsichtlich der Frage einer möglichen Adaptation an Lärmbelastungen erbracht. Erst durch Feldstudien bei chronisch Belasteten ist klar geworden, daß eine Übertragung von experimentellen Befunden nicht möglich ist.

Bei Anwohnern von Flughäfen traten auch nach jahrelangem Wohnen noch immer Defensivreaktionen auf, wenn die Flugbewegungen bestimmte Größenordnungen überschritten hatten (DFG [39]). Obwohl die Anwohner verschiedene Bewältigungstechniken in ihren Alltag eingebaut hatten, um mit der Lärmbelastung besser umgehen zu können, reagierte die Mehrzahl der Probanden mit starken Defensivreaktionen im Sinne von Sokolov. Ähnliche Ergebnisse hat man bei Langzeitanwohnern von Autobahnen gefunden (VALLET et al. [222]).

Zusammenfassend können aus diesem Forschungssegment folgende verallgemeinernde Schlüsse gezogen werden:

- grundsätzlich können sich Menschen an bestimmte Lärmbelastungen gewöhnen, wenn sie eine gewisse Intensität nicht überschreiten (70-80 dB)

- die Nebenwirkungen von Lärmbelastungen können auch nach Sistieren der Exposition auftreten ("after effects")

- Spitzenpegel sind die entscheidende Komponente für die physiologischen und psychologischen Folgereaktionen

- unvorhersehbare, informationshaltige, affektive oder bedrohliche Geräusche zeigen schon bei deutlich niederen Schallpegeln deutliche psychophysische Wirkungen

- Situationen in welchen komplexe Aufgaben (mentaler oder sozialer Art) gleichzeitig durchgeführt werden müssen führen zu besonders starken Wirkungen oder zu Beeinträchtigung der Aufgabenerfüllung

- Situationen, in denen der Betroffene das Gefühl des Kontrollverlusts über die Lärmquelle erfährt sind besonders bedeutsam für nachteilige Wirkungen

Grundsätzlich hat der Mensch eine begrenzte physische und psychische Kapazität für die Anpassung an Belastungen (SELYE [200], DUBOS [43], COHEN [36]). Wenn diese erschöpft ist, kommt es zum Zusammenbruch der kompensatorisch wirksamen Regulationssysteme und zu möglichen Krankheitsfolgen.

3.4 Sozialwissenschaftliche Studien

Aus der psychologischen und sozialpsychologischen Forschung sind wesentliche Beiträge zum Verständnis komplexer Schallwirkungen gekommen.

Die Arbeiten haben ihren Ausgangspunkt in der Regel von dem Faktum der großen inter- und auch intraindividuellen Streuung der Wirkungsausprägung von Lärmbelastung genommen. Viele internationale Studien haben deutlich gemacht, daß die verwendeten Indikatoren der Lärmbelastung (meist Leq,A) nur einen Bruchteil der Streuung für die gefundenen Lärmwirkungen (meist Belästigung) erklären können. JOB [107] hat in einer Analyse von 39 Studien eine durchschnittliche Korrelation (r) von 0,42 berechnet. ROHRMANN [183] hat in seiner Zusammenfassung ein *r* von 0,45 erhalten. Das heißt, daß die individuelle Streuung der Reaktion auf Lärm nur bis zu etwa 20% durch den Indikator der Lärmbelastung erklärbar ist.

Diese Ergebnisse führten zur Entwicklung einer Vielzahl von sog. akustischen Kombinationsmaßen (über 100), welche eine bessere Übereinstimmung mit der tatsächlichen Belästigung der Betroffenen erreichen sollten. Häufig waren diese Maße auch aus empirischen Belästigungsstudien mit Hilfe statistischer Verfahren abgeleitet worden. Durch diese Optimierung der akustischen Indikatoren der Lärmbelastung konnte das Ausmaß der erklärten Streuung aber nur um etwa 10% angehoben werden. Verbesserungen konnten erzielt werden, wenn folgende zusätzliche akustische Information berücksichtigt wurde:

- Einbezug der Spitzenwerte (L_{max}, die Perzentilwerte L_1, L_5, L_{10} oder Anwendung des Takt-Maximalpegel-Verfahrens)

- Differenz der Spitzenbelastung (L_1 oder L_5) zum L_{eq} oder zum Grundgeräuschpegel (L_{95})

- Einbezug der Zahl der Lärmereignisse

- Einbezug der Ruhezeiten (Lärmpausen)

Auch mit diesen Verbesserungen konnte letztlich nur etwa ein Drittel der individuellen Streuung der Belästigungswerte erklärt werden.

HAIDER [83], [85] führt zusätzlich noch die Lokalisierbarkeit (Wechsel des Ausgangspunktes meist belästigender), die Unregelmäßigkeit und Unerwartetheit als wichtige akustische Varianten für die zu erwartende Belästigungsreaktion an.

Einige Ansätze in der Psychologie haben versucht, die als lästig erlebten physikalischen Eigenschaften von Schallereignissen in eine Rangreihe zu bringen. Ein Beispiel für ein solches Ergebnis ist Tab. 3.3 zu entnehmen. Zu berücksichtigen ist, daß hier ausschließlich die psychologische Komponente der Lästigkeit gereiht wird und daß eine Korrespondenz dieser Rangfolge mit physiologischen Wirkungen nicht unbedingt bestehen muß.

RANG 1:	Ein gleichmäßiges Grundgeräusch, das von einem hervortretenden Geräusch etwas überragt wird, kann als Ausgangsstufe gelten.
RANG 2:	Geräusche mit hohen Frequenzanteilen wirken lästiger als vornehmlich tieffrequente Anteile.
RANG 3:	Einzeltöne sind unangenehmer als Bandrauschen.
RANG 4:	Impulsbehaftete Geräusche sind lästiger als Rang 1-3.
RANG 5:	Impulse mit langsamer Folge sind störender als solche mit schnellerer Folge (fließender Übergang mit etwa 1-s-Folge in der Mitte).
RANG 6:	Eine Steigerung sind unregelmäßige Impulse. (Deshalb wird im allgemeinen Eisenbahnlärm angenehmer als Straßenverkehrslärm empfunden.)
RANG 7:	Wenn zur wechselnden Frequenz von Tönen oder Impulsen noch wechselnde Amplitude kommt.
RANG 8:	Wenn durch plötzliche Geräusche oder Knalle Schreckwirkung ausgelöst wird, ist die größte Lästigkeit erreicht.

Tab. 3.3: Die Lästigkeit von Schalleigenschaften in einer Rangreihe

Die Psychoakustiker haben neben der Stärke der wahrgenommenen Lautheit vor allem die Eindrücke der Schärfe, der Rauhigkeit und der Schwankungsstärke als Determinanten für die Lästigkeit beschrieben (TERHARDT [214], ZWICKER [246], FASTL [48]). ZWICKER [245] hat zuletzt noch ein zusammengesetztes Berechnungsverfahren entwickelt, welches ein Maß für die sog. "unbeeinflußte Lästigkeit" darstellen soll. Dieser Versuch, mehrere akustische Charakteristika, welche in Experimenten mit Lästigkeit assoziiert worden sind, zu kombinieren, unterscheidet sich von früheren Maßen (z.B. NNI, TNI, NPL, LB1 etc.) vor allem darin, daß er mehr Komponenten enthält, welche auch psychoakustisch evaluiert worden sind. Das Zwickersche Kombinationsmaß integriert die Lautheit, die Schärfe, die Schwankungsstärke, die Anwesenheit tonaler Komponenten und die Tageszeit der Darbietung des Schalles. Zwicker wollte damit die rein sensorische "Reaktion einer Person, die im Laborversuch unter beschreibbaren akustischen Bedingungen ausschließlich der Lästigkeit von Schall ausgesetzt ist und die keine Beziehung zur Schallquelle hat" messen. Das Verfahren ist noch nicht ausreichend validiert, scheint jedoch vielversprechend für eine vergleichende psychoakustische Beschreibung und Etikettierung von Konsumartikeln (Autos, Mopeds, Haushaltsgeräte, Industriemaschinen etc.) und Lärmschutzeinrichtungen (Wände, Straßenbeläge, Fenster) zu sein. Damit wären auch für die Begutachtung wertvolle Hilfen zur Verfügung gestellt, welche erstmalig einen zuverlässigen akustischen Vergleich verschiedener Lärmquellen und ihres Lärmvermeidungspotentials ermöglichen würden. Es wäre jedoch verfehlt, sich davon eine Lösung jeglicher Beurteilungsfrage unter Feldbedingungen zu erwarten, da zwei wesentliche Bedingungen, die für das Leben außerhalb des Labors von Bedeutung sind, nämlich die Beziehung zur Schallquelle und die Lebensumwelt, ausgeklammert bleiben (GUSKI/BOSSHARDT [77]).

Der sozialwissenschaftliche Begriff der Belästigung durch Lärm unterscheidet sich vom psychophysikalischen Begriff der Lästigkeit von Schallereignissen im Labor erheblich, da ersterer mehr ein Summenmaß der Wahrnehmung von Gestörtheit im täglichen Leben repräsentiert.

Im englischen Sprachraum (McLEAN/TARNOPOLSKY [151], CLARK [28]) werden vor allem drei Komponenten von Belästigung ("annoyance") in Feldforschungsprojekten unterschieden:

- Lästigkeit (bother), Ärger (anger) und Störung der Privatsphäre (invasiveness); auch als subjektive Belästigung zusammengefaßt

- Berichte über Störung (interference) und Unterbrechung von alltäglichen Aktivitäten (Lesen, Radiohören, TV, Telefon, Gespräche); als objektive Belästigung

- psychosomatischer Symptomkomplex (Reizbarkeit, Gespanntheit, Labilität, negative Stimmung, Kopfschmerzen etc.)

Im deutschen Sprachraum werden meist die ersten zwei Komponenten unter dem Begriff Belästigung zusammengefaßt (GUSKI [79]). Es wird aus der obigen Definition auch deutlich, daß der (in Feldstudien verwendete) Begriff "Belästigung" weit mehr Bewertungskomponenten beinhaltet als die "rein sensorische" Lästigkeit, die Zwicker messen will. Die Bedeutung dieser sog. außerakustischen Faktoren für die Belästigungsreaktion wird jedoch als ebensogroß eingeschätzt (DFG [39], McLEAN/TARNOPOLSKY [151], GUSKI [79]) und ihre Vernachlässigung in der Beurteilung kann zu gröberen Fehlern führen.

Als Beispiel dafür können die Ergebnisse der großen Fluglärmstudie der Deutschen Forschungsgemeinschaft gelten, in welcher Akustiker, Psychologen, Soziologen, Mediziner und Streßforscher eng zusammengearbeitet haben. Die Aufklärung der Streuung konnte durch den Einbezug von nicht-akustischen Faktoren (den sog. Moderatoren) um ein weiteres Drittel erhöht werden (Abb. 3.12).

Messung der Belästigung

*-Mittlere Reaktionsvariabilität in Bezug zu
bestimmten akustisch definierten Schallpegeln*

*-Streuung der individuellen Reaktionen
außerordentlich groß (z.B.→ ⊙)*

Beispiel

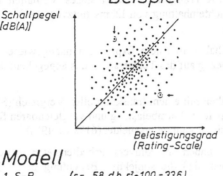

Modell

1. S-R   *(r = .58 d.h. r²•100 =33,6)*
            Varianzaufklärung ≈ 34 %

2. S-O-R   *(r = .82 d.h. r²•100 =67,2)*
            Varianzaufklärung ≈ 68 %

S = Stimulus (Reiz) ; O = Organismus (Moderatoren); R = Reaktion

Abb. 3.12: Genauigkeit der Belästigungsmessung mit und ohne Moderatorvariablen

Unter Moderatorvariablen werden in der Lärmwirkungsforschung Größen verstanden, die den Zusammenhang von akustischer Exposition und Wirkungsindikatoren beeinflussen können (ROHRMANN [183]). Oft ist die Abgrenzung von Moderator- zu Wirkungsvariablen inhaltlich schwierig, da nicht immer ausgeschlossen werden kann, ob die Ausprägung der Moderatorvariable nicht doch durch die Lärmexposition beeinflußt ist. So kann z.B. "Angst vor Flugzeugen" durchaus eine Wirkung langfristiger Fluglärmbelastung sein.

Bei diesen Wirkungs-Moderatoren handelt es sich nach GUSKI [79] im wesentlichen um:

- Faktoren der Geräuschquelle

- Faktoren der aktuellen Situation der Betroffenen

- sozialer Kontext und sonstige Umweltbedingungen

- individuelle Faktoren der betroffenen Personen

Der genaue Mechanismus, nach dem die Moderierung der Wirkung abläuft, ist noch weitgehend ungeklärt. Eingehende Analysen aus der großen deutschen Fluglärmstudie (DFG [39]) haben aufgezeigt, daß die meisten Moderatorwirkungen mit einem "Regler-Modell" kompatibel sind (ROHRMANN [183]). Das Regler-Bild soll verdeutlichen, daß die durch die Lärmexposition hervorgerufene Wirkung je nach Ausprägung der Moderatorvariable verstärkt oder abgeschwächt wird (ROHRMANN [183]).

Im folgenden werden Beispiele dieser Moderator-Forschung vorgestellt. Die Kenntnis dieser Ergebnisse ist für die Begutachtung unerläßlich und führt außerdem zu einem vertieften Verständnis des Begutachtungsprozesses.

3.4.1 Die Bedeutung kognitiver, sozialer und umfeldbezogener Faktoren

KLOSTERKÖTTER [122] unterstreicht in einer Übersicht die große Bedeutung nicht-physikalischer Determinanten und führt die Informationshaltigkeit von Geräuschen, die Einstellung zur Lärmquelle und Erwartungshaltungen in bezug auf das Wohnumfeld als besonders wesentlich an. Hierzu gibt es eine Reihe von exzellenten älteren Studien und Abhandlungen:

- Lärm als "Indiz" (SADER [188]) für rücksichtsloses Verhalten Dritter, Untätigkeit zuständiger Behörden, Nichteinhaltung von Lärmschutzvorschriften, wirkliche oder vermeintliche Privilegierung

- CEDERLÖF et al. [27] haben in einem Experiment nachgewiesen, daß positive oder negative Information in bezug auf das Testgeräusch das angegebene Belästigungsausmaß signifikant verändert

- JONSSON et al. [109] haben mit einem transkulturellen Vergleich (Stockholm - Ferrara) aufgezeigt, daß sich bei gleicher Lärmbelastung und vergleichbaren Sozialumständen die angegebene Belästigung signifikant unterscheidet (61% vs. 49%)

- ATHERLEY et al. [8] haben an Universitätsbediensteten in einem lebensnahen Experiment zeigen können, daß die subjektive Bedeutung eines Geräusches für den Betroffenen die vegetativen und psychischen Reaktionen bestimmt

- SÖRENSEN [203] hat nachgewiesen, daß durch eine gezielte Informationskampagne die Belästigung (einschließlich Schlafstörungen) gegenüber einer Lärmquelle reduziert werden kann

- RYLANDER et al. [186] haben hochsignifikante Unterschiede der Belästigungsreaktion zwischen Zivilbevölkerung und Militärpersonal auf nächtliche Überschallknalle gefunden

In sehr vielen Feldstudien ist die Korrelation zwischen Belästigung und Symptomäußerungen recht niedrig gewesen (r = 0.15). Dies hat CLARK [28] zur Hypothese veranlaßt, daß die Belästigungsäußerung ein wichtiger Aspekt der Prävention von Langzeitwirkungen sein könnte, weil es vor allem die Nichtbelästigten (die "Stillen" oder die "Verdränger") sind, welche körperliche Erscheinungen zeigen.

Auch eine große holländische Studie (PULLES et al. [177]) hat nachgewiesen, daß es die "Verdränger" sind, welche mit zunehmender Lärmbelastung mehr Krankheitssymptome zeigen.

BOSSHARDT [15] hat darauf aufmerksam gemacht, daß in Antworten auf Belästigungs-fragen nicht nur die persönliche Erfahrung des Belästigtseins sondern auch gesellschaftlich geteilte Erfahrungen über Lärm miteinfließen, die auch noch nach Untergruppen (z.B. Alter, Sozialschicht etc.) differieren können. Abb. 3.13 zeigt die Ergebnisse von BOSSHARDT [15] anhand von Psychologiestudenten. Unabhängig vom Schallpegel werden systematische Unterschiede zwischen verschiedenen Geräuschklassen gemacht, basierend auf der Referenz-information, daß der Start eines Düsenflugzeugs in 30 m Enfernung eine unerträgliche Belastung darstellt. Von Bedeutung für die Begutachtung ist auch die Einstufung des juristisch wichtigen Begriffs der erheblichen Belästigung und die große Streuung der individuellen Urteile.

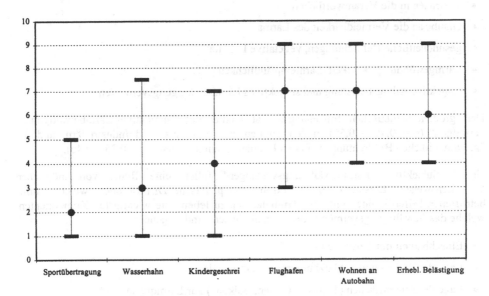

Abb. 3.13: Wertebereich der Einstufungen von Belästigungssituationen durch 70 Studenten (•=Median)

Der Einfluß gesellschaftlicher Bewertung ("Image" der Lärmquelle) ist auch in Feldstudien als bedeutsamer Einflußfaktor sichtbar geworden. So haben in der umfassenden Studie von FINKE et al. [55] die Attribute Gefährlichkeit, Gesundheitsschädlichkeit, Vermeidbarkeit und Nützlichkeit einer Lärmquelle wesentlich dazu beigetragen, Unterschiede der Belästigungs-reaktion aufzuklären.

COHEN et al. [29] führen in einer Zusammenfassung der Literatur ähnliche Faktoren auf, welche Belästigungsreaktionen verstärken können:

- wenn Lärm als unnotwendig empfunden wird
- wenn die für den Lärm Verantwortlichen als untätig im Sinne des Wohlergehens der Betroffenen angesehen werden
- wenn der Lärmbelastete andere Aspekte seiner Umwelt als negativ empfindet
- wenn der Lärm mit wichtig eingeschätzten Tätigkeiten des Betroffenen interferiert
- wenn der Betroffene Lärm als gesundheitsschädlich einschätzt
- wenn die Lärmquelle mit Angst assoziiert ist

In einer Zusammenstellung von deutschen Studien über Flug-, Straßen- und Industrielärm (ROHRMANN [183]) hat das folgende Moderator-Bündel einen ebenso großen Beitrag zur Wirkungsaufklärung (der Belästigung) geleistet wie der akustische Lärmindikator:

- Zufriedenheit mit der Wohnung
- Bewertung der Wohngegend
- Wohndauer
- Wichtigkeit der Lärmquelle

- Vertrauen in die Verantwortlichen

- Glaube an die Vermeidbarkeit des Lärms

- gesundheitliche Befürchtungen, vegetative Labilität

- Lärmgewöhnungsfähigkeit, Lärmempfindlichkeit

- subjektive Alltagsbelastung und subjektives Lärmbewältigungsvermögen

Den größten statistischen Einzelbeitrag hat hierbei das "subjektive Lärmbewältigungs-vermögen" (r = 0,49 – 0,55) in den Studien zum Verkehrs- und Industrielärm und die "gesundheitlichen Befürchtungen" in den Fluglärmstudien geleistet (r = 0,35 – 0,46).

Unter "Subjektives Lärmbewältigungsvermögen" fallen eine Reihe von möglichen Verhaltensweisen, Einstellungen, psychische und physische Dispositionen, welche Lärm-betroffenen helfen können mit der Lärmbelastung zu leben. Die wichtigsten Komponenten, welche das Bewältigungsvermögen bestimmen können, sind folgende:

- Einsehbarkeit der Lärmquelle

- Lage des Wohn- und Schlafzimmers zur Lärmquelle

- Lage der Außenflächen (Terrasse, Garten, Balkone) zur Lärmquelle

- Lärmschutzmöglichkeiten

- Zeitdauer der Anwesenheit in der Wohnung

- Rückzugsmöglichkeit in lärmarme Räume

- "Abschaltvermögen", allgemeine Lärmempfindlichkeit

Das wesentliche Moment dieser Faktoren liegt in dem Ausmaß an Kontrolle, welches eine betroffene Person über die Lärmbelastung erlangen kann. Wenn keine "objektiven" Rückzugsmöglichkeiten gegeben sind (z.B. geschützte Haushinterfront) dann verbleibt nur noch das Vermögen des Individuums. Diese Resource ist jedoch nicht erneuerbar.

Eine Wiener Untersuchung (MA-22 [150]) unterstreicht die enorme Bedeutung von Rückzugsmöglichkeiten. Bewohner straßenzugewandter Wohnungen haben ein signifikant höheres Belästigungsausmaß (25%) als Bewohner straßenabgewandter Wohnungen (5%) bei gleichem Schallpegel gezeigt (Abb. 3.14).

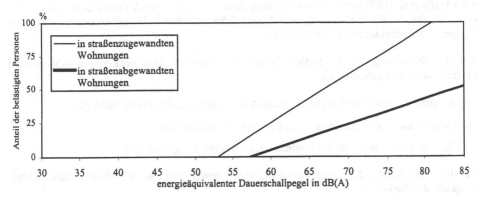

Abb. 3.14: Prozentsatz der belästigten Personen in Abhängigkeit vom energieäquivalenten Dauerschallpegel des Straßenverkehrslärms

Der Einfluß weiterer Wohn- und Wohnumfeldcharakteristika hat sich in verschiedenen Studien nachweisen lassen (DFG [39], BRADLEY/JONAH [16], [17], [18], LANGDON [141], FIELDS [53], LERCHER [146]):

- längere Wohndauer

- Wohnungseigentum oder Mietverhältnis

- Ein-/Mehrfamilienhaus oder Wohnblocks

- ländliche oder städtische Wohngegend

- Schallschutz

Das Verhältnis dieser Variablen zur Belästigungsreaktion hängt jedoch offensichtlich noch von anderen Faktoren ab, denn der Wirkungseinfluß findet sich in beiderlei Richtungen. In einzelnen Studien ist eine deutliche Abhängigkeit (Interaktion) vom Lärmpegel nachgewiesen worden (BRADLEY/JONAH [16], [17], [18], LERCHER [146]).

Auch visuelle Merkmale der Geräuschsituation zeigen Einflüsse auf die wahrgenommene Lautheit oder Lästigkeit. Bereits CEDERLÖF et al. [26] haben nachweisen können, daß die Kombination derselben PKW-Geräuschdarbietung mit verschiedenen gleichzeitig eingeblendeten Dias (LKW, Moped, Taxi) zu unterschiedlichen Lästigkeitseinschätzungen geführt haben (bei Moped-Dia am höchsten). STEVEN [208] hat festgestellt, daß die Lautheitsurteile für LKWs deutlich durch die wahrgenommene Größe der Fahrzeuge beeinflußt werden. Dieses Ergebnis ist von HÖGER/GREIFENSTEIN [90] bestätigt worden und zeigt auf, daß beim Wahrnehmen das Gedächtnis immer aktiv ist und daß es unter Bedingungen, wo die einlaufende Information zum Gedächtnisinhalt im Widerspruch steht, zu Täuschungen kommen kann. Dies besonders dann, wenn andere kognitive Faktoren, wie z.B. Gefährlichkeit der Lärmquelle, eng mit dem Attribut Lautheit verbunden sind. Der Fehler, den Versuchspersonen bei der Lautheitseinschätzung machen, wird jedoch mit ansteigendem Schallpegel kleiner. Ab einem bestimmten Lärmpegel sinkt also der Einfluß des Faktors Größe deutlich ab.

KASTKA et al. [115] haben in einer Feldstudie den visuell-ästhetischen Eindruck ("schöne" Umfeldgestaltung) von Straßenzügen als wichtigen Einflußfaktor für die Belästigungsreaktion nachweisen können (5dB-Äquivalenz-Wirkung der Umfeldästhetik).

SABADIN et al. [187] haben in einer weitergehenden Analyse durch Probandenbeurteilungen versucht, die für die Belästigung und Beeinträchtigung durch Verkehrslärm wesentlichen Faktoren der Umfeldqualität abzugrenzen.

Auf die Beurteilung der Gestörtheit haben die folgenden Wahrnehmungen den größten Einfluß (in dieser Reihenfolge):

- Ausprägung des Verkehrs (Stärke/Schwäche, Lautheit/Ruhe, Gefährlichkeit)
- Qualität und Status der Straße (gepflegt/vornehm/prunkvoll)
- Qualität des Wohnumfelds (Schönheit/Ländlichkeit/Bürgerlichkeit)

Für die Abschätzung der gesundheitsbedingten Umwelteinflüsse (Kopfschmerzen, Schlaflosigkeit, Reizbarkeit) sind

soziale Straßennutzung (friedlich/ausgestorben/ungebunden),

Grünflächenausprägung (verbreitet/ausgiebig/bunt),

Gebäudeeindruck (einladend/freundlich) und

Qualität und Status der Straße (gepflegt/vornehm/prunkvoll)

von wesentlicher Bedeutung (in dieser Reihenfolge).

Diese Ergebnisse belegen eindrucksvoll den bedeutsamen Einfluß der visuellen Perzeption auf Störungswahrnehmung und empfundener Gesundheitsbeeinträchtigung.

Das Ausmaß der skalierten Lärmbelästigung ist in Feldstudien ferner gesteigert bei gleichzeitiger Anwesenheit von Luftverunreinigungen oder unangenehmen Gerüchen (KOFLER [127], HAIDER et al. [84], LERCHER [146]: siehe Abb. 3.15) und Erschütterungen (SATO et al. [189]: siehe Abb. 3.16).

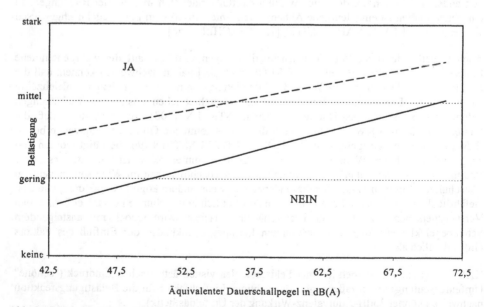

Abb. 3.15: Kombinationswirkung von Lärm mit zusätzlicher Geruchsbelästigung

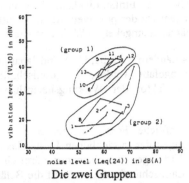
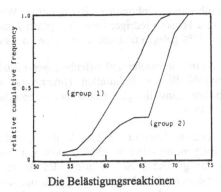

Die zwei Gruppen   Die Belästigungsreaktionen

Abb. 3.16: Kombinationswirkung von Lärm mit Erschütterungen

In einer Zusammenfassung dieser Ergebnisse soll vor allem folgendes deutlich werden:

Lärmbelastung tritt im Alltagsleben meist nicht isoliert auf, sondern im Kontext mit anderen Faktoren, welche ebenfalls auf unsere Sinnessysteme einwirken und verarbeitet werden müssen. Richtlinien und Verordnungen gehen jedoch grundsätzlich von einer ausschließlichen Belastung durch einen Faktor aus ("monosensorische Betrachtungsweise"). Diese Vorgangsweise deckt deshalb nur einen schmalen Bereich realer Umweltsituationen ab. Hinzu kommt noch, daß verschiedene experimentelle Studien und Feldstudien herausgefunden haben, daß es bei kombinierter Belastung für Betroffene nur schwer möglich ist, die Auswirkungen analytisch zu trennen (MELONI/KRÜGER [153]). Für einzelne Kombinationen (z.B. Lärm und Erschütterung) ist ferner nachgewiesen, daß es zu Verschiebungen der Wahrnehmungsschwelle des einen Umweltfaktors in Abhängigkeit von anderen kommen kann (MELONI /KRÜGER [153], HOWARTH/GRIFFIN [93], PAULSEN et al. [172]). So zeigen Menschen, die mit Lärm von mehr als 64 dB beschallt werden, eine signifikante Erhöhung ihrer Wahrnehmungsschwelle für Vibrationsreize (MELONI/KRÜGER [153]). Damit wird auch erklärlich, warum in Feldstudien so selten über Erschütterungen geklagt wird, obwohl vor allem bei Belastungen mit tieffrequentem Lärm (< 100 Hz) auch mit Erschütterungswirkungen zu rechnen sein müßte. Es erscheint deshalb für eine am Menschen orientierte Begutachtung notwendig, diese Gesichtspunkte zu berücksichtigen, damit es nicht zu Unterschätzungen der tatsächlich wirksamen Gesamtbelastung kommt.

FIELDS [53] hat in einer gewaltigen Literaturübersicht (282 Studien) für 18 ausgewählte Moderatorvariablen eine Gesamtbewertung durchgeführt und für folgende Faktoren ((+) zeigt erhöhte Wirkung an, (-) eine Verminderung der Auswirkung) auch transkulturell relativ einheitliche Ergebnisse gefunden:

- allgemeine Lärmempfindlichkeit (+)
- Glaube an die Vermeidbarkeit des Lärms (+)
- mit der Lärmquelle assoziierte Angst (+)
- Bedeutsamkeit/Wichtigkeit der Lärmquelle (-)
- zusätzliche Belästigung durch nicht-akustische Faktoren (+)
- Schallschutz (-)

Für diese Variablen ist in mehr als 50% aller Studien eine Wirkungsmodifikation der Belästigungsreaktion nachgewiesen worden. Für andere Moderatoren (Alter, Geschlecht,

Schulbildung, Einkommen, Berufsstatus, Wohnungsbesitzer, Einfamilienhaus, Wohndauer, Zeit zu Hause, niedriger Umgebungslärm) ist der Prozentsatz der positiven Studien deutlich unter 50% gelegen und/oder eine Reihe von Studien hat auch umgekehrte Wirkungen gezeigt.

Hier wird die Problematik offenbar, wenn Studien aus Ländern (Europa, USA und Japan) mit unterschiedlichem kulturellen Hintergrund zusammengefaßt werden, da gesellschaftlich geprägte Einstellungen selbst einen entscheidenden Faktor der Wirkungsbeeinflussung darstellen.

Im letzten Jahrzehnt hat sich die sozialwissenschaftliche Forschung ferner mit der Belästigungsreaktion in Abhängigkeit von Veränderungen der tatsächlichen Lärmbelastung beschäftigt. Dabei ist vor allem das Ausmaß der Wirkungen verschiedener Lärmschutz-maßnahmen (Verkehrsberuhigung, Lärmschutzwälle, Lärmschutzfenster etc.) auf die Belästigungsreaktion überprüft worden (BROWN et al. [22], BROWN [23], GRIFFITHS/RAW [75], [76], KASTKA et al. [114]). Im wesentlichen hat sich folgendes Ergebnis gezeigt:

Bei Maßnahmen, die Lärm an der Quelle reduzieren, ist das Ausmaß der erfolgten Belästigungsminderung größer als man auf der Basis von Dosis-Wirkungs-Beziehungen der Querschnittserhebung und der tatsächlichen Pegelreduktion erwarten kann.

Unvorhersehbare Reaktionen (sogar Anstiege der Belästigungsreaktion) können sich ergeben, wenn die Maßnahme die Erwartungen nicht erfüllt (geringere Pegelreduktion, häßliche oder zu hohe Lärmschutzwand).

Lärmschutzfenster zeigen nur selten die der tatsächlichen Pegelreduktion entsprechende Belästigungsminderung. Dies besonders dann, wenn tieffrequente Geräusche vorherrschen, viele Pegelspitzen auftreten und die Belüftung des Raumes nicht ausreichend ist (KUMAR et al. [136], ZWICKER/FASTL [242], LANGDON [141], KASTKA [114], FIDELL/SILVATI [50], LERCHER [146]).

Anstiege der Lärmbelastung werden mit einem stärkeren Anstieg der Belästigungsreaktion beantwortet als durch den Pegelanstieg zu erwarten wäre (BROWN [23]).

3.4.2 Wie integrieren betroffene Personen Lärm über die Zeit oder verschiedene Lärmquellen?

HELSON [87] hat mit der Formulierung seiner allgemeinen Adaptationsniveau-Theorie einen wichtigen Beitrag zum Verständnis unserer Wahrnehmungs- und Bewertungsvorgänge geleistet. Er hat deutlich gemacht, daß die Sinneswahrnehmung keine absoluten Maßstäbe für die Reaktion zugrunde legt, sondern relative Bezüge herstellt. Es handelt sich also um eine Art "gleitenden" Maßstab, dessen Nullpunkt sich in Abhängigkeit von den auf den Organismus treffenden Reizen ständig verschiebt. Das sog. Adaptationsniveau ist dann die Kenngröße, auf welche sich der Wahrnehmungsapparat des Organismus in Abhängigkeit von der aktuellen Belastungssituation einpendelt. Alle eintreffenden Reize werden dann relativ zu diesem Adaptationsniveau beurteilt und beantwortet. Nach einer Phase der Ruhe wird also ein Schallereignis von 60 dB anders beurteilt werden als nach einem Dauergeräusch von 50 dB.

Diese Art der Einstellung (Feinadjustierung) unseres Wahrnehmungsapparates unterscheidet sich also deutlich von dem einfachen Mittelungsverfahren (Leq), welches unsere Schallmeßgeräte durchführen: sie rechnen einfach Ruhezeiten gegen Lärmzeiten auf, sie integrieren die Schallenergie über die Zeit.

FLEISCHER [57], [58] hat mit sehr eindrucksvollen Beispielen die Problematik dieser Schallintegration über die Zeit belegt und die "Ruhefeindlichkeit" der Meßverfahren angeprangert. Auf der Basis dieser energieäquivalenten Schallintegrierung der Meßgeräte kann Lärm, der 10 dB unter dem aktuellen Schallpegel liegt, völlig ignoriert werden, da er den aktuellen Mittelungspegel rechnerisch nicht mehr erhöht (Abb. 3.17). Fleischer hat diese Tatsache als "Barriere des Mittelungspegels" bezeichnet.

Da das Wahrnehmungssystem jedoch alle Reize verarbeiten muß und differenzierend reagiert (auf die Erfassung von Unterschieden ausgerichtet ist) muß es zu einer Problemsituation bei Begutachtungen kommen, wenn der Schalltechniker den anwesenden Anrainern erklärt, daß z.B. noch 200 PKW/h zusätzlich fahren dürfen, ohne daß sich am Mittelungspegel etwas ändert. Hier wird wertvolle Ruhe- und Erholungszeit durch zusätzlichen Lärm ersetzt und es ist in Kenntnis dieser Problematik nicht verwunderlich, daß die Belästigungsreaktionen dann auch bei "gleichem" Mittelungspegel ansteigen werden. Die empirischen Ergebnisse der im vorigen Kapitel besprochenen abweichenden Belästigungsreaktionen bei selbst geringfügigen Lärmminderungen oder Lärmerhöhungen werden im Lichte der Adaptationsniveau-Theorie von Helson und der illustrativen Beispiele von Fleischer erst richtig verständlich. Wo das Meßverfahren den Sinneswahrnehmungen widerspricht muß es ersetzt oder ergänzt werden.

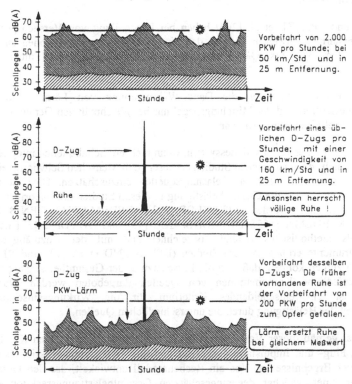

Abb. 3.17: Mittelungspegel von drei unterschiedlichen Vorbeifahrten

Auch andere psychologische Studien zur Wahrnehmungsintegration und Informations-verarbeitung haben aufgezeigt, daß eine einfache Mittelung zur Vorhersage eines Wahrneh-mungsurteils nicht ausreicht (ANDERSON [4]).

HÖGER et al. [90] haben z.B. 5 unterschiedliche Schallpegelverläufe mit gleichem Mit-telungspegel von Versuchspersonen auf die wahrgenommene Lautheit einstellen lassen und dabei Unterschiede bis zu 10 dB festgestellt. Am lautesten ist dabei ein Geräusch mit gegen Ende der Darbietung ansteigendem Schallpegel eingeschätzt worden (sog. "recency-effect"). Die deutlich unterschiedliche Einschätzung der Lautheit in Abhängigkeit von der Zeitstruktur zeigt auf, daß durch die Mittelungsstrategie der Meßgeräte wertvolle Information negiert wird, die die Sinnesverarbeitung sehr wohl in ihre Bewertung einbezieht. Es verdeutlicht ferner, daß es für den Menschen sehr schwierig ist über längere Zeitdauern zu mitteln, da die Reizintegration der Sinnesorgane nach anderen Prinzipien abläuft.

ANDERSON [4] beschreibt psychologische Modelle der Eindrucksbildung, nach welchen die "Mittelung" eintreffender (Schall)Reize auf der Basis kognitiver Bedeutung abläuft.

HÖGER/LINZ [91] haben in einem Laborexperiment zur subjektiven Reizintegration zeitlich verteilter Geräusche festgestellt, daß bei zu großer Differenz zwischen Grundgeräusch und Pegelspitzen die auditive Reizintegration sich nur noch an der zeitlich dominierenden Reizintensität orientiert.

FASTL [47] und SPATZL et al. [204] haben bei Beschallung von Versuchspersonen mit Straßenverkehrslärm nachweisen können, daß die von den Versuchspersonen eingeschätzte Dauerlautheit dem 3%- bis 5%-Summenwert (N3-N5) entspricht und nicht dem Mit-telungspegel.

Damit wird deutlich, daß sich die Dauer-Wahrnehmung von Lärm stärker an den Spitzenwerten orientiert und der Mittelungspegel nur bei gleichmäßigen Geräuschen über die Zeit ähnliche Ergebnisse erbringen kann.

Noch komplizierter ist es für das Sinnessystem, wenn mehrere Schallquellen integriert werden müssen. Es hat sich in verschiedenen Studien erwiesen, daß Menschen Schwierigkeiten haben die Gesamtwirkung von mehreren Belastungsquellen einzuschätzen. Dies ist vor allem dadurch dokumentiert, daß die Gesamtbelästigung in diesen Studien z.T. niedriger als für die Einzelquelle eingeschätzt worden ist (TAYLOR [213], MIEDEMA/VAN DEN BERG [154], IZUMI [98]). MIEDEMA [155], DIAMOND/RICE [40] und DE JONG [37] haben diese Ergebnisse als methodisches Artefakt bezeichnet und mit der Unzulänglichkeit der Erhebungsinstrumente erklärt. Andere Studien (BERGLUND et al. [12] und RICE [180]) haben nämlich zeigen können, daß sich die Einschätzung der Gesamtbelästigung verbessert, wenn unterschiedliche Kombinationen von Quellen dargeboten werden. Nach diesen Ergebnissen ist ein entscheidendes Kriterium für die Wirkungseinschätzung die Verschiedenheit der Belästigung durch die unterschiedlichen Quellen.

VOS [231] hat gemäß dieser Vorstellung Versuchspersonen verschiedenen Kombinationen von Straßen-, Flug- und Impulslärm ausgesetzt und ihre Belästigungsreaktion skaliert. Auf der Basis dieser Ergebnisse hat Vos ein Rechenmodell entwickelt, das den Gesamtbelast-ungspegel berechnet, welcher der eingeschätzten Gesamtbelästigungsreaktion entspricht, wenn die entsprechende Korrektur für das empirisch unterschiedliche Belästigungsausmaß verschiedener Lärmquellen (z.B. Schienenbonus oder Impulsmalus) berücksichtigt wird. Die Formel für den Gesamtbelastungspegel lautet:

$$15 \log \{ \Sigma \, 10^{\text{(korrigierter Leq der Quelle j)}/15} \}$$

Mit dieser Formel kann also auf der Basis bekannter Belästigung durch Einzellärmquellen eine recht genaue Voraussage für die Gesamtbelästigung aus einer Kombination mehrerer Lärmquellen gemacht werden.

3.5 Die Wirkungsbereiche von Lärm

3.5.1 Hörschäden und Hörermüdung

Hörschäden sind durch Umweltlärm in der Regel nicht zu erwarten (Ausnahme Tieffluglärm und Explosionen). HAIDER et al. [83] haben aber darauf aufmerksam gemacht, daß die Gehörerholung bereits ab etwa 65 dB gestört ist.

3.5.2 Behinderung der Kommunikation, der Leistung und der akustischen Umweltorientierung

Die sprachliche Kommunikation ist ein entscheidendes Mittel zur Entfaltung der Persönlichkeit und zur Auseinandersetzung mit der sozialen Umwelt (UBA [217]). Die Sicherung einer ausreichend störungsfreien Kommunikation ist ein zentrales Ziel der Lärmbekämpfung. Die Störungen der Kommunikation durch Störschall sind deshalb sehr eingehend untersucht worden (FRENCH/STEINBERG [60], BERANEK [11], KRYTER [133], USEPA [218], WHO [241], WEBSTER [235], KRYTER [134], LAZARUS et al. [142], UBA [217]).

Für die Messung der Störung der Kommunikation des Menschen durch Lärm sind eine Reihe von Indikatoren entwickelt und entsprechende Dosis-Wirkungskurven berechnet worden. Sie beschreiben im wesentlichen die Sprach-, Satz- oder Wortverständlichkeit unter den Bedingungen eines bestimmten Sprechpegels, dem Sprecher-Hörerabstand und dem Schallpegel des Störgeräusches. Dabei wird davon ausgegangen, daß eine 95%ige Satzverständlichkeit in alltäglichen Situationen ausreicht und der durchschnittliche Abstand zwischen Sprecher und Hörer 1 Meter beträgt. Gemäß UBA [217] wird die Sprechweise mit folgenden Schallpegeln charakterisiert:

- ruhige Sprechweise   50 - 55 dB(A)
- mittlere Sprechweise   55 - 65 dB(A)
- laute Sprechweise   65 - 70/75 dB(A)
- sehr laute Sprechweise   über 70/75 dB(A)

Für praktische Überlegungen kann man als Daumenregel einen Abstand von 10 dB(A) zwischen Sprech- und Störpegel annehmen, um 100%ige Satzverständlichkeit zu gewähren (USEPA [218]). Dies bedeutet, daß eine entspannte Konversation bis etwa 45 dB(A) Störpegel mit voller Satzverständlichkeit möglich ist.

Auf einen ähnlichen Richtwert kommt LAZARUS [143]: Ab einem Störschallpegel von 40 dB(A) und einem Sprechschallpegel von 50-55 dB(A) führt jede Erhöhung des Störschalls um 1 dB zu einer notwendigen Anhebung der Stimmlautstärke um 0,5 dB (sog. Lombard-Effekt: siehe Abb. 3.18).

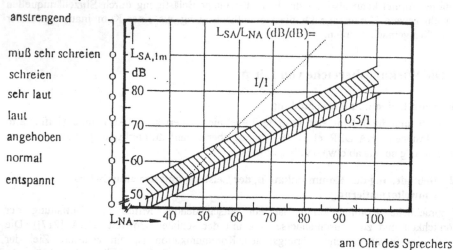

Abb. 3.18: Der Sprechpegel ($L_{SA,1m}$) bzw. die Sprechweise des Sprechers in Abhängigkeit vom Geräuschpegel (L_{NA}) am Ohr des Sprechers pro 1 dB Anstieg des Geräuschpegels c= L_{SA}/L_{NA}= 0,5 dB (Lombardeffekt) und a= 1 dB/1 dB beispielsweise für Lehrer/-innen

Alle genannten Dosis-Wirkungskurven basieren auf einer Reihe von Annahmen, welche in der durchschnittlichen Umweltsituation nicht unbedingt gegeben sein müssen:

- gute Artikulation des Sprechers
- durchschnittlicher Informationsgehalt/Informationsdichte
- Sichtkontakt (Möglichkeit der Beobachtung der Mundbewegung, der Gestik)
- vertrautes Vokabular (nicht bei Fremdsprache oder Kindern)
- normales Hörvermögen (20% über 60-Jährige)
- gleichförmiger Störschall (nicht bei fluktuierendem oder Impulslärm)
- Störschall mit sehr tiefen Frequenzen (Verdeckung von höheren Sprachfrequenzen)

Für diese erschwerten Hörbedingungen gibt es bisher noch keine zuverlässigen Berechnungen. Der chronisch durch Störschall belastete Mensch muß jedoch die ungünstigeren Bedingungen durch verschiedene Verhaltensweisen auszugleichen versuchen:

- lauteres Sprechen
- angestrengteres Zuhören
- zeitweises Unterbrechen der Kommunikation oder Ortswechsel
- verstärktes Nachfragen wegen Nichtverstehens oder Überhörens
- Reduzierung der Kommunikation auf das Nötigste

Derartiges Kompensationsverhalten kann die Gesprächspartner verärgern und ermüden. Die Gedankenkette kann durch die Unterbrechungen gestört werden. Dies kann zu Spannungen und Nervosität auch unter den Gesprächspartnern selbst führen. Die allgemeine

Umweltorientierung verringert sich (weil zu viel Konzentration auf eine Aufgabe gerichtet sein muß) und andere Signale aus der Umwelt werden nur mehr erschwert wahrgenommen. Es kommt zur Maskierung anderer Umweltinformation, die akustisch im Prinzip wie die Maskierung von Sprachinformation abläuft. Geräusche, die der Orientierung im Alltag dienen, sind jedoch häufig leiser (schwache soziale Signale) und sind sehr oft mit visuellen Botschaften verknüpft, die wegen der "konzentrierten Ablenkung" durch den Störschall (exzentrische Fokussierung) dann nicht mehr wahrgenommen werden können. Diese "Konzentration" (Filtertheorie von Broadbent) ist notwendig, weil das Gehirn von Information überschwemmt wird. In dieser Situation können dann diese schwachen sozialen Signale, die unser Verhalten normalerweise beeinflussen, nicht mehr verarbeitet werden oder werden einfach "übersehen".

Die Wirkungen von Störschall gehen also über den reinen Informationsverlust hinaus und können zu unvorhersehbaren Nachwirkungen (indirekte Wirkungen) führen.

So haben einige Studien nachweisen können, daß sich das Sozialverhalten Lärmbelasteter auf vielfache Weise ändern kann (COHEN et al. [29]):

- die Hilfsbereitschaft wird geringer
- Verringerung von Sozialkontakten in der Nachbarschaft
- Verringerung der Fähigkeit komplexe soziale Geschehnisse zu beurteilen
- die Einschätzung von Mitmenschen verändert sich
- Ärger und Nervosität schlagen leichter in Aggression um (Lärm verstärkt die Bereitschaft, aggressiv zu reagieren)
- die Gestaltung von Außenanlagen wird vernachlässigt

Als verantwortliche Mechanismen für diese Wirkungen unter vermehrter Lärmbelastung sind vor allem erwähnt worden (BROADBENT [20], [21], COHEN et al. [29]):

- verringerte Kapazität zur Informationsverarbeitung unter Lärm
- veränderte Aufmerksamkeitsbereitschaft unter Lärm
- Maskierung (Verdeckung) von sprachlichen und sozialen Signalen
- Veränderung der emotionalen Stimmungslage durch Lärm
- Lärm induziert Vermeidungsverhalten

Für diese Wirkungen ist es sehr viel schwieriger, genaue Dosis-Wirkungsbeziehungen anzugeben, da die Wirkungen nicht durch Lärm allein, sondern vor allem im Kontext bestimmter situativer und kognitiver Umgebungsbedingungen auftreten, die wir schon im Kapitel 3.3 und Kapitel 3.4 beschrieben haben (Vorhersehbarkeit, Kontrollierbarkeit, Erwartungshaltungen, Einstellungen zur Lärmquelle, Einschätzung des Lärms als vermeidbar oder gesundheitsgefährdend etc.).

Ähnlich schwer fällt es, Dosis-Wirkungsbeziehungen für die Beeinflussung von Leistungen durch Lärm anzugeben, da Lärm über Anregungswirkungen bei einfachen Aufgaben oder durch kurzdauernde Kompensationsleistungen sogar Leistungssteigerungen erzeugen kann.

Werden jedoch chronische Lärmbelastungen betrachtet, dann sind die Bewältigungskosten zu hoch und die vorgenannten Mechanismen führen zu einem charakteristischen Wirkungsmuster (Tab. 3.4).

DIREKTE WIRKUNGEN	NEBENWIRKUNGEN
Leistungsminderung (Merkfähigkeit, Frustrationstoleranz)	Veränderungen des Gesundheitsverhaltens (Rauchen, Einnahme von Beruhigungsmitteln etc.)
Soziale Insensitivität (geringe Hilfsbereitschaft, Neigung zur Aggressivität etc.)	Physiologische Veränderungen (vegetative Labilität, Blutdruckveränderungen etc.)
Streßinsuffizienz (zunehmende Unfähigkeit, unter Druck zu arbeiten)	Psychische Veränderungen (Hoffnungslosigkeit, Passivität, erlernte Hilflosigkeit)

Tab. 3.4: Bewältigungskosten bei chronischer Streßexposition

Besonders beeindruckend sind diese Wirkungen bei Kindern nachgewiesen worden, wo sich die Kombination von Kommunikations- und Leistungsbeeinträchtigung durch Lärm besonders nachhaltig auswirken kann (COHEN et al. [30], COHEN et al. [35], COHEN et al. [29]). Kinder aus lärmreicher Umwelt zeigen:

- schlechtere Konzentrationsfähigkeit

- schlechtere Leseleistungen

- schlechtere Korrekturleistungen (Erkennen von Fehlern in einem Text)

- schlechtere auditive Diskrimination (Unterscheidung ähnlich klingender Wortpaare wie Sonne - Sonde oder Fund - Pfund etc.)

- geringeres Durchhaltevermögen bei der Lösung von schwierigen Problemen (früheres Aufgeben, geringere Frustrationstoleranz)

Über die möglichen Langzeitfolgen derartiger Beeinträchtigungen in Hinblick auf das Erwachsenenalter sind derzeit keine Aussagen möglich.

3.5.3   Behinderung des Schlafes und der Rekreation

Nach den gängigen Theorien dient der Schlaf vornehmlich der Erholung von Körper und Geist, dem Wiederaufbau von Energie, aber auch dem Rückzug und der Sicherheit (WEBB [234], BORBÉLY [14], MEIER-EWERT/SCHULZ [152]).

Lärmexposition während des Schlafes reduziert als Primärreaktion die Tiefschlaf- und die Traumphasen, verkürzt die Gesamtschlafdauer und führt als Sekundärreaktion zu einer Reihe von psychischen und physischen Nachwirkungen, die in Tab. 3.5 zusammengefaßt sind (LUKAS [148], VALLET et al. [220], GRIEFAHN [74], VALLET [224], EBERHARDT et al. [44], ÖHRSTRÖM et al. [166], ÖHRSTRÖM et al. [165], GRIEFAHN [73]). Eine vollständige Gewöhnung ist nicht möglich.

	Verlängerte Einschlafzeit
	Verkürzte Gesamtschlafdauer
VERÄNDERUNG DES SCHLAFES	Reduzierung der Tiefschlafphasen
	Reduktion der Traumschlafzeit
	Häufigeres Erwachen
	Subjektiv: verminderte Schlafqualität
PSYCHOLOGISCHE VERÄNDERUNGEN	Anstieg der Herzfrequenz
	Vermehrung der Körperbewegungen im Schlaf
	Müdigkeit; Gefühl, unausgeschlafen zu sein
	Stimmungsveränderungen (Labilität)
PSYCHISCHE/PHYSISCHE NACHWIRKUNG	Einschränkungen der Leistungsfähigkeit
	Erhöhtes Unfallrisiko
	Erhöhter Schlafmittelkonsum (Suchtbildung)

Tab. 3.5: Gesundheitliche Wirkungen nächtlicher Lärmstörungen

Darüber hinaus ist bekannt, daß das Herz-Kreislaufsystem auch während des Schlafes ständig auf eintretende Lärmreize reagiert und sich auch nach langer Expositionszeit nicht daran gewöhnen kann (MUZET et al. [160], JÜRRIENS et al. [112], VALLET/MOURET [223], KRYTER [134], VALLET et al. [221]).

GRIEFAHN [72] hat ferner aus vielen Messungen von Reaktionen der Fingerpulsamplitude eine ca. 15 dB niedrigere signifikante Reaktionsschwelle während der Nacht ableiten können.

Auf diesen Beobachtungen basiert die Hypothese einer möglichen indirekten Verursachung von kardiovaskulären Erkrankungen durch chronische Lärmbelastung als sogenannte Tertiärreaktion (GRIEFAHN [74]).

Richtwerte für den nächtlichen Schallschutz werden in der Literatur nach Art der Schallexposition differenziert. Für kontinuierliche, gleichförmige Lärmbelastungen ohne auffallende Charakteristik wird der $L_{A,eq}$ herangezogen. Für intermittierende Geräusche werden der L_{max} und die Anzahl der Ereignisse pro Zeitraum zur Beurteilung herangezogen (VALLET [224], GRIEFAHN [73]).

Die entsprechende Dosis-Wirkungskurve für die Nacht hat GRIEFAHN [73] durch Zusammenfassung vieler Schlafstudien berechnet (Abb. 3.19).

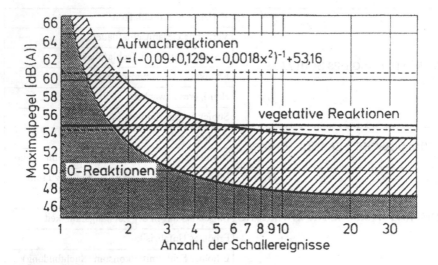

Abb. 3.19: Begrenzung nächtlicher Schallimmissionen – Anzahl der Schallereignisse und Maximalpegel

Ein wichtiges Ergebnis der jüngeren Schlafforschung ist, daß auch Lärmbelastungen während des Tages auf die Schlafqualität der folgenden Nacht negativ Einfluß nehmen können (FRUHSTORFER et al. [61], [62]).

Doch nicht nur während der Nacht wird der Organismus durch die aktivierende Wirkung von Schallreizen an der Entspannung und Erholung gehindert. GRIEFAHN [72] hat auch für das physiologische Tagestief am frühen Nachmittag eine deutlich niedrigere Wirkungsschwelle (10 - 15 dB) für periphere Gefäßreaktionen ermittelt.

Aus Bevölkerungsstudien ist ferner bekannt, daß sich Menschen besonders dann durch Lärm gestört fühlen, wenn sie nach der Hektik des Arbeitstages Entspannung suchen.

3.5.4 Beeinträchtigung der psychischen Gesundheit

Ein Reihe von experimentellen und epidemiologischen Studien (ATHERLEY et al. [8], DFG [39], KNIPSCHILD [124], [125], [126], TARNOPOLSKY et al. [212], ISING [95], LERCHER [146], STANSFELD et al. [206]) hat bei Lärmbelastungen über 55 oder 60 dB L_{eq} eine Häufung von psychischen und psychosomatischen Beschwerden feststellen können:

- Gefühl der Angespanntheit
- Müdigkeit und/oder Nervosität
- leichte Reizbarkeit
- Kopfschmerzen
- depressive Verstimmungen

Zwischen diesen Beschwerden und der angegebenen allgemeinen Belästigung oder der angegebenen Lärmempfindlichkeit hat man in der Regel stärkere Zusammenhänge gefunden als mit der gemessenen Schallbelastung (CLARK [28], PULLES et al. [177], LERCHER [146]). Dies hat zu der These geführt, daß ein bestimmter Teil psychischer Beschwerden über die Belästigungswirkung oder erhöhte Lärmempfindlichkeit moderiert wird (CLARK [28], TARNOPOLSKY et al. [212], STANSFELD [206]). In einer großen Studie aus den Niederlanden (PULLES et al. [177]) ist ein Bewältigungsstil bei Lärmbetroffenen, der das aktuelle Lärmproblem verleugnet oder verniedlicht ("Kein Problem für mich", "Das macht mir nichts aus", "Ich kann gut damit leben"), mit einer größeren Häufung von Belästigungs-reaktionen und psychosomatischen Beschwerden assoziiert gewesen. Der gefundene Zusam-menhang war für Belastungen durch Fluglärm stärker ausgeprägt als für Straßenverkehrslärm.

Eine Serie von Studien zur Häufigkeit von Krankenhausaufnahmen aus psychiatrischen Gründen in Abhängigkeit von der Fluglärmbelastung hat zu inkonsistenten Ergebnissen geführt (ABEY-WICKRAMA et al. [1], GATTONI/TARNOPOLSKY [64], JENKINS et al. [106], TARNOPOLSKY et al. [212], WATKINS et al. [233], KRYTER [131]). Die letzte Reanalyse dieser Daten durch KRYTER [131] kommt zu dem Schluß, daß, wenn beitragende soziale Faktoren (wie Sozialschicht, Arbeitslosigkeit, Umzüge) in der multivariaten Analyse berücksichtigt werden, eine statistisch signifikante Beziehung zur Fluglärmbelastung nach-weisbar ist.

Eine neue britische Studie (STANSFELD [206]) hat einen direkten Zusammenhang zwischen Straßenverkehrslärm und Belästigungsangaben, nicht jedoch mit psychischen Störungen nachweisen können. Wenn jedoch das Ausmaß der Lärmempfindlichkeit in der Analyse berücksichtigt worden ist, hat sich für geringe und mittlere Lärmempfindlichkeit ein ansteigender Gradient für psychische Krankheiten in Abhängigkeit vom Straßenverkehrslärm ergeben. Für besonders stark Lärmempfindliche hat sich keine Beziehung ergeben. Dieses Ergebnis wird einerseits dahingehend interpretiert, daß hoch Lärmempfindliche sich praktisch bei jedem Lärmpegel belästigt fühlen und deshalb eine Abhängigkeit von der Schallintensität nicht gegeben ist. Andererseits wird in verschiedenen Studien erhöhte Lärmempfindlichkeit mit psychischen Störungen assoziiert (STANSFELD et al. [205], STANSFELD [207]). LADER [139] hat ferner eine erhöhte Empfindlichkeit von psychiatrischen Patienten für Lärmreize nachweisen können. Die Ergebnisse von STANSFELD [206] geben also Hinweise, daß Straßenverkehrsbelastungen nicht nur für psychisch Kranke Bedeutung haben sondern auch bei Personen, die sich für gering oder mittelgradig lärmempfindlich halten, zu einem Anstieg von psychischen Problemen führen können.

3.5.5 Medizinische Wirkungen: Herz-Kreislaufsystem

In den Einführungskapiteln und im Kapitel 3.3 ist ausgeführt worden, daß der durch Lärmreize aktivierte menschliche Organismus eine ganze Palette von akuten Wirkungen zeigt, die als Streßreaktion bekannt sind (SELYE [200], HENRY/STEPHENS [89]). Diese über das vegetative und neurohormonelle System vermittelten meßbaren Kurzzeitwirkungen stellen die Bandbreite potentieller Langzeitwirkungen dar. Da das Ausmaß einer möglichen Habitu-ierung (Gewöhnung) des Organismus begrenzt und außerdem von Dispositionen, Einstel-lungen, Verhaltensweisen und sonstigen Sozial- und Umweltbedingungen abhängig ist, eignen sich Ergebnisse von Kurzzeitstudien nur bedingt zur Ableitung von Richt- oder Grenz-werten. Es sind deshalb vor allem im letzten Jahrzehnt eine Reihe von epidemiologischen Studien zur Frage der Langzeitwirkungen von Lärmbelastungen durchgeführt worden. Die meisten davon haben sich mit Blutdruck, Blutfetten, Blutgerinnung und Herzinfarkt beschäf-tigt.

Blutdruck

Mehr als ein Dutzend Studien hat den Einfluß von Umweltlärm (Flug- und Straßen-verkehrslärm) auf den Blutdruck untersucht. Dabei sind in ungefähr der Hälfte der Studien geringfügige Erhöhungen des Blutdrucks oder eine Häufung von Personen mit Bluthochdruck in den am stärksten belasteten Gebieten gefunden worden (THOMPSON [215]). Die Lärmbelastungen sind durchwegs zwischen 60 und 75 dB(A) gelegen.

In einer kürzlich fertiggestellten Verkehrslärmstudie in Tirol (LERCHER [146]) ist der positive Einfluß von adaptivem Verhalten (Schließen der Fenster während der Nacht, Mitgliedschaft in einer Bürgerinitiative) auf den Blutdruck nachgewiesen worden (Tab. 3.6), nicht jedoch eine direkte Wirkung des Lärms.

HANDLUNGSSTRATEGIE	MITTLERE DIFFERENZEN SBD (95% KI)	MITTLERE DIFFERENZEN DBD (95% KI)
Fenster schließen (am Tag)	-0,62 (-2,27 ; 1,02)	0,07 (-0,96 ; 1,09)
Fenster schließen (in der Nacht)	-3,87 (-7,32 ; -0,43)	-0,16 (-2,32 ; 1,98)
Mitgliedschaft in Bürgerinitiative	-4,30 (-6,51 ; -2,10)	-1,69 (-3,06 ; -0,31)
Vermeidbarkeit der Lärmbelästigung	-2,08 (-3,89 ; -0,28)	-0,69 (-1,81 ; 0,43)

Tab. 3.6: Korrigierte* mittlere Differenzen (95 % Konfidenzintervall) für systolischen (SBD) und diastolischen Blutdruck (DBD) mit ausgewählten Handlungsstrategien (*korrigiert für Alter, Geschlecht, body mass index, Bildung und Lärmpegel)

Richtige Dosis-Wirkungsbeziehungen haben sich praktisch in keiner Studie nachweisen lassen können. Dieser Umstand schwächt die Schlußfolgerung einer direkten Beziehung zwischen Lärmbelastung und Langzeitblutdruckwirkung. Eine Reihe methodischer Probleme (Umzüge, ausreichende Berücksichtigung anderer Faktoren) und die Nichtberücksichtigung von Moderatoreffekten werden vor allem für die inkonsistenten Ergebnisse verantwortlich gemacht und erschweren eine endgültige Interpretation.

Wirkung auf Blutfette

Nur vereinzelt ist in Umweltlärmstudien die Beziehung zwischen den Blutfetten und der Lärmbelastung analysiert worden.

In der holländischen Verkehrslärmstudie (KNIPSCHILD/SALLE [123]) hat man keinen Unterschied in der Häufigkeit für Hypercholesterinämie bei den über 62,5 dB(A) Belasteten nachweisen können.

In der Bonner Verkehrslärmstudie haben sich zuerst signifikant erhöhte Cholesterinwerte für Frauen im lauten Gebiet gezeigt (VON EIFF et al. [226], [226]), in der prospektiven Studie sind die Blutfette mit der Lärmbelastung nicht assoziiert gewesen (VON EIFF et al. [227]). Die Studienteilnahme ist jedoch sehr gering und somit die Aussagekraft stark eingeschränkt gewesen.

In den großen deutsch-englischen Verkehrslärmstudien sind die methodischen Probleme geringer gewesen. In der ersten Querschnittserhebung hat sich in der Caerphilly-Studie (BABISCH et al. [9]) ein signifikant höherer Cholesterinwert in der höchsten Lärmgruppe (über 66 dB(A)) gezeigt, der im Speedwell-Kollektiv nicht nachweisbar gewesen ist (Abb. 3.20). Dort hat man jedoch einen linearen Trend für die Triglyzeridspiegel in Abhängigkeit von der Lärmbelastung feststellen können (Abb. 3.21).

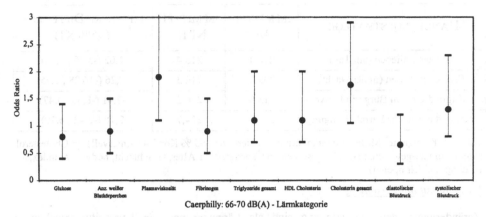

Abb. 3.20: Risikofaktorprofile (Prävalenz Odds Ratios), Caerphilly Strichprobe (Teilstrichprobe von Männern ohne chronische Erkrankungen)

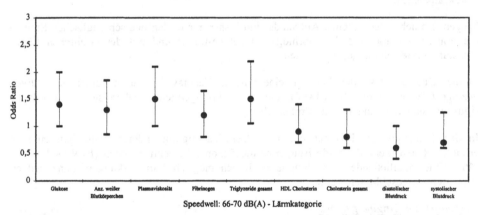

Abb. 3.21: Risikofaktorprofile (Prävalenz Odds Ratios), Speedwell Strichprobe (Teilstrichprobe von Männern ohne chronische Erkrankungen)

In den Längsschnittanalysen hat sich in der Caerphilly-Kohorte für die höchste Lärmkategorie (über 66 dB(A)) der größte Anstieg für die Triglyceridspiegel ergeben (BABISCH/ISING [10]). Ungeklärt ist nach wie vor, welche lokalen Faktoren für die z.T. unterschiedlichen Ergebnisse in den zwei Studienbevölkerungen verantwortlich sind.

Dies zeigt auch die Grenzen epidemiologischer Methodik zum Nachweis von Lärmwirkungen auf, da die enorme Zahl an beteiligten Faktoren nicht immer gleichzeitig erhoben werden und/oder deren getrennte Beiträge nur schwer statistisch zu entwirren sind (ELWOOD et al. [46]).

In der Tiroler Transitstudie haben sich nur minimal erhöhte Werte für die über 55 dB(A) Belasteten (+ 1 mg/dl) oder die mittel/stark Belästigten (+ 3,4 mg/dl) ergeben. Unter Einbezug der Bewältigungsstrategien hat sich jedoch ein signifikanter Unterschied für diejenigen Anrainer errechnet, welche ihre Fenster bei Nacht geschlossen gehalten haben (-7,3 mg/dl, Tab. 3.7).

HANDLUNGSSTRATEGIE	IM MITTEL JA	IM MITTEL NEIN	MITTLERE DIFFERENZ (95% KI)
Fenster schließen (am Tag)	216,4	215,4	1,02 (-3,25 ; 5,28)
Fenster schließen (in der Nacht)	209,0	216,3	-7,26 (-16,28 ; 1,75)
Mitgliedschaft in Bürgerinitiative	213,8	216,2	-2,41 (-8,30 ; 3,47)
Vermeidbarkeit der Lärmbelästigung	216,9	214,7	2,18 (-2,42 ; 6,79)

Tab. 3.7: Korrigierte* Mittelwerte und mittlere Differenzen (95 % Konfidenzintervall) für Cholesterol (mg/dl) mit ausgewählten Handlungsstrategien (*korrigiert für Alter, Geschlecht, body mass index, Bildung und Lärmpegel)

Wirkung auf Blutgerinnung

Veränderungen der Blutgerinnung sind als Lärmwirkungen in Kurzzeituntersuchungen nachgewiesen worden und gelten als eigenständige Risikofaktoren für die Entwicklung von Herzkrankheiten.

Wegen des hohen technischen Aufwands sind bisher nur in den deutsch-englischen Studien die Plasmaviskosität und der Fibrinogenspiegel bestimmt und mit der erfahrenen Lärmbelastung in Beziehung gesetzt worden.

In den Querschnittsstudien hat sich eine erhöhte Plasmaviskosität in beiden Kollektiven gezeigt (Caerphilly und Speedwell). Für den Fibrinogengehalt haben sich jedoch keine signifikanten Beziehungen zum Lärm ergeben.

In den Longitudinalstudien hat sich nach Berücksichtigung anderer Risikofaktoren kein erhöhtes Risiko mehr für beide Blutgerinnungsfaktoren berechnen lassen (ELWOOD et al. [46]). Eine abschließende Beurteilung ist noch nicht möglich, Lärmwirkungen können jedoch auch nicht ausgeschlossen werden.

Herzinfarkt und Angina pectoris

Eine Zusammenfassung verschiedener Studien zum Zusammenhang zwischen Herzinfarktrisiko und Lärmbelastung ist kürzlich von BABISCH et al. [10] gegeben worden. In Tab. 3.8 sind die relativen Risiken für Herzinfarkt in Abhängigkeit von der Lärmbelastung dargestellt. Ein relatives Risiko (RR) von 1 zeigt keine Erhöhung des Risikos an. Ein relatives Risiko von 1,2 bedeutet hier eine Risikoerhöhung um 20 % gegenüber Lärmbelastungen unter 60 dB(A).

Studie	Typ	Verkehrslärm außen Leq (6-22h) [dB(A)]				
		<=60	61-65	66-70	71-75	76-80
Amsterdam (MI) Männer 35-64 J	Präv.	1,0		1,2		
Amsterdam (MI) Frauen 35-64 J	Präv.	1,0		1,9		
Amsterdam (EKG) Männer 35-64 J	Präv.	1,0		1,1		
Amsterdam (EKG) Frauen 35-64 J	Präv.	1,0		1,2		
Doetinchem (EKG) Frauen 40-49 J	Präv.	1,0		1,1		
Bonn (MI) Männer+Frauen 20-51 J	Präv.	1,0	-		1,3	
Caerphilly (MI) Männer 45-59 J	Präv.	1,0	0,9	1,2	-	-
Speedwell (MI) Männer 45-59 J	Präv.	1,0	1,2	1,1	-	-
Caerphilly (EKG) Männer 45-63 J	Präv.	1,0	1,1	1,2	-	-
Speedwell (EKG) Männer 45-63 J	Präv.	1,0	1,0	1,4	-	-
Berlin II (MI) Männer 31-70 J	Präv.	1,0	0,7	0,9	1,1	1,4
Berlin I (MI) Männer 41-70 J	Fall-K.	1,0	1,5	1,2	1,3	1,8
Berlin II (MI) Männer 31-70 J	Fall-K.	1,0	1,2	0,9	1,1	1,5
Caerphilly (MI) Männer 45-59 J	Pred.	1,0	1,0	1,1	-	-
Speedwell (MI) Männer 45-63 J	Pred.	1,0	1,0	1,1	-	-
Caerphilly (MI) Männer 45-59 J	Kohorte	1,0	1,3	0,5	-	-
Speedwell (MI) Männer 45-63 J	Kohorte	1,0	1,3	0,7	-	-

Präv.=Prävalenzstudie   Kohorte=Kohortenstudie
Fall-K.=Fall-Kontroll-Studie   MI=Myokardinfarkt
Pred.=aus Risikofaktormodell vorhergesagt EKG=ischämische Zeichen im EKG

Tab. 3.8: Relatives Risiko für ischämische Herzkrankheiten in Abhängigkeit vom Verkehrslärm

Die Autoren schließen aus ihrer Übersicht, daß das mit epidemiologischen Methoden nachweisbare Risiko bei Straßenverkehrslärmbelastungen für Pegelwerte ab 66 dB(A) als gesichert anzunehmen sei. Zwischen 61 und 66 dB sei es zwar nicht auszuschließen, aber nur schwer nachzuweisen.

In der Tiroler Transitstudie (LERCHER [146]) ist bei niedrigeren Lärmpegeln (über 55 dB) ein statistisch signifikanter Zusammenhang nur mit Angina pectoris (RR von 2.0), nicht jedoch mit Herzinfarkt (RR von 1.0) nachweisbar gewesen.

Alle Studien leiden an dem Umstand, daß in den höheren Lärmkategorien nicht so viele Menschen wohnen, sodaß es mit statistischen Methoden sehr schwer wird zuverlässige Aussagen für diese Pegelkategorien zu machen.

Andere medizinische Probleme

In den meisten vorliegenden epidemiologischen Studien ist den Probanden eine Liste mit Erkrankungen vorgelegt worden und diese anamnestischen Angaben sind mit der Lärmbelastung in Beziehung gesetzt worden. Weder in der deutschen Fluglärmstudie (DFG [39]) noch in der Bonner Verkehrslärmstudie (VON EIFF/NEUSS [226]) sind signifikante Unterschiede aufgefunden worden.

In der Transitstudie (LERCHER [146]) ist für Heuschnupfen ein höheres Vorkommen bei den Lärmbelasteten (über 55 dB(A)) gefunden worden. Diese Risikoerhöhung kann jedoch genauso mit der schlechteren Luftqualität in Verbindung gebracht werden. Alle Studien, die anamnestische Daten verwenden, sind mit Unsicherheiten behaftet, welche eine zuverlässige Abschätzung des wahren Risikos nicht erlauben.

Zuverlässigere Aussagen sind von Studien zu erwarten, welche ärztliche Aufzeichnungen über einen bestimmten Zeitraum verwenden.

In der holländischen Fluglärmstudie sind in 19 Allgemeinpraxen während einer Woche alle Patientenkontakte und deren Gründe registriert worden (KNIPSCHILD [124], [125], [126]). Insgesamt hat sich für alle Patientenkontakte eine signifikante Zunahme in Abhängigkeit vom Lärmpegel gezeigt. Aufgeschlüsselt nach diagnostischen Gruppen hat sich für psychische Störungen der stärkste Anstieg ergeben, dann sind die Herz-Kreislauferkrankungen gefolgt. Unter den anderen Krankheiten hat sich nur für Rückenschmerzen und spastisches Colon eine schwache Beziehung zu ansteigender Lärmbelastung gezeigt.

In einer ostdeutschen Studie (SCHULZE et al. [198]) sind die Neuzugänge über einen Zeitraum von einem Jahr registriert worden. Signifikante Häufungen bei den Lärmbelasteten (über 75 dB(A)) haben sich für Schlafstörungen, Bluthochdruck und Herzkrankheiten errechnet (Tab. 3.9).

DIAGNOSE	NEUZUGÄNGE IN G.	NEUZUGÄNGE IN W.	SIGNIFIKANZ DES UNTER-SCHIEDES MITTELS X^2-TEST
Schlafstörungen	10	5	ja
Hypertonus	12	5	ja
ischämische HK	22	5	ja
vegetative Dystonie	5	3	nein
Gastroduodenalulzera	3	7	nein
deg. WS- und Gelenkerkrankungen	10	12	nein
Infekte	20	25	nein

Tab. 3.9: Neuzugänge in beiden Arztbereichen nach Diagnosen für den Zeitraum von einem Jahr in % der Gesamtzugänge

Eine Reihe von Studien (ANDO/HATTORI [5], [6], JONES/TAUSCHER [108], EDMONDS et al. [45], KNIPSCHILD et al. [123]) hat den Einfluß von Fluglärm auf die Schwanger-schaftsentwicklung, Geburtsparameter und Geburtsanomalien untersucht.

Die Ergebnisse sind sehr inkonsistent und alle Studien sind mit methodischen Fehlern behaftet, die eine endgültige Aussage erschweren.

Medikamenteneinnahme

Auch hier sind in den vorhandenen Studien entweder anamnestische Daten von Probanden oder Aufzeichnungen von Ärzten oder Apothekern verwendet worden.

Untersuchungen aus Kanada, der Schweiz, Frankreich, Dänemark und den Niederlanden haben einen Zusammenhang mit mehr Verschreibungen in stark mit Fluglärm belasteten Gebieten gezeigt (VALLET/MOURET [223], DE JONG [38]). Die Beziehungen sind vor allem für Schlafmittel und Beruhigungsmittel, z.T auch für Magenmittel (Antacida) deutlich ausgeprägt gewesen. In der holländischen Studie (KNIPSCHILD/OUDSHOORN [124]) sind auch Anstiege für Herz-Kreislauf- und Bluthochdruckmedikamente im Vergleich zum Kontrollgebiet gefunden worden. Diese Studie hat aber auch nachgewiesen, daß nach Reduktion der Nachtflüge der Schlafmittel- und Beruhigungsmittelverbrauch wieder zurückgegangen ist, was als zusätzlicher Hinweis für die Validität der Ergebnisse angesehen werden kann.

In der deutschen und in den englischen Fluglärmstudien haben sich nur schwache oder negative Hinweise auf eine Lärmabhängigkeit der Verschreibungen ergeben. Eine neue holländische Untersuchung hat keinen erhöhten Schlafmittel- oder Beruhigungsmittelverbrauch bis etwa 70 dB(A) gefunden (ALTENA et al. [3]).

Aus den Verkehrslärmstudien ergeben sich ebenfalls Tendenzen für einen vermehrten Medikamentenkonsum in den lärmbelasteten Gebieten (WEHRLI/WANNER [236], SCHULZE et al. [198], LERCHER [146]). In einer englischen Abhandlung hat sich kein Zusammenhang mit der Lärmbelastung (LANGDON/BULLER [140]), in der Bonner Studie nur für Bluthochdruckmittel ergeben (VON EIFF/NEUS [226]).

Überwiegend hat sich mehr Schlafmittel- und Beruhigungsmittelverbrauch herausgestellt. In der Erfurter Studie (SCHULZE et al. [198]), welche den Medikamentenverbrauch über ein Jahr registriert hat, hat sich auch bei Schmerz-, Hochdruck- und Herzmittel ein signfikant erhöhter Verbrauch in der stark belasteten Zone gezeigt (über 75 dB(A)). In der Transitstudie (LERCHER [146]) hat sich schon bei Verkehrslärmbelastungen über 55 dB(A) ein signifikanter Zusammenhang mit der Gesamtmedikamenteneinnahme, Magenmitteln, Schmerzmitteln und Kräftigungsmitteln (Vitamine etc.) auf der Basis anamnestischer Angaben gezeigt.

Obwohl diese Studien nicht frei von methodischen Fehlern sind, da der Medikamentenverbrauch auch von anderen Faktoren abhängen kann, zeigen gerade die besseren unter ihnen die deutlichsten Zusammenhänge mit der Lärmbelastung.

3.5.6 Soziale und ökonomische Wirkungen

Aus soziologischen Mobilitätsuntersuchungen wissen wir, daß bei Umzugsentscheidungen neben beruflichen und persönlichen Veränderungswünschen auch das Ausmaß der jeweiligen Lärmbelastung der Wohnung von Bedeutung ist. In der Studie von ROHRMANN und BORCHERDING [183] hat zwischen Lärmbelastung und angegebener Wohnzufriedenheit die zweithöchste Korrelation bestanden. Die Lärmbelastung hat an 3. Stelle als Kriterium bei der Auswahl einer Wohnung, aber an 5. Stelle als Grund für einen tatsächlichen Umzug rangiert. Zwischen tatsächlichem Umzug und Wunsch nach Umzug schieben sich noch soziale Beschränkungen. Hierbei gibt es beträchtliche Unterschiede zwischen Stadt und Land. Während in städtischer Umgebung fast die Hälfte der Bewohner schon einen Umzug wegen der Lärmbelastung erwogen hat liegt der Prozentsatz für Bewohner ländlicher Regionen bei gleicher Lärmbelastung deutlich niedriger. In der Transitstudie (LERCHER [146]) sind es ca.

20% gewesen. Dies hängt vor allem damit zusammen, daß die dörfliche Verbundenheit höher ist, die Bewertung der Wohnumwelt generell besser ausfällt als bei Städtern und der Mieteranteil geringer ist. Diese Ergebnisse machen deutlich, daß die "Freiheit" zur Mobilität deshalb im ländlichen Bereich stärker eingeschränkt ist als bei Stadtbewohnern.

Auswertungen von Mikrozensuserhebungen in der Bundesrepublik Deutschland haben ferner erbracht, daß die Lärmbelastung die sozialen Schichten unterschiedlich trifft. In einer Darstellung von GOTTLOB [70] ist ein linearer Anstieg ausgeprägter Belästigung mit abnehmendem Hauhaltseinkommen zu erkennen (Abb. 3.22). Andere Studien haben aufgezeigt, daß die Mietpreise mit zunehmender Lärmbelastung sinken (Abb. 3.23) und der Wert von Häusern und Wohnungen fällt (ROSKILL-COMMISSION [184], KISTLER [117], POMMEREHNE [176]). Diese Ergebnisse haben zur These geführt, daß die steigende Verkehrsbelastung an dieser zunehmenden Segregation der Bevölkerung beteiligt ist. RÜTHRICH [185] hat diese These in einer Langzeitstudie überprüft und ist zur Schluß-folgerung gekommen, daß der Segregationsprozeß durch Lärmbelastungen über 70 dB(A) beschleunigt wird. Eine spätere, ebenfalls als Longitudinalstudie angelegte Untersuchung (GLASAUER [67]), hat bei Detailuntersuchungen herausgefunden, daß die Mobilität höherer Sozialschichten gebremst ablaufe, da der meist großzügigere Wohnungstyp (größere Wohnfläche etc.) dem Bewohner mehr Kompensationsmöglichkeiten eröffne lärmempfind-liche Wohnfunktionen zu verlegen. Diese Möglichkeiten stehen den durchschnittlich größeren Haushalten niederer Sozialschichten in den kleineren Standardwohnungen nicht zur Verfügung.

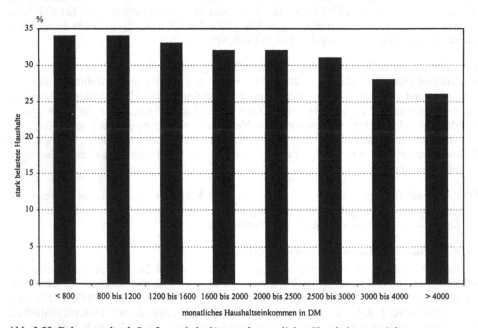

Abb. 3.22: Belastung durch Straßenverkehrslärm und monatliches Haushaltsnettoeinkommen

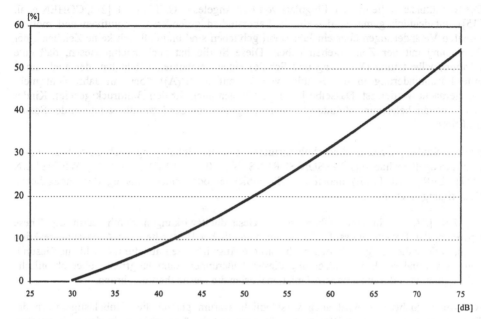

Abb. 3.23: Prozentualer Mietzinsrückgang bei Straßenlärm

Zusammenfassend haben diese Studien aufgezeigt, daß bei gleichem Schallpegel eine unterschiedliche Betroffenheit durch Lärm vor allem durch großzügigere Disponierungsmöglichkeiten besser situierter Sozialschichten bestehen kann und daß die durch Lärm nachgewiesenen Minderungen von Mieten wiederum sozial schwächere Bewohner anzieht. Umgekehrt wird es für finanziell schwächere Wohungsbesitzer fast unmöglich umzuziehen, da der Wertverlust der Wohnung zu groß ist und der zu bezahlende Differenzbetrag für eine Wohnung in einer lärmärmeren Wohngegend praktisch nicht aufgebracht werden kann.

3.5.7 Lärmwirkungen und Adaptation

Bereits in den vorhergehenden Kapiteln haben wir an verschiedenen Stellen erwähnt, daß lärmbelastete Menschen eine Reihe von Adaptationsleistungen erbringen müssen. Sie verändern ihr Wohn- und Sozialverhalten, bauen Lärmschutzfenster ein, sie kommen vermehrt unter psychischen Druck und reagieren leichter verärgert, sie verändern ihre kognitiven Einstellungen, um den Alltag zu bewältigen. Oberflächlich scheint eine "Anpassung" geglückt. DUBOS [43] warnt vor diesen Formen der Anpassung an die Umwelt, weil es für den Menschen gefährlich ist eine ständige Verschlechterung seiner Umwelt hinzunehmen.

Bereits die Autoren der deutschen Fluglärmstudie (DFG [39]) haben festgestellt, daß die schon lange mit Fluglärm Belasteten im Labor auf Beschallung mit Lärm stärkere Defensivreaktionen der Gefäße zeigen als weniger belastete Personen. Diese Ergebnisse machen deutlich, daß eine "echte" Anpassung nicht stattgefunden hat, sondern bei den physiologischen Reaktionen sogar eine Steigerung erfolgt ist. Wegen des großen Aufwands hat es bisher leider nur eine Studie gegeben, welche Feld- und Laboransatz kombiniert und als Longitudinalstudie durchgeführt hat.

Die Schulkinderstudie um den Flugplatz von Los Angeles (COHEN et al. [29], COHEN et al. [35]) hat deutlich gemacht, daß die in Laborstudien gefundenen kognitiven und motivationalen Veränderungen über ein Jahr stabil geblieben sind und daß sich keine Zeichen einer Anpassung mit der Zeit ergeben haben. Diese Studie hat auch nachgewiesen, daß eine Lärmdoppelbelastung (Wohnung und Schule) einen verstärkten Effekt hat, der auch durch eine Lärmminderung in der Schule (von 79 auf 63 dB(A)) über ein Jahr nicht mehr wettgemacht worden ist. Dasselbe Ergebnis hat sich auch für den Blutdruck gezeigt. Kinder aus nicht lärmbelasteten Wohnungen haben hingegen von der Lärmminderung in der Schule profitiert.

Andere Studien, welche Wiederholungsmessungen der Belästigung nach einer bestimmten Zeit durchgeführt haben (JONSSON/SÖRENSEN [110], VALLET et al. [222], WEINSTEIN [237], LERCHER [146]) haben ein Gleichbleiben oder einen Anstieg der angegebenen Belästigung ergeben.

CLARK [28] hat in einer Übersicht zu Gesundheitswirkungen durch Lärm die These vertreten, daß Belästigungsäußerungen ein wesentlicher Bestandteil der Anpassungsreaktion seien, welche die Aufgabe haben noch stärkere Auswirkungen auf die menschliche Gesundheit zu verhindern. Eine Mißachtung dieser Äußerungen kann langfristig über chronische Fehlregulationen durch zu hohe Adaptationskosten die Gesundheit gefährden.

Aus dieser Sichtweise wird auch verständlich, warum gerade die "Unbelästigten" in der Transitstudie den höchsten Blutdruck aufweisen und die "Verdränger" in der holländischen Studie (PULLES et al. [177]) mehr allgemeine Gesundheitsprobleme zeigen.

Belästigungsreaktionen stellen einen Versuch zur Wiederherstellung eines akzeptablen Zustands dar (WEINSTEIN [237]).

Wenn Äußerungen von Belästigung nach längerer Zeit der Belastung verschwinden, darf dies nicht vorschnell als Zeichen geglückter Anpassung fehlgedeutet werden, sondern muß als Übergang in eine Situation der Hoffnungslosigkeit gesehen werden (WEINSTEIN [237], COHEN et al. [29]), welche für sich selbst einen Risikofaktor für die Gesundheit darstellt (SELIGMAN [199]).

3.5.8 Wirkungen unterschiedlicher Lärmquellen

Wir haben uns in den vorigen Kapiteln bereits mit Daten über die unterschiedlichen Charakteristika von Schallquellen auseinandergesetzt.

SCHULTZ [197] hat in einer großen Anstrengung eine Zusammenfassung vorliegender Studien aus den 60er und frühen 70er Jahren gemacht und eine "universale" Lärm-Belästigungskurve auf der Basis der "stark Belästigten" errechnet (Abb. 3.24). Die Berechnung beinhaltet einen Nachtzuschlag von 10 dB für die erhöhte Lästigkeit (22 Uhr bis 7 Uhr). Diese Dosis-Wirkungskurve sollte Gutachtern und anderen für den Lärmschutz Verantwortlichen Entscheidungshilfe bieten und eine Vereinheitlichung von legistischen Maßnahmen in die Wege leiten.

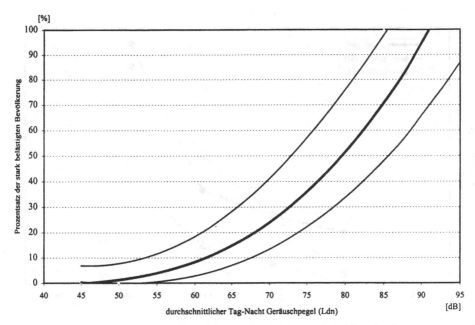

Abb. 3.24: Dosis-Wirkungskurve aus den wichtigsten sozialwissenschaftlichen Studien zur Lärmstörung

Diese Vorgangsweise ist von vielen Autoren (KRYTER [132], FIELDS/WALKER [52], HALL [86], ROHRMANN [183], GUSKI [79]) kritisiert worden. FIELDS und WALKER [52] haben 40 Gründe angeführt, warum eine einheitliche Darstellung methodisch und inhaltlich problematisch ist. ROHRMANN [183] und GUSKI [79] kritisieren aus sozialwissenschaftlicher Sicht vor allem die ausschließliche Verwendung der "stark Belästigten", welche zu Fehleinschätzungen bezüglich der Gesamtbelästigung einer Bevölkerung führen kann.

LERCHER [146] hat einen Vergleich der Schultz-Kurve mit neueren Ergebnissen aus einer großen kanadischen und einer österreichischen Verkehrslärmstudie gemacht, welche auch ländliche Gebiete einbezogen hat (Abb. 3.25) und ist zu der Auffassung gekommen, daß es problematisch sei, Ergebnisse aus verschiedenen Jahrzehnten zu vergleichen.

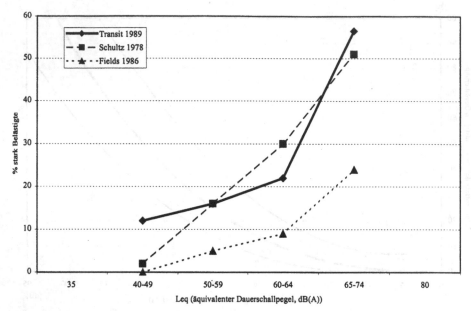

Abb. 3.25: Lärm und Belästigung; Transitstudie - Vergleichsstudien

FIDELL [51] hält die Kurve grundsätzlich für sinnvoll, glaubt aber, daß sie für eine Reihe von Umständen zu falschen Aussagen führt:

- wenn die Energieäquivalenzmethode (L_{eq}) die zeitliche Struktur des Schalls nicht richtig bewertet
- bei impulshaltigen Geräuschen
- bei mittelstarker und geringer Schallstärke, wenn der Hintergrundpegel sehr niedrig liegt
- bei Lärmquellen mit besonderen Charakteristika

In den letzten Jahren sind deshalb viele Studien der Frage gewidmet worden, wie weit sich die verschiedenen Quellen in ihrer Belästigungswirkung unterscheiden (DE JONG [37]). Um eine schnelle Anwendbarkeit für die Praxis zu garantieren, hat FIELDS [54] als Ziel formuliert, die unterschiedliche Wirkung in Dezibel-Äquivalenten anzugeben, welche dann als Zuschläge für die konkreten Situationen herangezogen werden könnten. Diese Angaben sind jedoch erst für wenige Lärmarten verfügbar und eine einheitliche Methodik ist noch nicht verwendet worden.

KASTKA [116] hat einen Vergleich von vier Schallquellen durchgeführt und hat eine aufsteigende Lästigkeit in folgender Reihenfolge gefunden:

- Schienenlärm störte am geringsten
- innerörtlicher Straßenverkehrslärm
- Autobahnlärm
- Betriebslärm

Die Belästigungsunterschiede sind vor allem mit dem unterschiedlichen zeitlichen Verlauf der Schallereignisse erklärt worden. Schienenlärm und innerörtlicher Straßenverkehrslärm weisen mehr Ruhepausen auf als Autobahn- oder Betriebslärm.

Um der besonderen Charakteristik von Gewerbe- und Baulärm gerecht zu werden, ist in Deutschland das Takt-Maximal-Verfahren entwickelt worden, in welchem über die Maximalpegel in einem 5 - 30 Sekundenintervall gemittelt wird.

Insgesamt gibt es sehr wenige systematische Studien zur Belästigungswirkung durch Industrie- und Gewerbelärm. In der Übersichtskurve von SCHULTZ [197] ist keine einzige Industrielärmuntersuchung eingearbeitet, weshalb die Dosis-Wirkungsbeziehung für gewerberechtliche Verfahren wenig brauchbar ist.

GYR und GRANDJEAN [81] haben in einer Belästigungsstudie verschiedener Industrielärmquellen (37 - 68 dB(A)) vor allem den Maschinenlärm, Ventilationssysteme und den Kraftfahrzeugverkehr mit seinen Lade- und Rangieraktivitäten als besonders belästigende Lärmquellen gesehen. Sie haben ferner nachgewiesen, daß die Belästigungswirkung in den Abendstunden deutlich erhöht ist und kommen zu der Schlußfolgerung, daß Industrielärm über 50 dB(A) während des Tages und über 40 dB(A) während der Abendstunden und der Nacht bereits zu einem kritischen Belästigungsanstieg in der Nachbarschaft führt.

SESHAGIRI [201] hat einen deutlichen Anstieg der Belästigung durch industrielle Geräusche gefunden, wenn der impulsgewichtete Lärmpegel 55 dB(A) überschreitet.

Eine frühere amerikanische Studie (USEPA [219]), welche die Belästigung der Nachbarschaft durch fünf verschiedene industrielle Lärmquellen mit $L_{A,eq}$ Pegeln zwischen 39 und 63 dB(A) erhoben hat, hat nachgewiesen, daß es vor allem die unangenehmen Charakteristika verschiedener Geräusche gewesen sind, die die stärkste Belästigung hervorgerufen haben.

FINKE et al. [55] haben in Hamburg für Industriegeräusche eine stärkere Belästigungsreaktion als für Straßenverkehrslärm, besonders für die Störung der Kommunikation und der Entspannung gefunden.

GUSKI [78] hat eine Auswertung von Gewerbelärm-Beschwerdebriefen durchgeführt. In den Beschwerden wird vor allem über den Lärm von Verbrennungsmotoren, Maschinen und quietschenden, brummenden und impulshaltigen (Hämmern, Poltern) Geräuschen anderer Art geklagt. Die Uhrzeit, wo die größte Störung empfunden worden ist war zwischen 6 und 7 Uhr und zwischen 22 und 23 Uhr (Abb. 3.26).

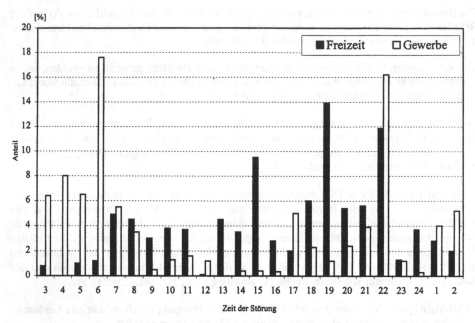

Abb. 3.26: Gewerbelärm - Beschwerdebriefe

Schienenlärm ist in den meisten Untersuchungen als Lärm mit insgesamt geringerer Belästigungwirkung nachgewiesen worden (FIELDS/WALKER [52], HALL [86], MÖHLER et al. [156], SCHUEMER/SCHUEMER-KOHRS [196]). Ein Malus liegt einzig für die Störungswirkung der Kommunikation vor. Im Gesamturteil hat sich gegenüber Straßenverkehrslärm ein Bonus zwischen 0 und 10 dB, in Abhängigkeit von Tageszeit, Pegelstärke und Zugsfrequenz ergeben. Züge mit Dieselantrieb haben jedoch eine ca. 13 dB stärkere Belästigungsreaktion hervorgerufen als Züge mit Elektroantrieb (FIELDS [54]). Derselbe Autor hat auch einen 4 dB-Unterschied zwischen Stadt und Land gefunden.

In einer umfassenden österreichischen Studie zur Entwicklung von Qualitätskriterien für Schienenlärm haben HAIDER et al. [82] diese Ergebnisse integriert und kommen zu folgenden Empfehlungen: Ein allgemeiner Schienenbonus von 5 dB wird unter Voraussetzungen gewährt, die in Tab. 3.10 wiedergegeben sind. Sind die Voraussetzungen nicht erfüllt, schrumpft der Bonus gegen Null.

SCHIENENBONUS VON 5 dB UNTER FOLGENDEN VORAUSSETZUNGEN

Die Immissionspegel sind sowohl im Tag- wie im Nachtbezugszeitraum niedriger als $L_{A,eq}$ 70 dB (gemessene oder gerechnete Werte ohne Bonus).

Oberhalb von $L_{A,eq}$ 70 dB zeigen die Forschungsergebnisse eine Abnahme des Bonus für Schienenverkehrslärm.

Der Bonus ist daher ab diesem Pegel zu verringern und zwar um je 1 dB für 1 dB Pegelzunahme, sodaß er bei 75 dB Immissionspegel auf Null abgesunken ist.

Die Anzahl der Zugsvorbeifahrten beträgt im Jahresdurchschnitt nicht mehr als 80 Ereignisse pro Nacht-Bezugszeitraum bzw. 160 Ereignisse pro Tag-Bezugszeitraum.

Bei höheren Ereignishäufigkeiten als 10 pro Stunde sinkt die mittlere Pausenzeit zwischen zwei Ereignissen so weit ab, daß die Erholungsmöglichkeit zwischen zwei Ereignissen eingeschränkt wird.

Für jeweils 8 über 80 Ereignisse pro Nachtzeitraum hinausgehende Durchfahrten ist 1 dB vom Bonus abzuziehen, sodaß dieser bei 120 Durchfahrten im Nachtzeitraum auf Null abgesunken ist (Lokzüge bleiben unberücksichtigt).

Für jeweils 16 über 160 Ereignisse pro Tagzeitraum hinausgehende Durchfahrten ist 1 dB vom Bonus abzuziehen, sodaß dieser bei 240 Durchfahrten im Tagzeitraum auf Null abgesunken ist (Lokzüge bleiben unberücksichtigt).

Das energetische Mittel der $L_{A,max}$-Werte der einzelnen Durchfahrten (jeweils für den Tag- und den Nachtbezugszeitraum getrennt berechnet) überschreitet den Wert von 90 dB nicht.

Damit soll sichergestellt werden, daß die Reaktionen auf die Schallereignisse unterhalb des Bereiches möglicher vegetativer Übersteuerungen bleiben.

Tab. 3.10: Voraussetzungen für Schienenbonus

KRYTER [131], [132] hat immer wieder nachzuweisen versucht, daß Fluglärm eine stärkere Belästigung hervorruft als Verkehrslärm auf ebener Erde. Auf Basis seiner Analysen hat er einen Belästigungsüberschuß für Fluglärm, der einem ca. 10 dB geringeren Stadtstraßenlärm entspricht errechnet.

Die Analysen von FIELDS/WALKER [52] haben ebenfalls eine stärkere Lästigkeit für Fluglärm im Vergleich mit Straßen- und Schienenlärm ergeben. Der Unterschied ist jedoch nicht so groß gewesen.

RICE [180] hat die Belästigungsreaktionen an verschiedenen Flugplätzen verglichen und sieht in der Anzahl der Flugbewegungen pro Flugplatz die entscheidende Determinante des Belästigungsausmaßes. TAYLOR et al. [213] sind zum selben Schluß in ihrer Studie kanadischer Flufhäfen gekommen.

ROHRMANN et al. [183] haben eine ausgeprägtere Belästigung durch Fluglärm bei Störung der Kommunikation und Rekreation, nicht jedoch für Schlafstörungen gefunden.

Die größere Belästigung durch Fluglärm wird von LANGDON [141] mit der allseitigen Belastung durch Lärm von oben, der man nur schwer ausweichen könne und der zusätzlichen Angst vor Flugzeugabstürzen, erklärt.

Aus neueren holländischen Studien ergeben sich nach DE JONG [37] niedrigere Belästigungen für Zug- ,Tram- und Stadtstraßenverkehr und höhere Belästigungen für Flug-

und Autobahnlärm (Abb. 3.27). Die stärkste Belästigungsreaktion ergibt sich danach für Impulslärm (Abb. 3.28).

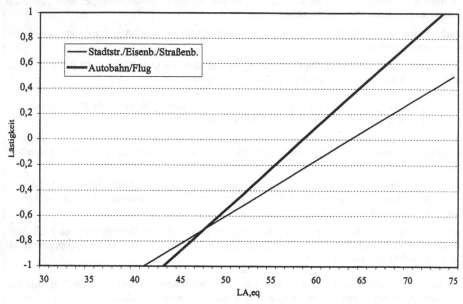

Abb. 3.27: Belästigung verursacht durch Stadtstraße/Eisenbahn/Straßenbahn und Autobahn/Fluglärm

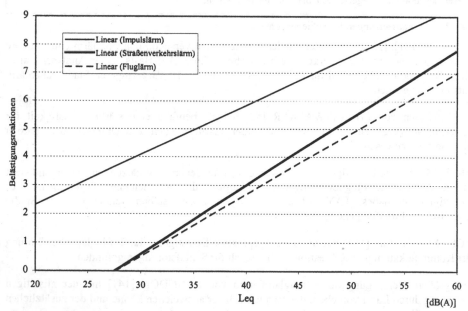

Abb. 3.28: Mittlere Belästigung als Funktion des A-bewerteten Leq für drei verschiedene Geräusche Die geraden Linien stellen die linearen Regressionsfunktionen dar.

Diese Ergebnisse werden auch von anderen Impulslärmstudien bestätigt (VOS und SMOORENBURG [229], RICE [81], SCHOMER [195], VOS [230], VOS/GEURTSEN [228], VOS [232], RICE [82]). Drei wesentliche Schlußfolgerungen aus diesen Studien sind:

Der übliche Zuschlag von 5 dB (ISO R 1996 [97], ÖAL-RICHTLINIE NR.3 [163]) ist für die meisten Situationen nicht ausreichend. Für Schießlärm ergeben sich Unterschiede bis zu 15 dB, für militärisches Artilleriefeuer sogar noch größere. Für impulshaltigen Industrielärm zeigt sich ein 11 dB-Unterschied im Vergleich mit kontinuierlichem Industrielärm ohne spezifische Charakteristika.

Die Dosis-Wirkungskurven der Belästigung zeigen sich stark pegelabhängig. Tendenziell ist der Belästigungszuschlag bei kleineren Schallpegeln höher. Nur bei Industrielärm nimmt der Lästigkeitsüberschuß mit der Pegelstärke zu.

Das übliche Kriterium für Impulslärm (CEC [25] oder ÖAL-RICHTLINIE NR. 3 [163]) ist in vielen Fällen nicht in der Lage die Impulshaltigkeit von Geräuschen richtig wiederzugeben.

Diese Ergebnisse haben gezeigt, daß Lärm nicht gleich Lärm ist und individuell betrachtet werden muß. Insbesondere für Industrie- und Gewerbelärm sind Detailanalysen angebracht, um die Lästigkeit adäquat beurteilen zu können.

3.6 Literatur

[1]   ABEY-WICKRAMA I., A'BROOK M.F., GATTONI F.E.G., HERRIDGE C.F.: Mental hospital admissions and aircraft noise. Lancet 1969; 2: 1275-1277.

[2]   ALTENA K., BIESIOT W., VAN BREDERODE N.E. et al.: Environmental noise and health description of data, models and methods used and results of the epidemiological surveys. Ministerie van Volkshuisvesting, Ruimtelijke Ordening en Milieubeheer, GA-DR-03-01. Leidschendam, 1988.

[3]   ALTENA K.: Noise, interruption of sensorimotor rhythms during sleep or wakefulness and adverse effects on health. In: BERGLUND B., LINDVALL T., Eds. Noise as a public health problem, Vol 5. Stockholm: Swedish Council for Building Research, 1990: 393-401.

[4]   ANDERSON N.H.: Foundations of information integration theory. New York: Academic Press, 1981.

[5]   ANDO Y., HATTORI H.: Effects of noise on human placental lactogen (HPL) levels in maternal plasma. British J of Obstetrics and Gynaecology 1977; 84: 115-118.

[6]   ANDO Y., HATTORI H.: Statistical studies on the effects of intense noise during human fetal life. J Sound Vib 1973; 27: 101-110.

[7]   ANDRÉN L., HANSSON L., BJÖRKMAN M. et al. Noise as a contributory factor in the development of elevated arterial pressure. Acta Med Scand 1980; 207: 493-498.

[8]   ATHERLEY G.R.C., GIBBONS S.L., POWELL J.A.: Moderate acoustic stimuli: The interrelation of subjective importance and certain physiological changes. Ergonomics 1970; 13: 536-545.

[9]   BABISCH W., ELKE J.U., GOOSSENS C. et al.: Beeinflussung der zeitweiligen Hörschwellenverschiebung (TTS) durch psychologische Faktoren. Z Lärmbekämpf 1985; 32: 2-8.

[10]   BABISCH W., ELWOOD P.C., ISING H., KRUPPA B.: Verkehrslärm als Risikofaktor für Herzinfarkt. In: ISING H., KRUPPA B., Hrsg. Lärm und Krankheit - Noise and Disease. Schriftenreihe des Vereins für Wasser-, Boden- und Lufthygiene Bd 88. Stuttgart: Fischer, 1993: 135-157.

[11]   BERANEK L.L.: The design of speech communication systems. Proc Inst Radio Eng 1947; 35: 880-890.

[12]   BERGLUND B., BERGLUND U., GOLSTEIN M., LINDVALL T.: Loudness (or annoyance) summation of combinded community noises. J Acoust Soc Am 1981; 70: 1628-1634.

[13]   BLAUERT J.: Räumliches Hören. Stuttgart: Hirzel, 1974.

[14]   BORBÉLY A.: Das Geheimnis des Schlafes. Stuttgart: Deutsche Verlags-Anstalt, 1984.

[15]   BOSSHARDT H.G.: Subjektive Realität und konzeptuelles Wissen. Sprachpsychologische Untersuchungen zum Begriff der Belästigung durch Lärm. Münster: Aschendorff, 1988.

[16]   BRADLEY J.S., JONAH B.A.: The effects of site selected variables on human responses to traffic noise, Part I: Type of housing by traffic noise level. J Sound Vib 1979; 66: 589-604.

[17]   BRADLEY J.S., JONAH B.A.: The effects of site selected variables on human responses to traffic noise, Part II: Road type by socio-economic status by traffic noise level. J Sound Vib 1979; 67: 395-407.

[18]   BRADLEY J.S, JONAH B.A.: The effects of site selected variables on human responses to traffic noise, Part III: Community size by socio-economic status by traffic noise level. J Sound Vib 1979; 67: 409-423.

[19]   BRITTAIN F.H.: The loudness of continuous spectrum noise and its application to loudness measurements. J Acoust Soc Am 1939; 11; 113-117.

[20]   BROADBENT D.E.: Decision and Stress. London: Academic Press, 1971.

[21]   BROADBENT D.E.: Human performance and noise. In: Harris CM, Ed. Handbook of Noise Control. New York: McGraw-Hill, 1979: 17.1-17.20.

[22]   BROWN A.L., HALL A., KYLE-LITTLE J.: Response to a reduction in traffic noise exposure. J Sound Vib 1985; 98: 235-246.

[23]   BROWN A.L.: Responses to an increase in road traffic noise. J Sound Vib 1987; 117: 69-79.

[24]   BÜRCK W.: Lärm. Der Mensch und seine akustische Umgebung. In: Schmidtke H, Hrsg. Ergonomie 2. München: Hauser, 1974: 174-193.

[25]   CEC.: Method of determining airborne noise emitted by machines used outdoors. Official Journal of the European Communities Directive 1979; 79/113/EED, No. L 33/15-29.

[26]   CEDERLÖF R., JONSSON E., KAJLAND A.: Annoyance reactions to noise from motor vehicles - an experimental study. Acoustica 1963; 13: 270-279.

[27]   CEDERLÖF R., JONSSON E., SÖRENSEN S.: On the influence of attitudes to the source of annoyance reactions to noise. Nord Hyg Tidsk 1967; 48: 16-59.

[28]   CLARK C.R.: The effects of noise on health. In: JONES D.M., CHAPMAN A.J., Eds. Noise and Society. Chichester: Wiley, 1984: 111-124.

[29]   COHEN S., EVANS G.W., STOKOLS D. et al.: Behavior, health and environmental stress. New York, London: Plenum Press, 1986.

[30]   COHEN S., GLASS D.C., SINGER J.E.: Apartment noise, auditory discrimination and reading ability in children. J Exp Soc Psychol 1973; 9: 407-422.

[31]   COHEN S., LEZAK A.: Noise and inattentiveness to social cues. Environment and Behavior 1977; 9: 559-572.

[32]   COHEN S., SCAPACAN S.: The social psychology of noise. In: JONES D.M., CHAPMAN A.J., Eds. Noise and society. Chichester: Wiley, 1984: 221-245.

[33]   COHEN S., SPACAPAN S.: The social psychology of noise. In: JONES D.M., CHAPMAN A.J., Eds. Noise and Society. Chichester: Wiley, 1984: 221-246.

[34]   COHEN S., WEINSTEIN N.D.: Nonauditory effects on noise on behavior and health. Journal of Social Issues 1981; 37: 36-70.

[35]   COHEN S.: After effects of stress on human performance and social behavior: A review of research and theory. Psychol Bulletin 1980; 88: 82-108.

[36]   COHEN S.: Environmental load and the allocation of attention. In: BAUM A., SINGER J.E., VALINS J., Eds. Advances in Environmental Psychology, Vol I: The urban environment. Hillsdale, N.J.: Erlbaum, 1978

[37]   DE JONG R.G.: Review of research developments in community response to noise. In: BERGLUND B., LINDVALL T., Eds. Noise as a Public Health Problem, Vol 5. Stockholm: Swedish Council for Building Research, 1990: 99-113.

[38]   DE JONG R.G.: Review: Extraaural health effects of aircraft noise. In: ISING H., KRUPPA B., Hrsg. Lärm und Krankheit - Noise and Disease. Schriftenreihe des Vereins für Wasser-, Boden- und Lufthygiene Bd 88. Stuttgart: Fischer, 1993: 259-270.

[39]   DEUTSCHE FORSCHUNGSGEMEINSCHAFT: Aircraft noise effects. An interdisciplinary study on the effects of aircraft noise on man. Boppard, W. Germany: Boldt, 1974.

[40]   DIAMOND I.D., RICE C.G.: Models of community reaction to noise from more than one source. In: KOELEGA H.S., Ed. Environmental annoyance: Characterization, measurement, and control. Amsterdam: Elsevier, 1987: 301-312.

[41]   DIN 45 631. Berechnung des Lautstärkepegels aus dem Geräuschspektrum. Verfahren nach Zwicker. Berlin: Beuth, 1967.

[42]   DONNER R., DOPPLER U., HAIDER M. et al.: Lästigkeits- und Lautheitseinstufungen bei Hörermüdung und deren Rückbildung unter verschiedenen Lärmbelastungen. Soz Präventivmed 1980; 25: 110 ff.

[43]   DUBOS R.: Man Adapting. New Haven: Yale University Press, 1965.

[44]   EBERHARDT J.L., STRÅLE L.O., BERLIN M.H.: The influence of continous and intermittent traffic noise on sleep. J Sound Vib 1987; 116: 445-464.

[45]   EDMONDS L.D., LAYDE P.M., ERICKSON J.D.: Airport noise and teratogenesis. Arch Environ Health 1979; 34: 243-274.

[46] ELWOOD P.C., ISING H., BABISCH W.: Traffic noise and cardiovascular disease: The Caerphilly and Speedwall studies. In: ISING H., KRUPPA B., Hrsg. Lärm und Krankheit - Noise and Disease. Schriftenreihe des Vereins für Wasser-, Boden- und Lufthygiene Bd 88. Stuttgart: Fischer, 1993: 128-134.

[47] FASTL H.: Beurteilung und Messung der wahrgenommenen äquivalenten Dauerlautheit. Z Lärmbekämpf 1991; 38; 98-103.

[48] FASTL H.: Gehörbezogene Lärmmessverfahren. In: Institut für Elektroakustik, Ed. Fortschritte der Akustik, DAGA '88. München, 1988: 111-123.

[49] FASTL H.: Psychoakustik I + II. In: Bundesministerium für Umwelt, Jugend und Familie, Österreichischer Arbeitsring für Lärmbekämpfung, Hrsg. Seminar Psychoakustik: Gehörbezogene Lärmbewertung - Grundlagen, Theorie und Praxis. Wien, 1993: o. S.

[50] FIDELL S., SILVATI L.: An assessment of the effect of residential acoustic insulation on prevalence of annoyance in airport community. J Acoust Soc Am 1991; 89: 244-247.

[51] FIDELL S.: Community response to noise. In: JONES D.M., CHAPMAN A.J., Eds. Noise and Society. Chichester: Wiley, 1984: 247-278.

[52] FIELDS J.M., WALKER J.G.: Comparing the relationships between noise level and annoyance in different surveys: A railway noise vs. aircraft and road traffic comparison. J Sound Vib 1982; 81: 51-80.

[53] FIELDS J.M.: Effect of personal and situational variables on noise annoyance: With special reference to implications for en route noise. Washington DC: Office of Environment and Energy/US Department of Transportation, Federal Aviations Administration/NASA, 1992.

[54] FIELDS J.M.: Policy-related goals for community response studies. In: BERGLUND B., LINDVALL T., Eds. Noise as a Public Health Problem, Vol 5. Stockholm: Swedish Council for Building Research, 1990: 115-134.

[55] FINKE H.O., GUSKI R., ROHRMANN B.: Betroffenheit einer Stadt durch Lärm: Bericht über eine interdisziplinäre Untersuchung. Berlin: UBA, 1980.

[56] FLEISCHER G.: Argumente für die Berücksichtigung der Ruhe in der Lärmbekämpfung. Kampf dem Lärm 1978; 25: 69-74.

[57] FLEISCHER G.: Lärm - der tägliche Terror: Verstehen - Bewerten - Bekämpfen. Stuttgart: Trias, 1990.

[58] FLEISCHER G.: Meßverfahren kontra Ruhe. Z Lärmbekämpf 1980; 27: 153-159.

[59] FRANKENHAEUSER M., LUNDBERG U.: The influence of cognitive set on performance and arousal under different noise loads. Motiv Emotion 1977; 1: 139-149.

[60] FRENCH N.R., STEINBERG J.C.: Factors governing the intelligibility of speech sounds. J Acoust Soc Am 1947; 19: 90-119.

[61] FRUHSTORFER B., FRUHSTORFER H., GRASS P.: Daytime noise and subsequent night sleep in man. European Journal of Applied Physiology 1984; 53: 159-163.

[62] FRUHSTORFER B., PRITSCH M.G., FRUHSTORFER H.: Effects and after-effects of daytime noise load. In: BERGLUND B., LINDVALL T., Eds. Noise as a public health problem, Vol 5. Stockholm: Swedish Council for Building Research, 1990: 81-91.

[63] GANG M.J., TEFT L.: Individual differences in heart-rate responses to affective sound. Psychophysiology 1975; 12: 423-426.

[64] GATTONI F.E.G., TARNOPOLSKY A.: Aircraft noise and psychiatric morbidity. Psychol Med 1973; 3: 516-520.

[65] GENUIT K.: Gehörgerechte Schallmeßtechnik. In: Bundesministerium für Umwelt, Jugend und Familie, Österreichischer Arbeitsring für Lärmbekämpfung, Hrsg. Seminar Psychoakustik: Gehörbezogene Lärmbewertung - Grundlagen, Theorie und Praxis. Wien, 1993: o. S.

[66] GENUIT K.: Kunstkopf-Meßtechnik - Ein neues Verfahren zur Geräuschdiagnose und Analyse. Z Lärmbekämpf 1988; 35: 103-108.

[67] GLASAUER H.: Städtische Verkehrsbelastung und die Betroffenheit der sozialen Schichten. Internationales Verkehrswesen 1991; 43: 37-42.

[68] GLASS D.C., SINGER J.E.: Urban stress: Experiments on noise and social stressors. New York: Academic Press, 1972.

[69] GLÜCK K.: Zur monetären Bewertung volkswirtschaftlicher Kosten durch Lärm. In: UBA, Hrsg. Kosten der Umweltverschmutzung. Berichte des Umweltbundesamtes. Berlin, 1986: 187 ff.

[70] GOTTLOB D.: Effects of transportation noise on man. In: Proceedings Internoise '85 Vol II. Dortmund: Bundesanstalt für Arbeitsschutz, 1985: 925-928.

[72] GRANDJEAN E., GRAF P., LAUBER A. et al.: Survey on the effects of aircraft noise around three civil airports in Switzerland. In: KERLIN R.L., Ed. Proceedings Internoise 76. Washington DC: Institute for Noise Control Engineering, 1976: 85-90.

[72] GRIEFAHN B.: Grenzwerte vegetativer Belastbarkeit: Zum gegenwärtigen Stand der psychophysiologischen Lärmforschung. Z Lärmbekämpf 1982; 29: 131-136.

[73]   GRIEFAHN B.: Research on Noise and Sleep: Present State. In: BERGLUND B., LINDVALL T., Eds.
Noise as a Public Health Problem, Vol 5. Stockholm: Swedish Council for Building Research, 1990:
17-20.
[74]   GRIEFAHN B.: Schlafverhalten und Geräusche. Stuttgart: Enke, 1985.
[75]   GRIFFITHS I.D., RAW G.J.: Adaptation to changes in traffic noise exposure. J Sound Vib 1989; 132:
331-336.
[76]   GRIFFITHS I.D., RAW G.J.: Community and individual response to changes in traffic noise exposure.
J Sound Vib 1986; 111: 209-217.
[77]   GUSKI R., BOSSHARDT H-G.: Gibt es eine "unbeeinflußte" Lästigkeit? Z Lärmbekämpf 1992; 39:
67-74.
[78]   GUSKI R.: Inhaltsanalytische Untersuchungen zu Freizeit- und Gewerbelärm-Beschwerden. Z
Lärmbekämpf 1989; 36: 66-72.
[79]   GUSKI R.: Lärm: Wirkungen unerwünschter Geräusche. Bern: Huber, 1987.
[80]   GUSKI R.: Lärmwirkungen aus der Perspektive der ökologischen Psychologie. In: Poustka F, Hrsg. Die
physiologischen und psychischen Auswirkungen des militärischen Tiefflugbetriebs. Bern: Huber, 1991:
13-29.
[81]   GYR S., GRANDJEAN E.: Industrial noise in residential areas: Effects on residents. Int Arch Occup
Environ Health 1984; 53: 219-231.
[82]   HAIDER M., KOLLER M., STIDL H-G.: Qualitätskriterien für Schienenverkehrslärm und
Erschütterungen bei Vollbahnen, Teil 1: Lärm - Kombinationswirkungen von Lärm und
Erschütterungen. Forschungsarbeiten aus dem Verkehrswesen Bd 36/1. Wien: Bundesministerium für
öffentliche Wirtschaft und Verkehr, 1992.
[83]   HAIDER M., KOLLER M.: Gesundheitsschäden durch Lärm. Acta med Austriaca 1984; 11: 161-164.
[84]   HAIDER M., KUNDI M., GROLL-KNAPP E. et al.: Interactions between noise and air pollution. In:
Berglund B, Lindvall Th, Eds. Noise as a public health problem, Vol 5. Stockholm: Swedish Council
for Building Research, 1990: 233-246.
[85]   HAIDER M.: Leitfaden der Umwelthygiene. Bern: Huber, 1974.
[86]   HALL F.L.: Community response to noise: Is all noise the same? J Acoust Soc Am 1984; 76: 1161-
1168.
[87]   HELSON H.: Adaptation-level theory. New York: Harper & Row, 1964.
[88]   HENDERSON D., HAMERNIK R.P.: Impulse noise: Critical review. J Acoust Soc Am 1986; 80: 569-
584.
[89]   HENRY J.P., STEPHENS P.M.: Stess, health and the social environment: a sociobiologic approach to
medicine. Heidelberg: Springer 1977.
[90]   HÖGER R., GREIFENSTEIN P.: Zum Einfluß der Größe von Lastkraftwagen auf deren
wahrgenommene Lautheit. Z Lärmbekämpf 1988; 35: 128-131.
[91]   HÖGER R., LINZ L.: Subjektive Reizintergration zeitlich verteilter Schallereignisse. Z Lärmbekämpf
1992; 39: 140-144.
[92]   HÖGER R., MATTHIES E., LETZING E.: Physikalische versus psychologische Reizintegration: Der
Mittelungspegel aus wahrnehmungspsychologischer Sicht. Z Lärmbekämpf 1988; 35: 163-167.
[93]   HOWARTH H.V.C., GRIFFIN M.J.: The annoyance caused by simultaneous noise and vibration. J
Acoust Soc Am 1991; 89: 2317-2323.
[94]   ISING H., KRUPPA B., Hrsg. Lärm und Krankheit - Noise and Disease. Schriftenreihe des Vereins für
Wasser-, Boden- und Lufthygiene Bd 88. Stuttgart: Fischer, 1993.
[95]   ISING H.: Streßreaktionen und Gesundheitsrisiko bei Verkehrslärmbelastung WaBoLu-Berichte
2/1983. Berlin: Reimer, 1983.
[96]   ISO 532 B: Method for calculating loudness level. 1975.
[97]   ISO. Description and measurement of environmental noise - Part 2. Guide to the acquisition of data
pertinent to land use. ISO 1996-2: 1987.
[98]   IZUMI K.: Annoyance due to mixed source noises - a laboratory study and field survey on the
annoyance of road traffic and railroad noise. J Sound Vib 1988; 127: 485-489.
[99]   JANSEN G., GRIEFAHN B., GROS E., REHM S.: Methodische Überlegungen zur Aussagefähigkeit
der Fingerpulsamplitudenmessung im Rahmen der psychophysiologischen Diagnose von
Lärmwirkungen. Z Lärmbekämpf 1981; 28: 95-104.
[100]   JANSEN G., GROS E.: Non-auditory effects of noise: Physiological and psychological effects. In:
SÁENZ L., STEPHENS R.W.B., Eds. Noise pollution. Chichester: SCOPE, 1986: 225-248.
[101]   JANSEN G., REHM S., GROS E.: Untersuchungen zur Frage der Lärmempfindlichkeit. Z
Lärmbekämpf 1980; 27: 9-12.
[102]   JANSEN G., REY P.: Der Einfluß der Bandbreite eines Geräusches auf die Stärke vegetativer
Reaktionen. Int Z Angew Physiol Einschl Arbeitsphysiol 1962; 19: 209-217.
[103]   JANSEN G., SCHWARZE S.: Extraaurale Lärmwirkungen. In: Konietzko J, Dupuis H, Eds. Handbuch
der Arbeitsmedizin, Kap III-4.2. Landsberg: Ecomed, 1989: 1-14.

[104] JANSEN G.: Effects of noise on physiological state. American Speech and Hearing Association Reports 1969; No 4: 89-98.

[105] JANSEN G.: Zur "erheblichen Belästigung" und "Gefährdung" durch Lärm. Z Lärmbekämpf 1986; 33: 2-7.

[106] JENKINS L., TARNOPOLSKY A., HAND D.: Psychiatric admissions and aircraft noise from London Airport: four-year, three-hospitals study. Psychol Med 1981; 11: 765-782.

[107] JOB R.S.F.: Community response to noise: A review of factors influencing the relationship between noise exposure and reaction. J Acoust Soc Am 1988; 83: 991-1000.

[108] JONES F.N., TAUSCHER J.: Residence under an airport landing pattern as a factor in teratism. Arch Environ Health 1978; 33: 10-12.

[109] JONSSON E., KAJLAND A., PACCAGNELLA B., SÖRENSEN S.: Annoyance reactions to traffic noise in Italy and Sweden. Arch Environ Health 1969; 19: 692-699.

[110] JONSSON E., SÖRENSEN S.: Adaptation to community noise - a case study. J Sound Vib 1973; 26: 571-575.

[111] JONSSON E., SÖRENSEN S.: On the influence of attitudes to the source on annoyance reactions to noise. Nord Hyg Tidsk 1967; 48: 35-45.

[112] JÜRRIENS A.A., GRIEFAHN B., KUMAR A. et al.: An essay in European research collaboration: Common results from the project on traffic noise and sleep in the home. In: ROSSI G., Ed. Noise as a Public Health Problem. Milano: Edizione technice a cura del Centro Ricerche e Studi Amplifon, 1983: 929-937.

[113] KASTKA J., BUCHTA E., PAULSEN R., SCHLIPKÖTER H-W.: Untersuchung über die Störwirkung von Verkehrslärm in Abhängigkeit von der Straßengattung, dem Charakter des Gebiets und der vorhandenen Geräuschbelastung. Forschungsbericht, Bundesminister für Verkehr. Düsseldorf, 1978.

[114] KASTKA J. et al.: Langzeituntersuchung über die Wirkung von Lärmschutzwänden und Lärmschutzwällen. Abschlußbericht FE 03.189 R87M, im Auftrag des Bundesministers für Verkehr. Düsseldorf: MIU 1990.

[115] KASTKA J., HANGARTNER M.: Machen häßliche Straßen den Verkehrslärm lästiger? Eine umweltpsychologische Analyse zum Einfluß architektonisch gestalterischer Elemente auf die Störwirkung von Verkehrslärm auf die Anwohner. Arcus 1986; 1: 23-9.

[116] KASTKA J., PAULSEN R.: Felduntersuchungen zur Wirkung von Lärm und Erschütterungen für verschiedene Quellen. In: Deutsche Physikalische Gesellschaft, Hrsg. Fortschritte der Akustik - DAGA '91. Bad Honnef: DPG GmbH, 1991: 441-444.

[117] KISTLER E.: Beziehungen zwischen Verkehrslärm und Sozialstruktur von Wohngebieten an Verkehrswegen (Vorstudie). Berlin: Umweltbundesamt, Bericht 10501211/01, 1983.

[118] KJELLBERG A., GOLDSTEIN M., GAMBERALE F.: An assessment of dB(A) for predicting loudness and annoyance of noise containing low frequency components. Journal of Low Frequency Noise and Vibration 1984; 3: 10-16.

[119] KJELLBERG A.: Subjective, behavioral and psychophysiological effects of noise. Scand J Work Environ Health 1990; 16(suppl 1): 29-38.

[120] KLOSTERKÖTTER W.: Kriterien zur Aufstellung von Immissions-Richtwerten für Geräusche. Kampf dem Lärm 1972; 19: 113-119.

[121] KLOSTERKÖTTER W.: Kritische Anmerkungen zu einer "Zumutbarkeitsgrenze" für Beeinträchtigungen durch Straßenverkehrslärm. Kampf dem Lärm 1974; 21: 29-39.

[122] KLOSTERKÖTTER W.: Lärmwirkungen und Lebensqualität. Kampf dem Lärm 1973; 20: 113-123.

[123] KNIPSCHILD P., MEIJER H., SALLÉ H.: Aircraft noise and birth weight. Int Arch Occup Environ Health 1981; 48: 131-136.

[124] KNIPSCHILD P., OUDSCHOORN N.: Medical effects of aircraft noise: drug survey. Int Arch Occup Environ Health 1977; 40: 197-200.

[125] KNIPSCHILD P.: Medical effects of aircraft noise: community cardio-vascular survey. Int Arch Occup Environ Health 1977; 40: 185-190.

[126] KNIPSCHILD P.: Medical effects of aircraft noise: general practice survey. Int Arch Occup Environ Health 1977; 40: 191-196.

[127] KOFLER W.: Die Belastung mit Geruchsstoffen als sozialmedizinisches Problem. In: Muhar F, Schindl R, Hrsg. Lunge: Umwelt- und Arbeitsmedizin, Workshop - Linz-Donau, Elisabethinenkrankenhaus 1981. Linz, 1981.

[128] KORTE C., GRANT R.: Traffic noise, environmental awareness and pedestrian behavior. Environment and Behavior 1980; 12: 409-420.

[129] KÖTTER J.: Meßtechnische Erfassung impulshaltiger Geräusche in der Nachbarschaft. Z Lärmbekämpf 1989; 36: 130-135.

[130] KRUEGER H.: Biologische Grundlagen: Sinnesfunktionen. In: Konietzko J, Dupuis H, Eds. Handbuch der Arbeitsmedizin, Kap III-1.3. Landsberg: Ecomed, 1989: 1-28.

[131] KRYTER K.D.: Aircraft noise and social factors in psychiatric hospital admission rates: a re-examination of some data. Psychol Med 1990; 20: 395-411.
[132] KRYTER K.D.: Community annoyance from aircraft and ground vehicle noise. J Acoust Soc Am 1982; 72: 1222-1242.
[133] KRYTER K.D.: Methods for the calculation and use of the articulation index. J Acoust Soc Am 1962; 34: 1689-1697.
[134] KRYTER K.D.: The effects of noise on man, Second Edn. New York: Academic Press, 1985.
[135] KRYTER K.D.: The effects of noise on men. New York, London: Academic Press, 1970.
[136] KUMAR A., TULEN J.H.M., HOFMAN W. et al.: Does double glazing reduce traffic noise disturbance during sleep? In: ROSSI G., Ed. Noise as a Public Health Problem. Milano: Edizione technice a cura del Centro Ricerche e Studi Amplifon, 1983: 939-950.
[137] KUWANO S., NAMBA S., NAKAJIMA Y.: On the noisiness of steady state and intermittent noises. J Sound Vib 1980; 72: 87-96.
[138] KUWANO S., NAMBA S.: Continuous judgement of level-fluctuating sounds and the relationship between overall loudness and instantaneous loudness. Psychological Research 1985; 47: 27-37.
[139] LADER M.H.: The responses of normal subjects and psychiatric patients to repetitive stimulation. In: LEVI L., Ed. Society, Stress and Disease. Vol 1. New York: Oxford University Press, 1971: 417-432.
[140] LANGDON J., BULLER B.: Road traffic and disturbance to sleep. J Sound Vib 1977; 50: 13-28.
[141] LANGDON J.: Some residual problems in noise nuisance: A brief review. In: KOELEGA H.S., Ed. Environmental annoyance: Characterization, measurement, and control. Amsterdam: Elsevier, 1987: 321-329.
[142] LAZARUS H., LAZARUS-MAINKA G., SCHUBEIUS M.: Sprachliche Kommunikation unter Lärm. Ludwigshafen: Kiehl 1985.
[143] LAZARUS H.: A model of speech communication and its evaluation under disturbing conditions. In: SCHICK A., HÖGE H., LAZARUS-MAINKA G., Eds. Contributions to psychological acoustics. Results of the fourth Oldenburg Symposiuum on psychological acoustics. Oldenburg: Bibliotheks- und Informationssystem der Universität Oldenburg, 1986: 155-184.
[144] LAZARUS R.S., FOLKMAN S.: Stress, appraisal, and coping. New York: Springer, 1984.
[145] LAZARUS R.S.: Psychological stress and the coping process. New York: McGraw-Hill, 1966.
[146] LERCHER P.: Auswirkungen des Straßenverkehrs auf Lebensqualität und Gesundheit: Transitstudie - Sozialmedizinischer Teilbericht. Bericht an den Tiroler Landtag. Innsbruck: Amt der Tiroler Landesregierung, 1992.
[147] LEVERE T.E.: Sleep disruption by auditory noise and its effects on waking performance. CEC-EPA-WHO International Symposium - Environment and Health. Paris, 1974.
[148] LUKAS J.S.: Noise and sleep: A literature review and a proposed criterion for assessing effect. JASA 1975; 58: 1232-1242.
[149] LUNDBERG U., FRANKENHAEUSER M.: Psychophysiological reactions to noise as modified by personal control over noise intensity. Biol Psychol 1978; 6: 51-59.
[150] MA 22. Lärm: Aktivitäten der Stadtverwaltung zum Schutze vor Lärm. Wien: Umweltschutz Stadt Wien - Magistratsabteilung 22, 1974.
[151] MCLEAN E.K., TARNOPOLSKY A.: Noise, discomfort and mental health: a review of the socio-medical implications of disturbance by noise. Psychol Med 1977; 7: 19-62.
[152] MEIER-EWERT K., SCHULZ H., Hrsg. Schlaf und Schlafstörungen. Berlin: Springer, 1990.
[153] MELONI T., KRÜGER H.: Wahrnehmung und Empfindung von kombinierten Belastungen durch Lärm und Vibration. Z Lärmbekämpf 1990; 37: 170-175.
[154] MIEDEMA H.M.E., VAN DEN BERG R.: Community response to tramway noise. J Sound Vib 1988; 120: 341-346.
[155] MIEDEMA H.M.E.: Annoyance from combinded noise sources. In: Koelega HS, Ed. Environmental annoyance: Characterization, measurement, and control. Amsterdam: Elsevier, 1987: 313-320.
[156] MÖHLER U., SCHUEMER R., KNALL V., SCHUEMER-KOHRS A.: Vergleich der Lästigkeit von Schienen- und Straßenverkehrslärm. Z Lärmbekämpf 1986; 33: 132-142.
[157] MÖHLER U.: Community response to railway noise: A review of social surveys. J Sound Vib 1988; 120: 321-332.
[158] MÖHLER U.: Vergleich der Pausenstruktur von Schienenverkehrslärm und Straßenverkehrslärm. Z Lärmbekämpf 1988; 35: 10-15.
[159] MOSSKOV J.I., ETTEMA J.H.: Extra-auditory effects in short-term exposure to noise. Int Arch Occup Environ Health 1977; 40: 165-184.
[160] MUZET A., EHRHART J., ESCHENLAUER R. et al.: Habituation and age differences of cardiovascular responses to noise during sleep. In: KOELLA W.P., Ed. Sleep 1980. Basel: Karger, 1981: 212-216.

[161] NAMBA S., KUWANO S.: Continuous judgements of noise events. In: SCHICK A., HELLBRÜCK J., WEBER R., Eds. Contributions to psychological acoustics V. Results of the Fifth Oldenburg Symposium on Psychological Acoustics. Oldenburg: BIS, 1990, 217-226.

[162] NEUS H., SCHIRMER G., RÜDDEL H., SCHULTE W.: Zur Reaktion der Fingerpulsamplitude auf Belärmung. Int Arch Occup Environ Health 1980; 47: 9-19.

[163] ÖAL-Richtlinie Nr 3, Blatt 1: Beurteilugn von Schallimmissionen - Lärmstörungen im Nachbarschaftsbereich. Wien: ÖAL, 1986.

[164] ÖAL-Richtlinie Nr 6/18. Die Wirkungen des Lärms auf den Menschen: Beurteilungshilfen für den Arzt. Wien: ÖAL, 1991.

[165] ÖHRSTRÖM E., BJÖRKMAN M., RYLANDER R.: Primary and after effects of noise during sleep with reference to noise sensitivity and habituation: Studies in laboratory and field. In: BERGLUND B., LINDVALL T., Eds. Noise as a Public Health Problem, Vol 5. Stockholm: Swedish Council for Building Research, 1990: 55-63.

[166] ÖHRSTRÖM E., RYLANDER R., BJÖRKMAN M.: Effects of night time road traffic noise - An overview of laboratory and field studies on noise dose and subjective noise sensitivity. J Sound Vib 1988; 127: 441-448.

[167] ÖNORM S 5004. Messung von Schallimmissionen. Wien: Österreichisches Normungsinstitut, 1985.

[168] ÖNORM S 5021, Teil 1. Schalltechnische Grundlagen für die örtliche und überörtliche Raumplanung und Raumordnung. Wien: Österreichisches Normungsinstitut, 1976.

[169] ÖNORM S 5021, Teil 2. Schalltechnische Grundlagen für die örtliche und überörtliche Raumplanung und Raumgestaltung, Darstellung von Lärmkategorien in Lärmkarten. Wien: Österreichisches Normungsinstitut, 1979.

[170] OSHIMA T., YAMADA I.: The evaluation of normal take-off/landing helicopters noise. In: Acoustical Society of China, Eds. Proceedings Internoise 87, Vol II. Beijing, 1987: 1037-1040.

[171] PAULSEN R., KASTKA J.: Zur Bedeutung der Kombinationswirkung von Geräusch und Vibration. In: Deutsche Physikalische Gesellschaft, Hrsg. Fortschritte der Akustik - DAGA '91. Bad Honnef: DPG GmbH, 1991: 437-440.

[172] PAULSEN R., RITTERSTAEDT U., KASTKA J.: Neuere Erkenntnisse auf dem Gebiet der Lärmwirkungsforschung. In: Gesellschaft zur Förderung der Lufthygiene und Silikoseforschung e V, Eds. Umwelthygiene - Jahresbericht 1991/92, Band 24. Düsseldorf, 1992: 289-309.

[173] PERSSON K., BJÖRKMAN M., RYLANDER R.: An experimental evaluation of annoyance due to low frequency noise. Journal of Low Frequency Noise and Vibration 1985; 4: 145-153.

[174] PERSSON K., BJÖRKMAN M.: Annoyance due to low frequency noise and the use of the dB(A) scale. J Sound Vib 1988; 127: 491-497.

[175] PERSSON K., RYLANDER R.: Disturbance from low frequency noise in the environment - a survey among the local environment health authorities in Sweden. J Sound Vib 1988; 121: 339-345.

[176] POMMEREHNE W.W.: Der monetäre Wert einer Flug- und Straßenlärmreduktion: Eine empirische Analyse auf der Grundlage individueller Präferenzen. In: UBA, Hrsg. Kosten der Umweltverschmutzung. Berichte des Umweltbundesamtes. Berlin, 1986: 199 ff.

[177] PULLES T., BIESOT W., STEWART R.: Adverse effects of environmental noise on health: an interdisciplinary approach. In: BERGLUND B., LINDVALL T., Eds. Noise as a Public Health Problem, Vol 5. Stockholm: Swedish Council for Building Research, 1990: 337-348.

[178] RAW G.J., GRIFFITHS I.D.: Subjective response to changes in road traffic noise: a model. J Sound Vib 1990; 141: 43-54.

[179] REHM S., JANSEN G.: Aircraft noise and premature birth. J Sound Vib 1978; 59: 133-135.

[180] RICE C.G.: CEC joint project on impulse noise: Effect of road traffic on judged annoyance. In: Bundesanstalt für Arbeitsschutz, Ed. Internoise 85, Dortmund: Wirtschaftsverlag NW, 1985: 913-916.

[181] RICE C.G.: CEC joint research on annoyance due to impulse noise: Comparison of field and laboratory studies. ISVR Memorandum No. 659, University of Southampton.

[182] RICE C.G.: Human response to impulse noise - CEC Studies review of 1987/89 research programme. In: Commission of the European Communities, Ed. The effects of noise - Research review, 4th Environmental Research Programme (1986-1990). Brüssel, 1992: 5-8.

[183] ROHRMANN B.: Psychologische Forschung und umweltpolitische Entscheidungen: Das Beispiel Lärm. Opladen: Westdeutscher Verlag, 1984.

[184] ROSKILL-COMMISSION: Commission on the third London airport. Papers and proceedings. London: Her Majesty's Stationary Office, 1970.

[185] RÜTHRICH W.: Abhängigkeit des Verhaltens der Wohnbevölkerung von Verkehrsemissionen. Darmstadt, 1982.

[186] RYLANDER R., SÖRENSEN S., BERGLUND K.: Sonic boom effects on sleep: A field experiment on military and civilian populations. J Sound Vib 1972; 24: 41-50.

[187] SABADIN A., SUNCIC S., HRASOVEC B., VERHOVNIK V.: Verkehrslärm und unterbewußte Wahrnehmung des Wohnumfeldes. Wissenschaft und Umwelt 1991; 3-4: 153-157.

[188]   SADER M.: Lautheit und Lärm. Gehörpsychologische Fragen der Schall-Intensität. Göttingen: Hogrefe, 1966.
[189]   SATO T.: The effect of vibration on annoyance of noise: A survey on traffic noise and vibration in Sapporo. In: BERGLUND B., BERGLUND U., KARLSSON J., LINDVALL T., Eds. Noise as a Public Health Problem, Vol 3. Stockholm: Swedish Council for Building Research, 1988: 259-264.
[190]   SCHARF B.: Loudness. In: CARTERETTE E.C., FRIEDMAN M.P., Eds. Handbook of perception. New York: Academic Press, 1978; 187-242.
[191]   SCHICK A., HELLBRÜCK J., WEBER R., Eds.: Contributions to psychological acoustics, Results of the Fifth Oldenburg Symposium on Psychological Acoustics. Oldenburg: BIS, 1991.
[192]   SCHICK A. :Schallbewertung - Grundlagen der Lärmforschung. Berlin: Springer, 1990.
[193]   SCHICK A.: Schallwirkung aus psychologischer Sicht. Stuttgart: Klett-Cotta, 1979.
[194]   SCHOMER P.D.: A survey of community attitudes towards noise near a general aviation airport. J Acoust Soc Am 1983; 74: 1773-1781.
[195]   SCHOMER P.D.: Assessment of community response to impulsive noise. J Acoust Soc Am 1985; 77: 520-535.
[196]   SCHUEMER R., SCHUEMER-KOHRS A.: Lästigkeit von Schienenverkehrslärm im Vergleich zu anderen Lärmquellen - Überblick über Forschungsergebnisse. Z Lärmbekämpf 1991; 38: 1-9.
[197]   SCHULTZ T.J.: Synthesis of social surveys on noise annoyance. J Acoust Soc Am 1978; 64: 377-405.
[198]   SCHULZE B., ULLMANN R., MÖRSTEDT R. et al.: Verkehrslärm und kardiovasculäres Risiko: Eine epidemiologische Studie. Deutsches Gesundheitswesen 1983; 38: 596-600.
[199]   SELIGMAN M.E.P.: Helplessness: On depression, development, and death. San Francisco: Freeman, 1975.
[200]   SELYE H.: The stress of life. New York: McGraw-Hill, 1956.
[201]   SESHAGIRI B.V.: Reaction of communities to impulse noise. J Sound Vib 1981; 74: 47-60.
[202]   SOKOLOV Y.N.: Perception and the conditioned reflex. Oxford: Pergamon, 1963.
[203]   SÖRENSEN S.: On the possibilities of changing the annoyance reaction to noise by changing the attitudes to the source of annoyance. Nord Hyg Tidsk 1970; Suppl 1; 1-76.
[204]   SPATZL M., WIDMANN U., FASTL H.: Subjektive und meßtechnische Beurteilung von PKW-Emissions- und Immissionsgeräuschen. In: DPG, Eds. Fortschitte der Akustik, DAGA '93. Bad Honnef: 1993. (in Druck)
[205]   STANSFELD S.A., CLARK C.R., JENKINS J., TARNOPOLSKY A.: Sensitivity to noise in a community sample: The measurement of psychiatric disorder and personality. Psychol Med 1985; 15: 243-254.
[206]   STANSFELD S.A., SHARP D., GALLACHER J., BABISCH W.: Road traffic noise, noise sensitivity and psychological disorder. In: ISING H., KRUPPA B., Hrsg. Lärm und Krankheit - Noise and Disease. Schriftenreihe des Vereins für Wasser-, Boden- und Lufthygiene Bd 88. Stuttgart: Fischer, 1993: 179-188.
[207]   STANSFELD S.A.: Noise sensitivity, depressive illness and personality: A longitudinal study of depressed patients with matched control subjects. In: BERGLUND B., BERGLUND U., KARLSSON J., LINDVALL T., Eds. Noise as a Public Health Problem, Vol 3. Stockholm: Swedish Council for Building Research, 1988: 339-344.
[208]   STEVEN H.: Subjektive Beurteilung der Geräuschemission von Lastkraftwagen. Aachen: Forschungsinstitut Geräusche und Erschütterungen, Bericht 10505104/02, im Auftrag des Umweltbundesamtes, 1981.
[209]   STEVENS S.S.: The direct estimation of sensory magnitudes - loudness. Am J Psychol 1956; 69: 1-25.
[210]   SVENSSON A., ANDRÉN L., HANSSON L.: Environmental stress - noise. In: JULIUS S., BASSETT D.R., Eds. Handbook of Hypertension, Vol 9: Behavioral factors in hypertension. Amsterdam: Elsevier, 1987: 176-180.
[211]   TACHIBANA H., ISHIZAKI S., YOSHIHISA K.: A method of evaluating the loudness of isolated impulsive sounds with narrow frequency components. J Acoust Soc Japan 1987; 8: 29-38.
[212]   TARNOPOLSKY A., WATKINS G., HAND D.J.: Aircraft noise and mental health: I. Prevalence of individual symptoms. Psychol Med 1980; 10: 683-698.
[213]   TAYLOR S.M.: A comparison of models to predict annoyance reactions to noise from mixed sources. J Sound Vib 1982; 81: 123-138.
[214]   TERHARDT E.: Über akustische Rauhigkeit und Schwankungsstärke. Acustica 1968; 20: 215-224.
[215]   THOMPSON S.J.: Review: Extraaural health effects of chronic noise exposure in humans. In: ISING H., KRUPPA B., Hrsg. Lärm und Krankheit - Noise and Disease. Schriftenreihe des Vereins für Wasser-, Boden- und Lufthygiene Bd 88. Stuttgart: Fischer, 1993: 106-117.
[216]   UBA. Belästigung durch Lärm: Psychische und körperliche Reaktionen. Z Lärmbekämpf 1990; 37: 1-6.
[217]   UBA. Die Beeinträchtigung der Kommunikation durch Lärm. Z Lärmbekämpf 1985; 32: 95-99.
[218]   USEPA. Information on levels of environmental noise requisite to protect public health and welfare with an adequate margin of safety. Washington DC: USEPA (550/9.74.004), 1974.

[219] USEPA. Noise from industrial plants. 1971, NTID 300.2.

[220] VALLET M., GAGNEUX J.M., BLANCHET V. et al.: Long term sleep disturbance due to traffic noise. J Sound Vib 1983; 90: 173-191.

[221] VALLET M., LETISSERAND D., OLIVIER D. et al.: Effects of road traffic noise on pulse rate during sleep. In: BERGLUND B., LINDVALL T., Eds. Noise as a Public Health Problem, Vol 5. Stockholm: Swedish Council for Building Research, 1990: 21-30.

[222] VALLET M., MAURIN M., PAGE M.A. et al.: Annoyance from and habituation to road traffic noise from urban expressways. J Sound Vib 1978; 60: 423-440.

[223] VALLET M., MOURET J.: Sleep disturbance due to transportation noise: ear plugs vs. oral drugs. Experientia 1984; 40: 429-437.

[224] VALLET M.: Sleep disturbance. In: Nelson PM, Ed. Community effects of noise. London: Butterworth, 1986: Chapter 5.

[225] VON EIFF A.W., FRIEDRICH G., LANGEWITZ W. et al.: Verkehrslärm und Hypertonie-Risiko: Hypothalamus-Theorie der essentiellen Hypertonie - 2. Mitteiung. Münch Med Wschr 1981; 123: 420-424.

[226] VON EIFF A.W., NEUS H.: Verkehrslärm und Hypertonierisiko, 1. Mitteilung. Münch Med Wochenschr 1980; 122: 894-896.

[227] VON EIFF A.W., OTTEN H., SCHULTE W.: Blutdruckverhalten bei Geräuscheinwirkung im Alltag, Forschungsbericht 86-105-01-114. Berlin: Umweltbundesamt, 1987.

[228] VOS J., GEURTSEN F.W.M.: Leq as a measure of annoyance caused by gunfire consisting of impulses with various proportions of higher and lower sound levels. J Acoust Soc Am 1987; 82: 1201-1206.

[229] VOS J., SMOORENBURG G.F.: Penalty for impulse noise, derived from annoyance ratings for impulse and road traffic sounds. J Acoust Soc Am 1985; 77 193-201.

[230] VOS J.: A review of field studies on annoyance due to impulse and road-traffic sounds. In: Bundesanstalt für Arbeitsschutz, Ed. Internoise 85. Dortmund: Wirtschaftsverlag NW, 1985: 1029-1032.

[231] VOS J.: Belästigung durch gleichzeitigen Luftverkehrs-, Straßenverkehrs- und Impulslärm. In: POUSTKA F., Hrsg. Die physiologischen und psychischen Auswirkungen des militärischen Tiefflugbetriebs. Bern: Huber, 1991: 83-91.

[232] VOS J.: On the level-dependent penalty for impulse sound. J Acoust Soc Am 1990; 88: 883-893.

[233] WATKINS G., TARNOPOLSKY A., JENKINS L.M.: Aircraft noise and mental health. II. Use of medicines and health care services. Psychol Med 1981; 11: 155-168.

[234] WEBB W.B.: Theories of sleep functions and some clinical implications. In: DRUCKER-COLÍN R., SHKUROVICH M., STERMAN M.B., Eds. The functions of sleep. New York: Academic Press, 1979: 19-35.

[235] WEBSTER J.C.: Noise and communication. In: JONES D.M., CHAPMAN A.J., Eds. Noise and Society. Chichester: Wiley, 1984: 185-220.

[236] WEHRLI B. et al.: Auswirkungen des Straßenverkehrslärms in der Nacht. Kampf dem Lärm 1978; 25: 138-149.

[237] WEINSTEIN N.D.: Community noise problems: evidence against adaptation. J Environ Psychol 1982; 2: 87-97.

[238] WESTMAN J.C., WALTERS J.R.: Noise and stress: A comprehensive approach. Environ Health Perspect 1981; 41: 291-309.

[239] WIDMANN U.: Beschreibung der Geräuschemission von Kraftfahrzeugen anhand der Lautheit. In: DPG, Eds. Fortschritte der Akustik, DAGA '90. Bad Honnef, 1990: 401-404.

[240] WOHLWILL F.R., NASER J.L., DEJOY D.M., FORUZANI H.H.: Behavioral effects of a noisy environment: task involvement versus passive exposure. J Appl Psychol 1976; 61: 67-74.

[241] WORLD HEALTH ORGANIZATION: Noise. Environmental health criteria 12. Geneva: WHO, 1980.

[242] ZWICKER E., FASTL H.: Die Reduzierung von Lärm durch Schallschutzfenster. Arcus 1984; Nr 2: 80-82.

[243] ZWICKER E., FASTL H.: Sinnvolle Lärmmessung und Lärmgrenzwerte. Z Lärmbekämpf 1986; 33; 61-67.

[244] ZWICKER E., FELDTKELLER R.: Das Ohr als Nachrichtenempfänger, 2. erw. Auflage. Stuttgart: Hirzel, 1967.

[245] ZWICKER E.: Ein Vorschlag zur Definition und zur Berechnung der unbeeinflußten Lästigkeit. Z Lärmbekämpf 1991; 38: 91-97.

[246] ZWICKER E.: Psychoakustik. Berlin: Springer, 1982.

4. Akustische Grundlagen

M. T. KALIVODA

4.1 Begriffsbestimmung

Im Sprachgebrauch des täglichen Lebens besteht ein fließender Übergang zwischen den Begriffen *Geräusch* und *Lärm*, werden *Schallschutz* und *Lärmminderung* synonym verwendet. Tatsächlich beschreiben die angeführten Begriffe unterschiedliche Phänomene, die an dieser Stelle definiert werden.

4.1.1 Schall

Treten in einem elastischen Medium mechanische Schwingungen oder Wellen im Hörbereich des Menschen auf, spricht man vom physikalischen Phänomen *Hörschall*. Der Hörbereich eines gesunden, normal hörenden Menschen umfaßt einen Schalldruckpegelbereich von etwa 0 bis 140 dB und einen Frequenzbereich von ca. 16 Hz bis 20.000 Hz. Schwingungen mit Frequenzen unter diesem Bereich werden als *Infraschall* bezeichnet, Schwingungen mit Frequenzen über dem menschlichen Hörbereich nennt man *Ultraschall*.

Eine weitere Unterscheidung läßt sich nach dem schwingenden Medium treffen. Treten die Schwingungen in festen Körpern auf, dann spricht man von *Körperschall*, finden die Schwingungen in Flüssigkeiten statt, werden sie als *Flüssigkeitsschall* bezeichnet. Die im täglichen Leben am häufigsten auftretende Form von Schall sind die Schwingungen in der Luft, welche als *Luftschall* oder vielfach einfach als *Schall* bezeichnet werden. Luftschall entsteht durch Schwankungen der Luftdichte um den statischen Luftdruck.

4.1.2 Töne, Klänge, Geräusche, Rauschen

Die Begriffe *Ton*, *Klang* und *Geräusch* dienen zur Beschreibung der Qualität des Schalls. In der Physik spricht man von *Ton*, wenn die Schallschwingung einen sinusförmigen und monofrequenten Verlauf besitzt. In der musikalischen Akustik ist diese Definition erweitert. Ein Ton besteht hier aus einer (sinusförmigen) Grundschwingung, welche auch als *Grundton* bezeichnet wird, und den für das betreffende Instrument oder die Stimme charakteristischen *Obertönen*. Zusammen ergeben sie den *Klang* eines Instruments oder einer Stimme.

Schall, welcher aus einer Vielzahl von Schwingungen (=Tönen) unterschiedlicher Frequenz besteht, wird als *Geräusch* bezeichnet. Intensität und Frequenzzusammensetzung eines Geräusches können - wie etwa das von einem Transformator abgestrahlte Geräusch - zeitlich konstant sein oder - wie das Geräusch neben einer Eisenbahnstrecke - im Laufe der Zeit stark schwanken.

Die → *ÖNORM S 5004* definiert verschiedene Kategorien von Geräuscharten. Geräusche mit geringen Pegelschwankungen werden als *gleichbleibende Geräusche* bezeichnet. *Schwankende Geräusche* sind jene mit größeren Pegelschwankungen, das sind mehr als 3 dB bei Anzeigedynamik "F" (für FAST = schnell). Diese Schwankungen können *periodisch* oder *nicht periodisch* sein. Geräusche von sehr kurzer Dauer und hoher Intensität werden als *Knall* oder *impulsartiges Geräusch* bezeichnet. Sind die Schwankungen zwar plötzlich, aber nicht so stark, spricht man von *intermittierendem Geräusch*.

Als *Rauschen* bezeichnet man Schall, der in einem bestimmten Frequenzbereich aus einer Vielzahl von Einzelschwingungen ohne feste Phasenbeziehung und mit statistisch wechselnder Intensität besteht. Ist der umfaßte Frequenzbereich sehr eng, etwa eine Terz breit oder geringer, spricht man von *Schmalbandrauschen*, sonst von *Breitbandrauschen*. Besitzen die Schwingungen in Frequenzbändern gleicher Breite (z.B. 100-200 Hz; 1700-1800 Hz) den gleichen Schalldruckpegel, wird das Geräusch als *weißes Rauschen* bezeichnet. Besitzen die Schwingungen in Frequenzbändern gleicher relativer Bandbreite (d.h. der Quotient aus oberer und unterer Grenzfrequenz ist gleich, z.B. 100-200 Hz; 1000-2000 Hz) den gleichen Schalldruckpegel, spricht man von *rosa Rauschen*.

4.1.3 Lärm

Lärm ist im täglichen Leben zumeist ein lautes Geräusch. In der → *ÖNORM S 5004* wird definiert: "*Lärm* ist unerwünschter, störender oder belästigender Schall". Die psychologische Lärmforschung beschreibt Lärm als komplexen Wahrnehmungs- und Bewertungsvorgang, in welchem die Lautstärke nur einen von vielen Parametern darstellt. In der einschlägigen Literatur gibt es eine Vielzahl von Lärmdefinitionen (vgl. GUSKI [9]), die alle drei entscheidende Faktorengruppen dafür angeben, ob ein Geräusch als *Lärm* empfunden wird oder nicht:

- die *akustischen Faktoren*, welche das *Geräusch* charakterisieren und durch physikalische (meßbare) Größen wie Schalldruckpegel, Frequenz etc. beschrieben werden können

- die *situativen Faktoren*, d.h. Ort, Zeitpunkt und Situation, in welcher sich die Person beim Auftreten des Geräusches befindet, und die Relation zu den Aktivitäten, Intentionen und dem momentanen Befinden der Person, welche dem Geräusch ausgesetzt ist

- die *persönlichen Faktoren* der *Person*, welche dem Geräusch ausgesetzt ist, mit ihren erworbenen emotionalen und kognitiven Bezügen zur Schallquelle und zum Geräusch

Kurz und prägnant zusammengefaßt bedeutet das:

LÄRM IST KEIN PHYSIKALISCHES PHÄNOMEN, SONDERN ERST PSYCHISCHE PROZESSE KÖNNEN EIN GERÄUSCH ZU LÄRM WERDEN LASSEN.

Daß Lärm nur bedingt mit der Lautstärke oder dem Schalldruckpegel eines Geräusches zusammenhängt, ist an den beiden, aus dem Alltag wohl bekannten Beispielen leicht gezeigt. Die Besucher einer Diskothek empfinden 105 dB Schalldruckpegel - trotz möglicher traumatisierender Wirkungen - weder als Lärm noch als störend. Der tropfende Wasserhahn besitzt einen viel geringeren Pegel, ist deutlich leiser als das Popkonzert, stört beim Einschlafen jedoch sehr.

Beide Beispiele verdeutlichen den wesentlichen Einfluß von situativen und persönlichen Faktoren bei der persönlichen Urteilsbildung über ein Geräusch. Im Beispiel der Diskothek dominieren die persönlichen Faktoren. Sie manifestieren sich in der Einstellung zur dargebotenen Musik. Nur wenn diese "dem Geschmack des Zuhörers entspricht", wird selbst ein hoher Schallpegel als angenehm empfunden werden. Der tropfende Wasserhahn wird seine größte Störwirkung in der Situation des Einschlafenwollens entfalten.

Die Tatsache, daß *Lärm* nicht nur von physikalisch meßbaren Größen, sondern "von mehr" abhängt, macht die Herleitung von Methoden und Berechnungsverfahren zur objektivierten Beschreibung der Störwirkung von Geräuschen nicht leichter und erklärt die Schwierigkeiten der Lärmbekämpfung und die Diskrepanzen, welche sich oft zwischen den Lärmkennwerten und der empfundenen Belästigung ergeben.

4.2 Lärmwirkung und Lärmbewertung

Ziel von Lärmbewertungsverfahren ist es, aus physikalisch meß- und beschreibbaren Phänomenen Kennwerte für die von einem Geräusch ausgehende Belästigung zu ermitteln. Es gilt dabei, einen umkehrbar eindeutigen funktionalen Zusammenhang zwischen Frequenz- und Zeitverlauf von Schallimmissionen und den individuellen Reaktionen der Betroffenen herzustellen.

Die Tatsache, daß - wie in Kap. 4.1 bereits dargelegt - eine Vielzahl an Einflußparametern und nichtlinearen Prozessen an der persönlichen Entscheidung, ob ein Geräusch als angenehm oder störend empfunden wird, beteiligt ist, macht das Unterfangen nicht einfacher. Vereinfachungen und Linearisierungen führen zu einer Erhöhung der Varianz und zu einer Vergrößerung der möglichen Diskrepanz zwischen der subjektiven Empfindung und den objektiven Kennwerten. Das folgende Beispiel soll das belegen.

In einer Untersuchung über die Störwirkung des Schienenverkehrsgeräusches wurde entlang einer Reihe von österreichischen Schienenstrecken der A-bewertete energieäquivalente Dauerschallpegel in der Nacht gemessen und eine Stichprobe von Anrainern nach der Zufriedenheit mit der Wohnsituation befragt (LANG [14]). Die Ergebnisse für einen der Streckenabschnitte sind in Abb. 4.1 dargestellt. An diesem Diagramm fallen sofort die starken Streuungen auf. Die gemessenen Dauerschallpegel reichen bei den "sehr zufriedenen" Personen von 43 bis 58 dB mit einer Konzentration bei 55 dB. Bei den "nicht zufriedenen" Personen treten Pegel zwischen 46 und 55 dB auf.

Die Daten führen zu einem Trend, der - wie die Linie zeigt - den erwarteten Zusammenhang zwischen der Höhe des Dauerschallpegels und der Unzufriedenheit liefert. Steigt der Schallpegel, dann nimmt auch die Unzufriedenheit zu. Dennoch gibt es Personen, die bei 58 dB Dauerschallpegel nachts sehr zufrieden sind, und Personen, welche bereits 46 dB als nicht zufriedenstellend empfinden.

Betrachtet man nun ein Pegel/Belästigungsdiagramm, dann erkennt man deutlich die Probleme und Grenzen von Lärmbewertung und Mittelung. In einem Pegel/Belästigungsdiagramm wird der Grad der empfundenen Lärmbelästigung bzw. Störwirkung in Abhängigkeit vom objektiven Lärmkennwert, etwa dem A-bewerteten Dauerschallpegel, aufgetragen (Abb. 4.2).

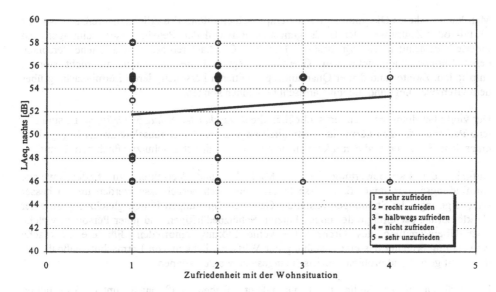

Abb. 4.1: Zusammenhang zwischen der Zufriedenheit mit der Wohnsituation und dem A-bewerteten Dauerschallpegel nachts (Quelle: LANG [14])

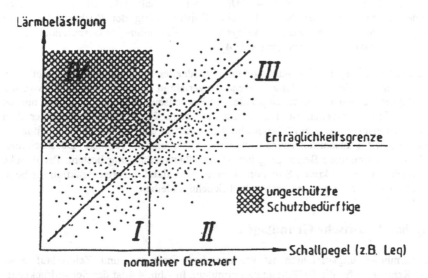

Abb. 4.2: Zusammenhang Schallpegel-Lärm (schematisch)

Man kann in dieses Diagramm auch die empirisch ermittelte Erträglichkeitsgrenze (etwa den Mittel- oder Zentralwert der Belästigungsreaktion) und den Pegelgrenzwert eintragen und unterteilt es damit in vier Quadranten. Der erste Quadrant repräsentiert alle jene Personen, deren Lärmbelastung unter dem Grenzwert liegt und die den Lärm als nicht störend empfinden. Zweiter und dritter Quadrant repräsentieren Personen, deren Lärmbelastung über dem Grenzwert liegt und die mit Lärmschutz rechnen können.

Der vierte Quadrant repräsentiert schließlich die *ungeschützten Schutzbedürftigen*. Es sind alle jene Personen, die den Lärm als unerträglich empfinden, der Geräuschkennwert liegt jedoch unter dem Grenzwert und damit können sie auch nicht mit Schallschutzmaßnahmen rechnen.

Aufgabe der Lärmbewertung ist es, Methoden und Verfahren zu finden, welche empfindungsproportionale Ergebnisse liefern. Die Rechenergebnisse werden um so besser sein, je geringer die Streuungen ausfallen. Geringere Streuungen führen gleichzeitig zu einer Verkleinerung der Gruppe der ungeschützten Schutzbedürftigen und jener Personen, welche trotz Überschreitung des Grenzwertes keine Störung empfinden. Für die praktische Anwendung bedeutet das eine Erhöhung der Wirtschaftlichkeit von Lärmschutzmaßnahmen, die damit gezielt und problemspezifisch eingesetzt werden können.

Es darf an dieser Stelle nicht unerwähnt bleiben, daß auch unter Anwendung psychoakustischer Methoden die individuelle Reaktion nicht vorhersagbar ist. Die Verfahren der Psychoakustik basieren auf Mittelwerten von Untersuchungsreihen und repräsentieren damit den normal empfindenden Durchschnittsmenschen, dessen Reaktion von jener des konkreten Individuums abweichen kann. Das schon deshalb, da die im folgenden beschriebenen psychoakustischen Methoden eine Objektivierung der Reaktionen gesucht haben und persönliche Faktoren, wie Stimmungslage oder Einstellung zu Geräuschquelle und -verursacher, daher nicht berücksichtigen (Abb. 4.3).

Gerade die Objektivierung und Trennung von der individuellen Reaktion macht die Methoden der Psychoakustik für die Anwendung in Behördenverfahren geeignet, da jeweils von der Wirkung auf einen gesunden, normal empfindenden Erwachsenen oder ein gesundes, normal empfindendes Kind auszugehen ist. Die Beurteilung eines Lärmproblems hat unter dem Gesichtspunkt zu erfolgen, wie ein "Durchschnittsmensch" in der zu beurteilenden Situation bei den gegebenen Geräuschimmissionen reagieren würde und ob für den "Durchschnitts- menschen" eine unzumutbare Belästigung bzw. Gesundheitsgefährdung besteht. Persönliche Faktoren, welche in der konkreten Situation zu einer individuell anderen Reaktion als beim "Durchschnittsmenschen" führen, müssen unberücksichtigt bleiben.

4.3 (Psycho-)Akustische Grundlagen

Ziel von Lärmbewertungsverfahren ist es, aus dem Frequenz- und Zeitverlauf eines Geräusches Kennwerte für die Belästigung zu ermitteln. In Abb. 4.4 ist der Schalldruckpegel eines Alltagsgeräusches (Vorbeifahrt eines Zuges in 7,5 m Entfernung vom Gleis) in Abhängigkeit von Zeit (nach rechts) und Frequenz (nach oben) aufgetragen. Dunkle Punkte stellen niedrige Pegelbereiche dar, helle Punkte hohe Pegel. Es gibt unzählige Möglichkeiten, die Lästigkeit eines über den zwei Dimensionen Frequenz und Zeit dargestellten Pegelfeldes durch nur eine einzige Zahl zu beschreiben. Entsprechend groß ist die Anzahl von Lärmbewertungsverfahren. SCHÄFER [18] hat in seinem Forschungsbericht 87 unterschiedliche Verfahren beschrieben. Die wichtigsten werden hier kurz dargestellt. Für Detailfragen wird auf die → *weiterführende Literatur* verwiesen.

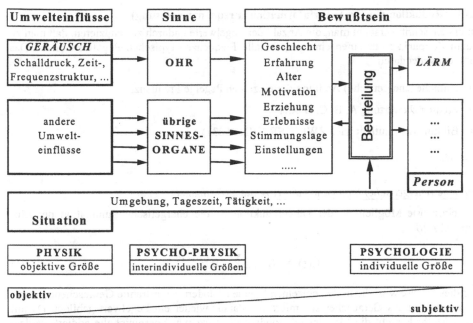

Abb. 4.3: Schema der Lärmentstehung

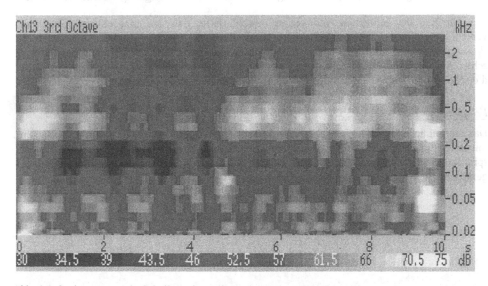

Abb. 4.4: Spektrogramm (= Schallpegelverteilung über Zeit und Frequenz)

4.3.1   Reduktion der Frequenzinformation (Frequenzbewertung)

Im ersten Schritt versucht man, die Anzahl der Pegelwerte dadurch zu reduzieren, daß man zu jedem Zeitpunkt t nur einen einzigen, für alle Frequenzen typischen Pegelwert bildet. Das kann entweder durch

- einfache (energetische) Addition der einzelnen Pegel je Frequenz,
- Frequenzbewertung A, B, C, D oder
- Bildung der Lautheit nach ZWICKER (DIN 45631)

geschehen.

Einfache (energetische) Summation der (Frequenz-)Teilpegel

Die einfachste Möglichkeit der Datenreduktion ist die energetische Summation der Einzelpegel $L_f(t)$:

$$L(t) = 10 \cdot \lg \sum 10^{L_f(t)/10}. \tag{1}$$

Auf diese Weise wird die in den einzelnen Frequenzbändern abgestrahlte Geräuschenergie zur Gesamtenergie des Geräusches summiert und daraus wieder ein Pegelwert gebildet. Da mit dieser Methode nicht die Einzelpegel, sondern die einzelnen Energieinhalte addiert werden, wird ein derart gebildeter Pegel als "energetisch addiert" oder "energieäquivalent" bezeichnet.

Der Nachteil der einfachen Summation besteht darin, daß das menschliche Gehör für verschiedene Frequenzen unterschiedlich empfindlich ist. Das bedeutet, daß ein auf diese Weise gewonnener mittlerer Pegelwert die empfundene Lautstärke eines Geräusches nur sehr schlecht wiedergeben kann. Bereits in den 50er und 60er Jahren wurde daher versucht, durch die Verwendung einer sogenannten Frequenzbewertung bessere Ergebnisse zu erzielen.

Frequenzbewertung A, B, C, D

Das menschliche Gehör ist bei sehr tiefen und hohen Frequenzen weniger empfindlich als im mittleren Frequenzbereich. Dieser mittlere Frequenzbereich von etwa 500 Hz (440 Hz entspricht dem Kammerton a) bis 4000 Hz entspricht etwa dem Großteil der natürlichen Alltagsgeräusche, insbesondere der Sprache (Abb. 4.5).

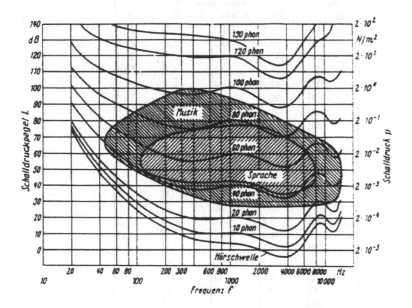

Abb. 4.5: Kurven gleicher Lautstärke (Quelle: [8])

Bei 1000 Hz ergibt ein Pegel von 30 dB eine Lautstärke von 30 Phon, bei 100 Hz ist für dieselbe Lautstärke ein Pegel von etwa 38 dB erforderlich, bei 4000 Hz nur ein Pegel von etwa 23 dB.

Das bedeutet, daß ein tieffrequentes Geräusch (etwa Brummen eines Trafos) bei gleicher Intensität, d. h. bei gleichem Energieinhalt oder Pegel, weniger laut empfunden wird als ein Geräusch mit 2000 Hz (z.B. Klingel).

Für die praktische Umsetzung dieses Effektes in die Meßtechnik kommt erschwerend hinzu, daß dieser Effekt der unterschiedlichen Frequenzempfindlichkeit auch noch von der Geräuschstärke (= dem Pegel) abhängig ist. Um diesem Umstand Rechnung zu tragen, hat man für drei Pegelbereiche jeweils eine Korrekturfunktion festgelegt. Diese Korrekturkurven werden mit Großbuchstaben A bis C bezeichnet. Die D-Bewertung nähert die 40-noy-Kurve nach KRYTER [13] an.

Die Summationsformel wird damit zu:

$$L(t) = 10 * \lg \sum 10^{[L_f(t)-\Delta L_f]/10}. \tag{2}$$

ΔL_f.........Pegelzu- oder -abschlag nach IEC 651

Das bedeutet, daß bei tiefen und hohen Frequenzen vor der energetischen Addition ein international genormter Wert vom gemessenen Pegel abgezogen wird und daß im mittleren Frequenzbereich ein Pegelzuschlag erfolgt (Abb. 4.6). Die nach Formel (2) erhaltenen Pegel werden - in Abhängigkeit von der verwendeten Korrektur - als A-, B-, C- oder D-bewertete Pegel bezeichnet.

fm	Bewertungskurve			
[Hz]	A [dB]	B [dB]	C [dB]	D [dB]
10	-70,4	-38,2	-14,3	-26,5
12,5	-63,4	-33,2	-11,2	-24,5
16	-56,7	-28,5	-8,5	-22,5
20	-50,5	-24,2	-6,2	-20,5
25	-44,7	-20,4	-4,4	-18,5
31,5	-39,4	-17,1	-3	-16,5
40	-34,6	-14,2	-2	-14,5
50	-30,2	-11,6	-1,3	-12,5
63	-26,2	-9,3	-0,8	-11
80	-22,5	-7,4	-0,5	-9
100	-19,1	-5,6	-0,3	-7,5
125	-16,1	-4,2	-0,2	-6
160	-13,4	-3	-0,1	-4,5
200	-10,9	-2	0	-3
250	-8,6	-1,3	0	-2
315	-6,6	-0,8	0	-1
400	-4,8	-0,5	0	-0,5
500	-3,2	-0,3	0	0
630	-1,9	-0,1	0	0
800	-0,8	0	0	0
1000	0	0	0	0
1250	0,6	0	0	2
1600	1	0	-0,1	5,5
2000	1,2	-0,1	-0,2	8
2500	1,3	-0,2	-0,3	10
3150	1,2	-0,4	-0,5	11
4000	1	-0,7	-0,8	11
5000	0,5	-1,2	-1,3	10
6300	-0,1	-1,9	-2	8,5
8000	-1,1	-2,9	-3	6
10000	-2,5	-4,3	-4,4	3
12500	-4,3	-6,1	-6,2	0
16000	-6,6	-8,4	-8,5	-4
20000	-9,3	-11,1	-11,2	-7,5

Tab. 4.1: Zahlenwerte der Bewertungskurven und Schalldämm-Bewertungen

Die Korrekturwerte sind bei der A-Bewertung von der 40 phon-Kurve abgeleitet, für die B-Bewertung von der 70 phon-Kurve und für die C-Bewertung von der 100 phon-Kurve.

In der Praxis der Lärmbekämpfung hat sich aus Gründen der Vergleichbarkeit die Verwendung der A-Bewertung für alle Geräuscharten und Pegelbereiche durchgesetzt. Durch die starken Vereinfachungen geben A-bewertete Pegel die empfundene Lautstärke nur bei schmalbandigen Geräuschen wieder, das sind im wesentlichen Einzeltöne, während bei vielen Alltagsgeräuschen oft beträchtliche Diskrepanzen auftreten. Es ist daher naheliegend, daß versucht worden ist, Verfahren zu finden, welche eine bessere Übereinstimmung mit der empfundenen Lautstärke besitzen.

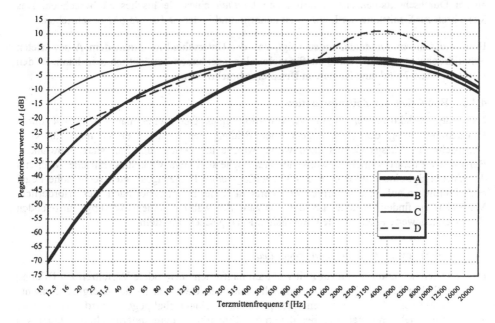

Abb. 4.6: Frequenzbewertungskurven

Lautheit nach Zwicker (DIN 45631)

Für eine gehörbezogene Lärmbewertung spielt die wahrgenommene Lautstärke eine wichtige Rolle. Die empfundene Lautstärke eines Geräusches ist eine subjektive Größe, die mit dem A-bewerteten Schalldruckpegel nur bedingt korreliert. Die Ursachen dafür sind in der Physiologie des menschlichen Ohres zu suchen, das eine deutlich andere Analyse-Charakteristik als ein Schallpegelmesser besitzt. Man kann im wesentlichen drei Mechanismen nennen, welche den Lautstärkeeindruck eines Geräusches bestimmen.

- *Das menschliche Gehör verarbeitet Geräusche parallel.* Das Gehör verarbeitet Schallkomponenten gleichzeitig. Das geschieht durch Zerlegung des Schallsignales in verschiedene charakteristische Frequenzbänder, die sogenannten Frequenzgruppen, und Bildung von Teillautheiten in jeder Frequenzgruppe.

- *Das menschliche Gehör maskiert (=verdeckt) spektral.* Als spektrale Verdeckung wird jener Effekt des Gehörs bezeichnet, der zu beobachten ist, wenn ein tieffrequenter Ton gleichzeitig mit einem etwas höherfrequenten Ton auftritt. Besitzt der Ton mit der tieferen Frequenz einen deutlich höheren Pegel als der höherfrequente, dann ist letzterer unhörbar. Erst wenn der Pegel des zweiten Tones ein bestimmtes Maß erreicht hat, sind wieder beide Töne hörbar.

- *Das menschliche Gehör verdeckt zeitlich nach.* Der oben für die Frequenzgruppen beschriebene Effekt ist auch im zeitlichen Verlauf zu beobachten. Das bedeutet, daß ein Geräusch nach seiner Abschaltung im Ohr noch "nachklingt" und damit für kurze Zeit das Ohr in charakteristischer Weise "vertäubt".

ZWICKER [21] hat unter Beachtung dieser Randbedingungen ein Verfahren entwickelt, das es ermöglicht, aus den objektiven Größen der Schalldruckpegel je Frequenzgruppe die von einem Durchschnittsmenschen empfundene *Lautheit* eines Geräusches zu berechnen. Das Verfahren zur Ermittlung der Lautheit ist genormt und in der → *DIN 45 631* beschrieben.

Eine Vielzahl von Untersuchungen zeigt, daß der Unterschied zwischen dem A-bewerteten Schalldruckpegel und der Lautheit für viele Alltagsgeräusche beträchtlich sein kann. In den Kapiteln 5 und 7 sind eine Reihe von Beispielen beschrieben.

4.3.2   Reduktion der Zeitinformation

Nach der Reduktion der Frequenzinformation eines Geräusches nach Abb. 4.4 durch Frequenzbewertung des Schallpegels oder Bildung der Lautheit erhält man für viele Geräusche des Alltags Geräuschkennwerte, welche im Verlauf der Zeit stark schwanken. Beispiele für derart zeitlich schwankende Geräusche sind etwa Verkehrsgeräusche. Während der Vorbeifahrt eines Autos oder des Vorbeiflugs eines Flugzeuges treten recht hohe Pegel oder Lautheiten auf, in der übrigen Zeit herrscht Ruhe. Es ist daher auch hier erforderlich, Methoden zu finden, welche aus der Vielzahl der während einer Messung auftretenden Geräuschkennwerte einen für die Gesamtsituation typischen ermitteln.

Der energieäquivalente Dauerschallpegel Leq

Das in Österreich und Europa zur Zeit wohl am häufigsten verwendete Verfahren zur Bildung eines zeitlichen Mittelwertes aus einem schwankenden Geräusch ist der energieäquivalente Dauerschallpegel L_{eq}. Der energieäquivalente Dauerschallpegel wird als jener Schalldruckpegel errechnet, der bei dauernder Einwirkung dem unterbrochenen Geräusch oder Geräusch mit schwankendem Schalldruckpegel energieäquivalent ist (nach: → *ÖNORM S 5004*).

$$Leq = 10 \cdot \lg \frac{1}{t2 - t1} \int_{t1}^{t2} 10^{L(t)/10} \, dt \qquad (3)$$

mit t_2 - t_1 ... Meßzeit

Das heißt, daß auch bei der zeitlichen Mittelung nicht Pegel, sondern Energien summiert werden und erst daraus wieder ein Pegel gebildet wird.

Die äquivalente Dauerlautheit

Nicht nur bei Schalldruckpegeln stellt sich das Problem der zeitlichen Mittelung, sondern auch für die Bildung der "mittleren" Lautheit eines zeitlich schwankenden Geräusches ist ein geeignetes Verfahren erforderlich. Laborversuche von ZWICKER [20] und FASTL [3] haben gezeigt, daß - je nach Geräuschart - der Lautheitsperzentilwert N_2 bis N_5 die mittlere empfundene Lautheit sehr gut beschreibt. Ein Lautheitsperzentilwert wird durch statistische Auswertung des schwankenden Geräusches gewonnen. Die Perzentil-Lautheit N_2 ist dann jener Wert, welcher in 2 % der Meßzeit überschritten wird, die Perzentil-Lautheit N_5 jene Lautheit, welche in 5 % der Meßzeit überschritten wird usw.

4.3.3   Probleme und Einsatzgrenzen der Lärmbewertung

A-Bewertung

Die Frequenzbewertung des Geräusches mittels A-Kurve soll die Frequenzcharakteristik des menschlichen Gehörs nachbilden, welches bei gleicher Intensität tieffrequente und sehr hochfrequente Töne und Geräusche leiser empfindet als ein Geräusch in der Mitte des

Hörbereichs. Beide in Abb. 4.7 als Terzpegelspektrum dargestellten Geräusche besitzen mit 75,0 dB (Geräusch I) und 74,9 dB (Geräusch II) praktisch denselben A-bewerteten Schalldruckpegel, aber mit 48,9 soneGF (Geräusch I) und 42,5 soneGF (Geräusch II) deutlich unterschiedliche Lautheit und verschiedenen Klangcharakter bzw. Lästigkeit. Bei einem Unterschied von 15 % in der Lautheit nach DIN 45631 und damit im wahrgenommenen Lautstärkeeindruck der beiden Geräusche ist der A-bewertete Pegel, der ja die Charakteristik des menschlichen Gehörs nachbilden sollte, für I und II praktisch gleich.

Der A-bewertete Schalldruckpegel gilt nur für schmalbandige Geräusche, deren Lautstärkepegel unter 40 phon liegt, und liefert damit auch nur für diese Voraussetzungen (gehör-)richtige Ergebnisse. In den vielen Fällen, in denen das Geräusch breitbandig ist und/oder deutlich über 40 phon liegt, treten Unterschiede zwischen der empfundenen Geräuschstärke (= Lautstärkeempfindung) und dem A-bewerteten Pegel auf. Nur die Lautheit kann in allen Fällen die Lautstärkeempfindung richtig wiedergeben.

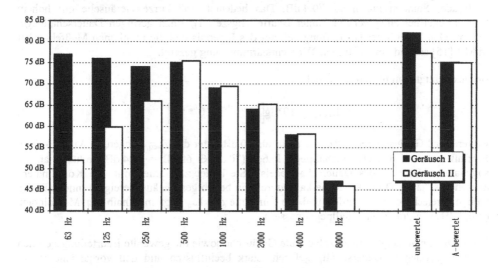

Abb. 4.7: Vergleich zweier Geräusche mit gleichem A-bewerteten Pegel, aber unterschiedlicher Lästigkeit und unterschiedlichem Klangcharakter

Energieäquivalenter Dauerschallpegel $L_{A,EQ}$

Es ist Stand des Wissens, daß erst durch komplexe psychische Prozesse Schall zu Lärm wird. Das bedeutet aber für viele Lärmbewertungsverfahren, daß die getroffenen Annahmen und Vereinfachungen im Einzelfall zu Diskrepanzen zwischen empfundener Lästigkeit bzw. Störwirkung eines Geräusches und dem gemessenen Lärmkennwert führen. Für den zur Beurteilung am häufigsten verwendeten Lärmkennwert, den A-bewerteten energieäquivalenten Dauerschallpegel L_{Aeq}, werden hier die Probleme und Grenzen dargelegt.

FLEISCHER [5], [6], [7] hat die grundsätzlichen Mängel des energieäquivalenten Dauerschallpegels bereits Ende der 70er Jahre aufgezeigt und festgestellt, daß *Lärm kein Schadstoff ist* und *Ruhe völlig durch Lärm ersetzt werden kann, solange man mit dem Lärm innerhalb des "tauben Dreiecks" bleibt.*

Während "echte" Schadstoffe, wie etwa Stickoxide, Kohlenwasserstoffe etc., Stoffe im physikalischen Sinne sind, ist Schall eine Energieform. Schadstoffe bleiben in der Umwelt erhalten, wenn sie einmal emittiert worden sind. Geräuschenergie dagegen wird sehr rasch in Wärme umgewandelt. Lärm hinterläßt somit keine stofflichen Rückstände! Berücksichtigt man diese Sonderstellung des Lärmes und den Umstand, daß das menschliche Gehör auf Schalldruckänderungen reagiert, nicht aber auf eine Schalldosis, wird einsichtig, daß einem differenzierenden Lärmbewertungsverfahren gegenüber einem integrierenden der Vorzug zu geben wäre.

Die zeitliche Integration des Schallsignales und die Verwendung des Pegelmaßes führen weiters zu dem von FLEISCHER [7] als "taubes Dreieck" bezeichneten Effekt, der im folgenden erläutert werden soll. Man geht von einem Geräuschereignis mit einem Schalldruckpegel von 115 dB und einer Dauer von 1 Sekunde aus. Diese Annahme entspricht der kurzen Betätigung des Folgetonhorns eines Einsatzfahrzeugs. Trägt man nach Formel (3) nun den Verlauf des L_{eq} in Abhängigkeit von der Beurteilungszeit $T_B = t_2-t_1$ auf, erhält man ein Diagramm mit einer Geraden, welche bei $T_B = 1$ mit 115 dB beginnt und bei Verzehnfachung der Beurteilungszeit T_B um 10 dB abfällt (Abb. 4.8). Nach einer Stunde beträgt der $L_{eq} = 79,4$ dB, nach acht Stunden nur mehr 70,4 dB. Das bedeutet, daß kurze Geräusche mit hohem Spitzenpegel bei entsprechend langer Beurteilungszeit T_B einen geringen Dauerschallpegel liefern. Den Einfluß der Beurteilungszeit auf das Ergebnis und die möglichen Meßfehler hat MAIR [15] anhand einer (Straßen-)Verkehrslärmmessung gezeigt.

Berücksichtigt man nach der Formel

$$L_{eq,1+2} = 10 * \lg\left[10^{L_{eq,1}/10} + 10^{L_{eq,2}/10}\right] \qquad (4)$$

weiters, daß Geräuschereignisse, die mehr als 10 dB unter dem $L_{eq,1}$ liegen, praktisch keinen Einfluß mehr auf den Dauerschallpegel haben (70 dB $\oplus$ 60 dB = 70,4 dB), erhält man die sogenannte "Barriere des Dauerschallpegels". Sie bildet zusammen mit den Koordinatenachsen das "taube Dreieck". Ruhe kann durch ein beliebiges Geräuschereignis innerhalb des tauben Dreiecks ersetzt werden und die Zunahme des L_{eq} liegt innerhalb der Meßtoleranz (= 0,7 dB) von Präzisionsschallpegelmessern.

Diese Darlegung zeigt, daß einzelne laute Geräusche sowie die gewählte Beurteilungszeit den energieäquivalenten Dauerschallpegel sehr stark beeinflussen und daß vorhandene Ruhephasen nicht immer richtig berücksichtigt werden.

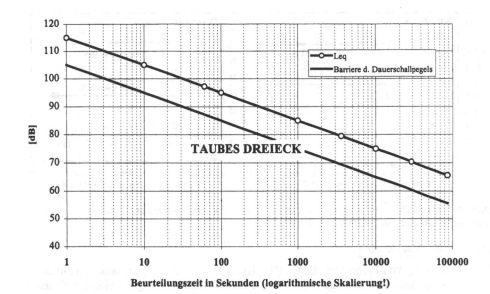

Abb. 4.8: Abhängigkeit des L_{eq} von der Beurteilungszeit und das "taube Dreieck"

Zur Kompensierung dieser Effekte und zur Verbesserung der Korrelation zwischen empfundener Lästigkeit eines Geräusches und seinem energieäquivalenten Dauerschallpegel hat es sich eingebürgert, Pegelzu- und -abschläge zu verwenden. So wird für impulshafte und informationshaltige Geräusche ein Pegelzuschlag zum gemessenen Wert addiert, während für Eisenbahngeräusche ein Pegelabschlag - der sogenannte Schienenbonus - in Rechnung gestellt wird. FASTL [4] hat in einer Pilotuntersuchung festgestellt, daß für Fluglärm ein Pegelzuschlag - man könnte ihn als Fluglärmmalus bezeichnen - in der Höhe von mindestens 5 dB zu berücksichtigen wäre. Tendenziell finden sich diese Ergebnisse, daß bei einem bestimmten Pegel Fluglärm störender als Straßenverkehrslärm und Eisenbahnlärm angenehmer als Straßenverkehrslärm ist, auch in der Arbeit von MIEDEMA [16].

Die Untersuchung von RYLANDER/BJÖRKMAN/SØRENSEN [17] zeigt ebenfalls, daß eine reine Dosis/Wirkungsbetrachtung des Leq' in der Form, je mehr aufgenommene Geräuschenergie desto höher der Grad an Gestörtheit, einen nur beschränkten Gültigkeitsbereich besitzt. Die Auswertung von Untersuchungen, welche Angaben zur Anzahl der Geräuschereignisse, der Höhe der Spitzenpegel und zum Grad der Gestörtheit von Anrainern enthalten, hat ergeben, daß nur bei einer geringen Zahl von Geräuschereignissen der Dosis/Wirkungsansatz gilt, d. h., daß eine Zunahme von Einzelereignissen pro Zeiteinheit zu einer Zunahme der Personen führt, die sich stark gestört fühlen. Ab einem bestimmten "Schwellwert von Geräuschereignissen", der für verschiedene Geräuscharten unterschiedlich ausfällt, ist trotz Zunahme der Geräuschereignisse keine Erhöhung der Belästigung mehr festzustellen. Die Belästigung hängt hier nur mehr von der Höhe des Maximalpegels ab (Abb. 4.9).

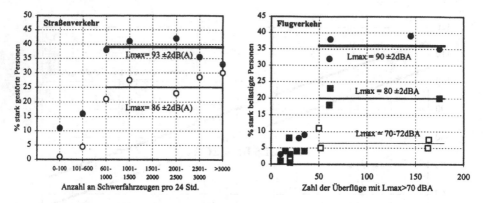

Abb. 4.9: Für Straßen- und Flugverkehr: Zusammenhang zwischen Anzahl und Maximalpegel der Geräuschereignisse und der Belästigung nach [17]

Äquivalente Dauerlautheit

Die Verwendung von Perzentillautheiten (N_2-N_5) als Maß für die empfundene Gesamtlautheit eines in seiner Intensität über die Zeit schwankenden Geräusches birgt als einziges Kriterium für die Beschreibung einer Lärmsituation ähnliche Probleme in sich wie die Integration beim L_{eq}. Die Verwendung der Lautheitsstatistik geht von der These aus, daß die lautesten Geräusche einer Untersuchungsperiode das Lautheitsgesamturteil prägen. Die grundsätzliche Gültigkeit des Ansatzes ist von KALIVODA [12] gezeigt worden. In einer konkreten Lärmsituation hat der N_5 deutlich bessere Kennwerte für die von den Anrainern angegebene Lärmbelästigung geliefert als der Mittelwert der Lautheit:

$$N_{mittel} = \frac{1}{t_2 - t_1}\int_{t_1}^{t_2} N(t)dt .$$ (5)

Es bleibt auch bei der Verwendung eines Perzentillautheitswertes das Problem der umkehrbar eindeutigen Abbildung von Lärmsituationen auf Beurteilungskriterien bestehen. Verschiedene Lautheitsverteilungen und damit unterschiedliche Geräuschsituationen können nämlich immer denselben Wert für N_5 liefern (Abb. 4.10).

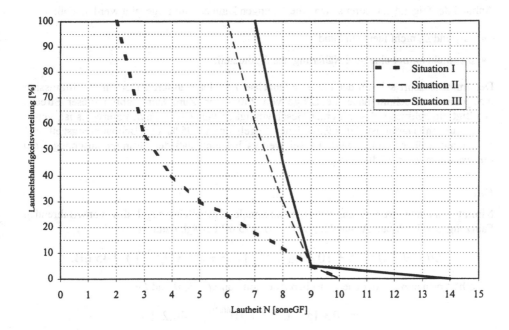

Abb. 4.10: Lautheitsverteilung von drei unterschiedlichen Geräuschsituationen bei gleichem Lautheitsperzentilwert N_5

Kurve I mit einem N_5 = 9 sone$_{GF}$ zeigt - abgesehen von einigen wenigen Geräuschspitzen (N_{max} = 10 sone$_{GF}$) - eine Situation, in der es den überwiegenden Teil der Zeit sehr ruhig ist. Man kann nun, wie Kurve II zeigt, die Grundbelastung durch ein zusätzliches Geräusch ergänzen (N_{min} = 6 sone$_{GF}$), ohne daß sich N_5 ändert. Es ist weiters vorstellbar, daß bei gleichem N_5 statt geringer Geräuschspitzen (N_{max} = 10 sone$_{GF}$ bei I) hohe Geräuschspitzen (z.B. Schießlärm mit N_{max} = 14 sone$_{GF}$ bei III) auftreten.

Die Schlußfolgerung daraus lautet ähnlich wie beim L_{eq}, daß zusätzliche Kriterien über Häufigkeit und Verteilung der einzelnen Geräuschereignisse in die Beurteilung einfließen müssen.

Grundgeräuschpegel

Der Grundgeräuschpegel ist eine wichtige Größe bei der Beurteilung von Geräuschimmissionen. Die → *ÖNORM S 5004* definiert den Grundgeräuschpegel als "den geringsten an einem Ort während eines bestimmten Zeitraumes gemessenen A-bewerteten Schalldruckpegel in dB, der durch entfernte Geräusche verursacht wird, und bei dessen Einwirkung Ruhe empfunden wird. Er ist der niedrigste Wert, auf welchen die Anzeige des Schallpegelmessers (Anzeigedynamik "schnell") wiederholt zurückfällt." Damit liefert der Grundgeräuschpegel Kennwerte für die akustische Grundbelastung.

Da es in der Praxis oft nicht möglich ist, den Grundgeräuschpegel direkt zu messen - dafür wäre die Abschaltung aller Fremdgeräuschquellen notwendig - ist in den Regelwerken (→ *ÖNORM S 5004*, → *ÖAL Richtlinie Nr. 3*) vorgesehen, bei Vorliegen einer Pegelhäufigkeitsverteilung den L_{95} als Grundgeräuschpegel L_G einzusetzen. Der L_{95} ist jener Schalldruckpegel, der in 95 % der Meßzeit überschritten wird.

Anhand der folgenden theoretischen Überlegungen kann allerdings gezeigt werden, daß:

- L_{95} und L_G nicht ident sind und
- L_{95} nicht immer eine gute Näherung des L_G darstellt.

Der Immissionsort sei von der Fahrstreifenachse 7,5 Meter entfernt. Der für die Immission maßgebliche Abschnitt habe die Länge von 250 Meter. Zum Durchfahren dieser Strecke benötigt ein Fahrzeug, das mit einer Geschwindigkeit von $V = 90$ km/h unterwegs ist, genau 10 Sekunden. Damit ist $L(t = 9,5s)$ jener Pegel, der in 95 % der Beobachtungszeit von 10 Sekunden überschritten wird. Es sei weiters bekannt, daß der Grundgeräuschpegel am Immissionsort $L_G = 40$ dB betrage.

Fall 1:

Nimmt man nun weiters an, daß der maximale Vorbeifahrtspegel des vorbeifahrenden Fahrzeuges in 7,5 Meter Abstand $L_{A,SP}(a=7,5) = 75$ dB beträgt, dann ist

$$L(t = 9,5\ s) = 75 + 10 * \lg(\ 7,5^2 / [7,5^2 + (25 * 9,5)^2\ ]\ ) = 45\ \text{dB}.$$

L_{95} erhält man nun aus der energetischen Addition von $L(t= 9,5)$ und L_G:

$$L_{95} = 10 * \lg(\ 10^{45/10} + 10^{40/10}\ ) = 46,2\ \text{dB}.$$

In diesem Fall ist der Perzentilpegel L_{95} um ca. 6 dB höher als der tatsächliche Grundgeräuschpegel L_G.

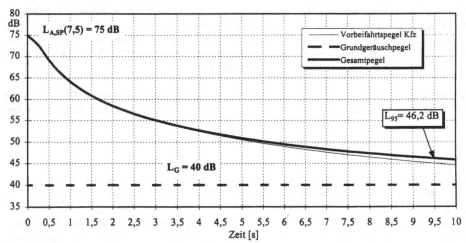

Abb. 4.11: Zeitlicher Verlauf des Schallpegels im Immissionsort bei der Vorbeifahrt eines Fahrzeuges mit V = 90 km/h (= 25 m/s) und $L_{A,SP}$ = 75 dB

Fall 2:

Der maximale Vorbeifahrtspegel in 7,5 m sei $L_{A,SP}(a=7,5) = 60$ dB. Bei sonst gleichen Annahmen wie in Fall 1 wird

$$L(t=9,5) = 30\ \text{dB und}$$

$$L_{95} = 10 * \lg(10^{30/10} + 10^{40/10}) = 40,4 \text{ dB}.$$

Für dieses Berechnungsbeispiel können L_{95} und L_G innerhalb der Meßgenauigkeit als ident angesehen werden.

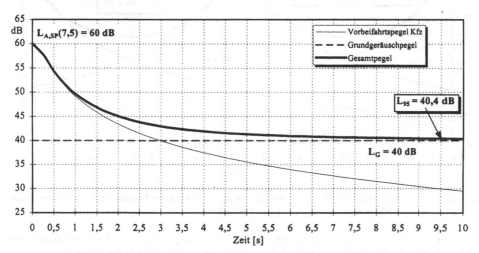

Abb. 4.12: Zeitlicher Verlauf des Schallpegels im Immissionsort bei der Vorbeifahrt eines Fahrzeuges mit V = 90 km/h (= 25 m/s) und $L_{A,SP}$ = 60 dB

Fall 3:

Bei einem maximalen Vorbeifahrtspegel in 7,5 m von $L_{A,SP}(a=7,5)$ = 60 dB und einer Kraftfahrzeugvorbeifahrt alle 5 Sekunden, das entspricht einer Straße mit einer Verkehrsmenge von 720 Kraftfahrzeugen pro Stunde, wird

$$L_{95} = 46,1 \text{ dB}.$$

Damit ist der Perzentilpegel L_{95} wieder um ca. 6 dB höher als der tatsächliche Grundgeräuschpegel L_G.

Die Abbildungen Abb. 4.11 bis Abb. 4.13 zeigen den Grund für die Diskrepanzen sehr deutlich. Im ersten Fall dominiert während der gesamten Meßzeit der vom Kraftfahrzeug stammende Pegel $L(t)$, damit liegt auch der Perzentilpegel L_{95} in der Größenordnung von $L(t=9,5)$. Ähnliches gilt auch für Fall 3. Durch die dichte Fahrzeugfolge - alle 5 Sekunden fährt am Immissionspunkt ein Fahrzeug vorbei - sinkt der Gesamtpegel nie unter 46 dB. In beiden Fällen kommt der Grundgeräuschpegel L_G nicht zur Geltung.

Anders ist das im zweiten Fall. Nach ca. 3 Sekunden der Meßzeit von 10 Sekunden ist $L(t)$ gleich dem Grundgeräuschpegel und zum Zeitpunkt t = 9,5 s schon um 10 dB geringer als L_G. In diesem Fall gibt es während der Meßzeit T_M ein genügend großes Intervall ($\geq$ 5% von T_M), in dem der Grundgeräuschpegel L_G den Vorbeifahrtspegel $L(t)$ des Kraftfahrzeuges stark überschreitet.

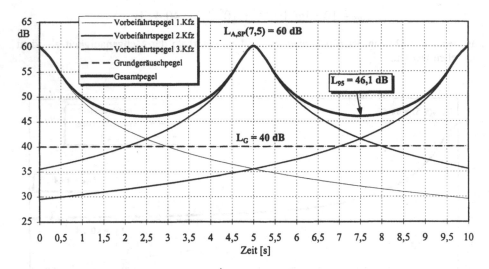

Abb. 4.13: Zeitlicher Verlauf des Schallpegels im Immissionsort bei der Vorbeifahrt von 3 Fahrzeugen mit V = 90 km/h (= 25 m/s) und $L_{A,SP}$ = 60 dB

Das Kriterium zur Beurteilung der Frage, ob der Perzentilpegel L_{95} in der Größenordnung des Grundgeräuschpegels liegt und damit als Maß für L_G dienen kann, muß daher lauten:

Der Perzentilpegel L_{95} liefert nur dann einen Wert, der in etwa dem Grundgeräuschpegel L_G entspricht, wenn bei schwankenden Geräuschen mindestens während insgesamt 5% der Meßzeit Ruhe herrscht, d.h. der Grundgeräuschpegel L_G dominiert. Andernfalls kann vom L_{95} nicht auf L_G geschlossen werden.

Für Verkehrslärmmessungen bedeutet das beispielsweise, daß nur bei schwachem Verkehr L_G mit Hilfe von L_{95} ermittelt werden kann. Bei sehr starkem Verkehr aber wird L_{95} viel höher ausfallen als L_G.

Wahrnehmbarkeitsgrenzen für Pegeländerungen

Bei der Beurteilung von Geräuschimmissionen stellt sich immer wieder die Frage, wie hoch der Pegelunterschied sein muß, um wahrnehmbar zu sein. Auch hier ist wieder eine Differenzierung notwendig, da es *den Pegel* nicht gibt, sondern zeitlich schwankende Pegel L(t), Maximalpegel, Dauerschallpegel etc., für die unterschiedliche Wahrnehmbarkeitsschwellen gelten.

In Versuchsreihen zur Feststellung der Lautstärkeempfindung des Menschen sind die Wahrnehmbarkeitsgrenzen von Geräuschen im Paarvergleich ermittelt worden. Dabei haben Versuchspersonen ein schmalbandiges Rauschen abwechselnd mit unterschiedlichem Schalldruckpegel dargeboten bekommen. Bei diesem Experiment hat sich gezeigt, daß in einem Pegelbereich von 40 dB und einer Mittenfrequenz des Schmalbandrauschens von 1.000 Hz ein Schallpegelunterschied der beiden Geräusche von

- 1 dB gerade noch wahrnehmbar ist,

- 3 dB wahrnehmbar ist und

- 10 dB zu einer Verdoppelung des Lautheitseindrucks führt.

Diese Werte gelten **nur** beim direkten Vergleich zweier gleichartiger Geräusche (mit derselben Zeit- und Frequenzstruktur), welche sich eben nur durch ihre Intensität (Schalldruckpegel) unterscheiden. Auf zwei Geräusche mit unterschiedlicher Zeit- oder Frequenzstruktur sowie **auf den energieäquivalenten Dauerschallpegel** sind die Ergebnisse **nicht übertragbar!**

Der energieäquivalente Dauerschallpegel mittelt über einen vorher definierten Zeitraum die empfangene Geräuschenergie. Wie dargestellt wurde, hat die Reihenfolge der Einzelgeräuschereignisse auf die Höhe des Dauerschallpegels keinen Einfluß.

Fahren beispielsweise in einer Straße pro Stunde 30 Kraftfahrzeuge, von denen der Einfachheit halber jedes denselben Emissionspegel besitze, dann ist es egal, ob sie gleichmäßig verteilt sind, d. h. alle 2 Minuten ein Fahrzeug vorbeifährt, oder ob sie als Pulk auf einmal vorbeifahren und danach Ruhe herrscht.

Aber nicht nur die zeitliche Verteilung kann bei gleichem Dauerschallpegel geändert werden, sondern in speziellen Grenzen auch die Anzahl der Fahrzeuge und der Emissionspegel. Reduziert sich der Emissionspegel der Einzelfahrzeuge um 3 dB, dann können doppelt so viele Fahrzeuge pro Stunde in der Straße fahren, um wieder dieselbe Geräuschenergie, also denselben energieäquivalenten Dauerschallpegel wie im ursprünglichen Beispiel zu liefern. Reduziert man den Emissionspegel der Einzelfahrzeuge nicht um 3 dB, sondern um 10 dB, dann können zehnmal so viele Fahrzeuge, also 300, in der Straße fahren und der Dauerschallpegel ändert sich nicht.

Das Urteil der Anrainer wird in jedem der Fälle deutlich anders ausfallen, als es der für alle Situationen gleiche Dauerschallpegel erwarten läßt. Der Grund für die Diskrepanz liegt darin, daß das menschliche Gehör kein integrierender Schallpegelmesser ist, welcher Schallpegelschwankungen glättet, sondern ein differenzierendes Organ, welches auf Schallpegelschwankungen reagiert.

Zeitstrukturen

Zeitbewertung

In der Physik und Technik ist es üblich, bei Wechselvorgängen nicht den Amplitudenverlauf eines Vorganges zu ermitteln, sondern einen Gleichwert. Bei Schwingungs- und Wellenvorgängen mechanischer oder elektrischer Art wird dabei nicht der zeitliche arithmetische Mittelwert verwendet, da ein solcher Mittelwert den Wert null ergibt, sondern als Gleichwert wird der sogenannte quadratische Mittelwert oder Effektivwert benutzt.

In der Schallmeßtechnik sind drei Werte für die Integrationszeit eingeführt: die schnelle Anzeige *fast* mit 125 Millisekunden, die langsame Anzeige *slow* mit 1 Sekunde und die Anzeige *impuls* mit der Integrationskonstante 35 Millisekunden für das ansteigende Signal und einer Halteschaltung mit einer Zeitkonstante von 3 Sekunden für das abfallende Signal. Die große Zeitkonstante für das abfallende Signal bewirkt, daß der mit kurzer Integrationszeit sich einstellende Wert auch an einem Zeigergerät ohne nennenswerten Fehler ablesbar ist.

Abb. 4.14 zeigt die Arbeitsweise der Zeitbewertung *fast*. Durch die zeitliche Mittelung reagiert der Schallpegelmeßwert langsamer auf das vorhandene Signal. Das bedeutet für kurz dauernde Schalldruckspitzen, daß sie durch die Einstellung *fast* herausgefiltert werden.

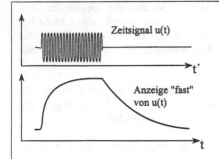

"EFFEKTIVWERTBILDUNG": Am Eingang des Schallpegelmessers liegt ein Tonimpuls u(t) der Frequenz 100 Hz und der Dauer von 200 ms an (oberes Signal). Das elektrische Signal u(t) ist proportional dem am Mikrofon anstehenden Schallwechseldruck p(t) (u(t) ≈ p(t)). Durch die Effektivwertbildung, hier in der Anzeigedynamik "schnell" (T=125ms), entsteht am Gleichspannungsausgang (DC) das untere Signal, das nach 125 ms seinen vollen "Ausschlag" erreicht und bis zum Ende des Impulses beibehält.

Abb. 4.14: 125ms-bewertetes Signal (Quelle: BOHNY et. al. [1])

Die Zeitbewertung *impuls* besitzt mit 35 ms eine viel kürzere Integrationszeit und reagiert damit stärker auf Spitzen. Die Zeitbewertung *slow* reagiert mit 1 s Integrationszeit auf kurzzeitige Schalldruckspitzen sehr träge und liefert für dasselbe Geräuschereignis damit die geringsten Werte (siehe Abb. 4.15).

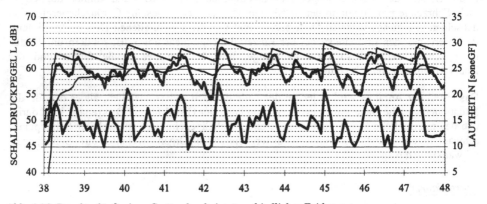

Abb. 4.15: Pegelverläufe eines Geräusches bei unterschiedlicher Zeitbewertung

Aber nicht nur die Mikro-Zeitstruktur von Geräuschen führt zu deutlichen Unterschieden zwischen den akustischen Kennwerten und dem Höreindruck. Abb. 4.16 zeigt den Zeitcharakter dreier Geräusche. Die Zeitstruktur von Geräusch *I* ändert den Pegel zwischen 90 und 50 dB alle 10 Sekunden, von Geräusch *II* alle 100 Sekunden, während der Pegel von Geräusch *III* in der ersten halben Stunde 90 dB und in der zweiten halben Stunde 50 dB beträgt.

Alle gängigen Geräuschkennwerte wie minimaler, maximaler, mittlerer Pegel, Pegelstatistik, Lautheit oder Lautheitsverteilung sind für die drei Geräusche gleich, der Höreindruck unterscheidet sich aber wieder deutlich.

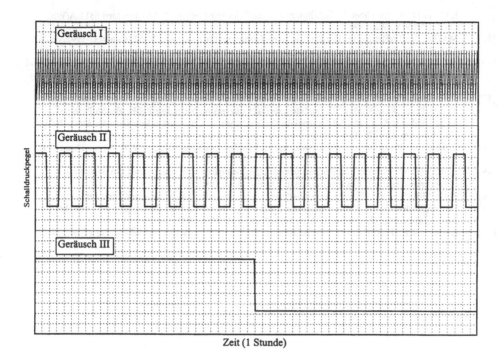

Abb. 4.16: Unterschiedliche Zeitstruktur dreier Geräusche mit gleichem mittleren, minimalen und maximalen Schalldruckpegel und gleicher Lautheit

4.4 Literatur

[1]   BOHNY H.-M. et. al.: Lärmschutz in der Praxis. R. Oldenburg Verlag, München, Wien 1986.
[2]   FASTL H.: Noise measurement procedures simulating our hearing system. J. Acoust. Soc. Jpn (E) 9, 2 (1988), S. 75-80.
[3]   FASTL H.: Beurteilung und Messung der wahrgenommenen äquivalenten Dauerlautheit. Z. f. Lärmbekämpfung 38 (1991), S.98-103.
[4]   FASTL H.: Psychoakustische Experimente zum Fluglärmmalus. in: Fortschritte der Akustik. Plenarvorträge und Fachbeiträge der 21. Gemeinschaftstagung der Deutschen Arbeitsgemeinschaft für Akustik. DAGA 1995, Saarbrücken 1995.
[5]   FLEISCHER G.: Argumente für die Berücksichtigung der Ruhe in der Lärmbekämpfung. Kampf dem Lärm 25 (1978).
[6]   FLEISCHER G.: Vorschlag für die Bewertung von Lärm und Ruhe. Kampf dem Lärm 26 (1979).
[7]   FLEISCHER G.: Meßverfahren kontra Ruhe. Kampf dem Lärm 27 (1980).
[8]   FOREMAN John E. K.: Sound Analysis and Noise Control. Verlag Van Nostrand Reinhold, New York 1990.
[9]   GUSKI R.: Der Begriff "Lärm" in der Lärmforschung. Kampf dem Lärm 23 (2/1976).
[10] HÖGER R., MATTHEIS E., LETZING E.: Physikalische versus psychologische Reizinterpretation: Der Mittelungspegel aus wahrnehmungspsychologischer Sicht. Z. f. Lärmbekämpfung 35 (1988), S.163-167.
[11] KALIVODA M. T.: Rating noise in the neighbourhood of a sawmill by psychoacoustics. Proc. Noise & Man '93, 6th International Congress on Noise as a Public Health Problem. Michel Vallet (editor); Institut National de Recherche sur les Transport et leur Sécurité, Actes INRETS No.34 bis, pp. 233-234. Bron 1993.
[12] KALIVODA M. T.: Kennwerte für eine (wirkungsäquivalente) Dauerlautheit. in: Fortschritte der Akustik. Plenarvorträge und Fachbeiträge der 20. Gemeinschaftstagung der Deutschen Arbeitsgemeinschaft für Akustik. DAGA 1994. S 1097-1099, Dresden 1994.
[13] KRYTER K. D.: The Effects of Noise on Man. Academic Press, New York/London 1970

[14]   LANG J.: Gutachten über die Schallimmission an Schienenstrecken. TGM-Gutachten 6311/A/WS i.A.d. BMöWV, Wien 1988.

[15]   MAIR L. S.: Traffic Noise: The Significance of sampling time. in: Proc. FASE-Congress 1992, S. 267 - 270. Zürich 1992.

[16]   MIEDEMA H.: Response Functions for Environmental Noise. Proc. Noise & Man '93, 6th International Congress on Noise as a Public Health Problem. Michel Vallet (editor); Institut National de Recherche sur les Transport et leur Sécurité, Actes INRETS No.34 bis, pp. 428-433. Bron 1993.

[17]   RYLANDER R., BJÖRKMAN M., SØRENSEN S.: Dose-Response Relationship for Environmental Noises. Proc. Noise & Man '93, 6th International Congress on Noise as a Public Health Problem. Michel Vallet (editor); Institut National de Recherche sur les Transport et leur Sécurité, Actes INRETS No.34 bis, pp. 225-227. Bron 1993.

[18]   SCHAEFER Peter: Entwurf eines umfassenden Lärmbewertungsverfahrens. VDI-Verlag, Düsseldorf 1984.

[19]   ZOLLNER M.: Echtzeit Lautheitsanalyse. in: Psychoakustik - Gehörbezogene Lärmbewertung; Eigenverlag des BM f. Umwelt, Jugend u. Familie, Wien 1993.

[20]   ZWICKER E., et. al.: Mittlere Lautheit bei Lärmereignissen unterschiedlicher Anzahl und Art. in: Fortschritte der Akustik. Plenarvorträge und Fachbeiträge der 16. Gemeinschaftstagung der Deutschen Arbeitsgemeinschaft für Akustik. DAGA 1990. S 393-396, Wien 1990.

[21]   ZWICKER E.: Psychoakustik. Hochschultexte, Springer Verlag Berlin, Heidelberg, New York 1982.

5. Psychoakustische Methoden

H. FASTL

5.1 Psychoakustik und Geräuschbeurteilung

Bei der Beurteilung von Geräuschen gehen derzeit die Hersteller von Produkten und deren Kunden völlig getrennte Wege: In den Labors der Hersteller werden die Geräusche anhand physikalischer Methoden analysiert und optimiert. Im Gegensatz dazu beurteilt der Kunde die Geräusche mit seinem Gehör. Dadurch können sich völlig unterschiedliche Bewertungen ein und desselben Geräusches durch Hersteller bzw. Kunde ergeben. Auch bei der Bewertung von Geräuschimmissionen wie beispielsweise Fluglärm unterschätzen die nach gängigen Normen meßtechnisch erhobenen Befunde die Geräuschbelastung der Bevölkerung oft erheblich.

Zur Lösung dieser Problemstellungen bietet sich die wissenschaftliche Fachdisziplin "Psychoakustik" an. Die Ergebnisse psychoakustischer Forschung lassen sich in Geräuschbeurteilungsverfahren umsetzen, mit deren Hilfe die subjektive Beurteilung von Geräuschen zuverlässig vorhergesagt werden kann.

5.2 Reiz und Wahrnehmung

Ein Grundanliegen der Psychoakustik ist es, Beziehungen zwischen physikalisch definierten *Schallreizen* und den von ihnen hervorgerufenen *Hörwahrnehmungen* quantitativ zu beschreiben. Während die Metrik physikalischer Größen den mit technischen Problemen befaßten Personen meist geläufig ist, ist das Wissen um die quantitativen Beschreibungen der Hörwahrnehmung wesentlich weniger verbreitet. Anhand der Ergebnisse von Hörversuchen, die mit zahlreichen Versuchspersonen durchgeführt wurden, kann jedoch für die Hörwahrnehmung eine Metrik erarbeitet werden, die der physikalischen Metrik entspricht. Somit lassen sich quantitative Zusammenhänge zwischen physikalischen Schallreizen und den durch sie hervorgerufenen Hörwahrnehmungen angeben.

Wird beispielsweise der Schallpegel eines 1 kHz Tones von 60 dB auf 70 dB gesteigert, so entspricht dies einer Verdoppelung in der wahrgenommenen Lautstärke (Lautheit). Der Schalldruck steigt dabei auf mehr als das Dreifache, die Schall-Leistung sogar auf das Zehnfache!

Dieses Beispiel soll eindringlich darauf hinweisen, daß für eine erfolgreiche gehörbezogene Geräuschanalyse eine strikte Unterscheidung zwischen physikalisch beschreibbaren Größen (z.B. Pegel, Frequenz) und den zugehörigen Hörwahrnehmungen (Lautheit, Tonhöhe) unabdingbar ist.

5.3 Hörfläche

Abb. 5.1 zeigt die Hörfläche des Menschen. Die Hörschwelle begrenzt die Hörfläche nach kleinen Pegeln. Sie stellt den (frequenzabhängigen) Schallpegel dar, der notwendig ist, damit ein Sinuston gerade wahrnehmbar wird. Das Gegenteil dazu, d.h. den Grenzwert nach hohen Pegeln, bildet die Schmerzgrenze. Bei Schallpegeln über 120 dB können Töne Schmerzempfindungen hervorrufen. Den Grenzwert für die Gefährdung stellen die in der Unfallverhütungsvorschrift Lärm (UVV Lärm) festgelegten Werte bei achtstündiger Beschallung dar. Bei tiefen Frequenzen (100 Hz) liegt der Grenzwert um 19 dB höher als bei mittleren Frequenzen um 1 kHz.

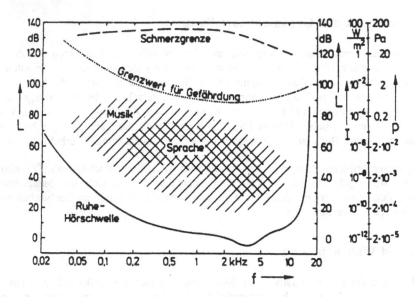

Abb. 5.1: Hörfläche (nach ZWICKER [6])

In unterschiedlicher Schraffierung sind in Abb. 5.1 die Bereiche für Sprache bzw. Musik eingetragen. Mit Musik wird nahezu der gesamte hörbare Frequenzbereich mit Pegeln zwischen etwa 20 und 90 dB abgedeckt. Dabei sind übergroße Lautstärken durch elektroakustische Anlagen nicht berücksichtigt. Betrachtet man die Schallintensitäten zwischen der Hörschwelle und dem Grenzwert für Gefährdung, so ergeben sich Werte zwischen 10^{-12} und 10^{-3} W/m². Wird für den Gehörgang vereinfachend eine Fläche von 1 cm² angenommen, so ergeben sich akustische Leistungen von 10^{-16} Watt bis 10^{-7} Watt. Bei einem Kopfhörer mit 0,1 % Wirkungsgrad ist bereits eine elektrische Leistung von nur 0,1 mW ausreichend, um den Grenzwert für die Gefährdung zu erreichen! Da tragbare Kassettenrecorder Ausgangsleistungen von über 10 mW aufweisen können, ist es nicht verwunderlich, daß das Hörsystem insbesondere junger Menschen nicht nur durch den Arbeitslärm gefährdet ist.

5.4 Mithörschwellen

Mithörschwellen beschreiben den Effekt der Verdeckung, der uns aus dem Alltag geläufig ist: Durch laute Störgeräusche (z.B. Flugzeug) können leisere Geräusche (z.B. Sprache) unhörbar werden. In der Psychoakustik werden als Testgeräusche meistens Sinustöne verwendet, als Störgeräusche kommen Breitbandrauschen, Schmalbandrauschen, Sinustöne und Tongemische zum Einsatz. Bei lange andauernden Geräuschen ist die spektrale Verdeckung von entscheidender Bedeutung. Bei kurzen Geräuschen (unterhalb 500 ms) kommen zusätzlich Effekte der zeitlichen Verdeckung ins Spiel.

5.4.1 Spektrale Verdeckung

Abb. 5.2 zeigt die Verdeckung von Sinustönen durch weißes Rauschen unterschiedlichen Intensitätsdichte-Pegels. Der Pegel des eben wahrnehmbaren Testtons ist als Funktion seiner Frequenz aufgetragen. Gestrichelt ist die Ruhehörschwelle eingezeichnet. Es wird deutlich, daß die Kurven bis etwa 500 Hz horizontal verlaufen und dann mit steigender Frequenz mit etwa 10 dB pro Dekade ansteigen. Dieses Verhalten beruht auf der Frequenzselektivität des Gehörs und wird im Abschnitt "Frequenzgruppen" ausführlich diskutiert.

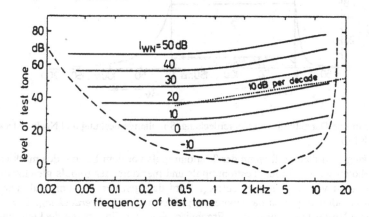

Abb. 5.2: Verdeckung von Sinustönen durch weißes Rauschen (nach ZWICKER [6])

Die Verdeckung von Sinustönen durch Schmalbandrauschen bei 1 kHz (Abb. 5.3) weist eine deutliche Abhängigkeit vom Pegel des verdeckenden Schmalbandrauschens auf. Bei niedrigen Pegeln bis zu 40 dB ergibt sich eine symmetrische Verdeckungskurve. Bei höheren Pegeln wird die obere Flanke des Mithörschwellenmusters wesentlich flacher als die untere Flanke. Dieser Effekt wird in der Psychoakustik als nichtlineare Auffächerung der oberen Flanke bezeichnet. Wird der Pegel eines Schmalbandrauschens bei 1 kHz um 1 dB angehoben, dann nimmt bei hohen Frequenzen die Verdeckung um bis zu 5 dB zu.

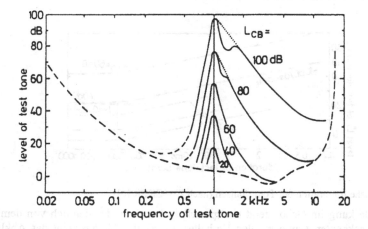

Abb. 5.3: Verdeckung von Sinustönen durch Schmalbandrauschen bei 1 kHz (nach ZWICKER [6])

5.4.2   Zeitliche Verdeckung

Zur Messung der Effekte der zeitlichen Verdeckung müssen kurze Störgeräusche und sehr kurze Testtonimpulse verwendet werden. Die Dauer der Störgeräusche liegt typischerweise unterhalb 500 ms, die Dauer der Testtonimpulse unterhalb 10 ms. Man unterscheidet bei der zeitlichen Verdeckung drei Bereiche (Abb. 5.4):

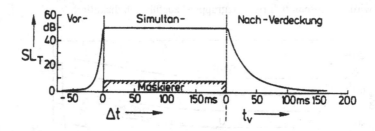

Abb. 5.4: Schematische Darstellung von Vorverdeckung, Simultanverdeckung und Nachverdeckung (nach ZWICKER [6])

Die *Vorverdeckung* tritt dann auf, wenn der Testtonimpuls vor dem Beginn des maskierenden Impulses dargeboten wird. Werden Testtonimpuls und maskierender Impuls gleichzeitig dargeboten, spricht man von *Simultanverdeckung*. Wird dagegen der Testtonimpuls nach dem Ende des maskierenden Impulses dargeboten, ergibt sich die *Nachverdeckung*. Die im Abschnitt "Spektrale Verdeckung" gezeigten Ergebnisse sind der Simultanverdeckung zuzuordnen. Die Vorverdeckung spielt in der gehörbezogenen Geräuschanalyse eine untergeordnete Rolle, während die *Nachverdeckung* als ein Maß für das Ausklingen der Wirkung von Geräuschen im Gehör aufgefaßt werden kann.

Wird für die Messung der zeitlichen Verdeckung die Dauer des Testtonimpulses verkürzt, kommt der Effekt der *zeitlichen Integration* ins Spiel (Abb. 5.5). Bei einer Tondauer über 200 ms sind die Hörschwelle und die Mithörschwelle von der Tondauer unabhängig. Bei kürzerer Testtondauer ergibt sich jedoch ein Anstieg um 10 dB/Dekade. Dies bedeutet, daß bei Verkürzung der Dauer eines Tonimpulses von 200 ms auf 2 ms der Schallpegel um 20 dB angehoben werden muß, damit dessen Hörbarkeit erhalten bleibt.

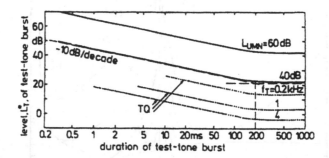

Abb. 5.5: Zeitliche Integration bei Tonimpulsen (nach ZWICKER [6])

Die Nachverdeckung im Gehör zeigt ein spezielles Verhalten, das deutlich von dem in der Raumakustik bekannten exponentiellen Verhalten abweicht. Abb. 5.6 zeigt das Abklingverhalten des Gehörs für Pegel zwischen 40 und 80 dB. In allen drei Fällen ist das Gehör etwa 200 ms nach dem Abschalten des Störschallimpulses auf seinen Ausgangswert (Ruhehörschwelle) zurückgekehrt. Bei niedrigen Schallpegeln und somit geringen Lautstärken ergeben sich flachere Abklingkurven als bei hohen Schallpegeln und großen Lautstärken. Zum Vergleich ist in Abb. 5.6 gestrichelt ein exponentielles Abklingen mit der Zeitkonstante 10 ms eingezeichnet. Der Vergleich von durchgezogenen und gestrichelten Kurven macht deutlich, daß der Abklingvorgang im Gehör sehr komplex ist und *nicht* durch eine einfache Zeitkonstante beschrieben werden kann.

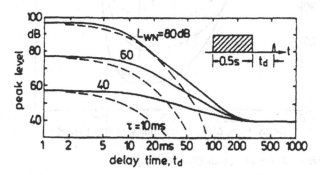

Abb. 5.6: Abhängigkeit der Nachverdeckung vom Schallpegel des Maskierers (nach ZWICKER [6])

Nicht nur der Schallpegel, sondern auch die Dauer von Störgeräuschen beeinflußt die Nachverdeckung im Gehör. In Abb. 5.7 ist das Abklingverhalten für Störgeräusche von 200 ms bzw. 5 ms Dauer dargestellt. In beiden Fällen ist der Abklingvorgang nach etwa 200 ms beendet. Allerdings ergibt sich eine deutliche Abhängigkeit von der Dauer des Störgeräusches: Nach sehr kurzen Störschallimpulsen (gepunktet) erfolgt das Abklingen der psychoakustischen Erregung wesentlich schneller als nach längeren Schallimpulsen (durchgezogen).

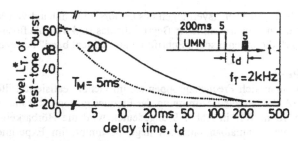

Abb. 5.7: Abhängigkeit der Nachverdeckung von der Dauer des Maskierers (nach ZWICKER [6])

Bei Geräuschen mit zeitlichen Lücken wirken Vor-, Simultan- und Nachverdeckung zusammen. Es ergeben sich dann sogenannte *Mithörschwellen-Zeitmuster*. In Abb. 5.8 sind diese Muster für Breitbandgeräusche angegeben, die mit 5 Hz, 20 Hz und 100 Hz rechteckförmig moduliert werden. Die Dauer der zeitlichen Lücke beträgt dabei 100 ms, 25 ms und 5 ms.

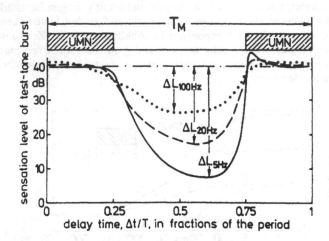

Abb. 5.8: Mithörschwellen-Zeitmuster (nach ZWICKER [6])

Aus den in Abb. 5.8 dargestellten Daten wird deutlich, daß das Mithörschwellen-Zeitmuster ein ausgezeichnetes Maß ist, um festzustellen, wie gut das Gehör in zeitliche Lücken von Geräuschen "hineinhören" kann. Die Modulationstiefe des Mithörschwellen-Zeitmusters spielt bei der Erklärung von Hörempfindungen wie subjektive Dauer, Schwankungsstärke und Rauhigkeit eine zentrale Rolle.

5.5   Spektral- und Zeitauflösung des Gehörs

Das spektrale und zeitliche Auflösungsvermögen des Gehörs kann anhand von Verdeckungskurven beschrieben werden. Ein wesentlicher Begriff für das spektrale Auflösungsvermögen ist die "Frequenzgruppe", die im englischen Schrifttum als "critical band" bezeichnet wird.

5.5.1   Frequenzgruppen

Stark vereinfacht kann man sich Frequenzgruppen als im Gehör realisierte Filter vorstellen. Von den zahlreichen Methoden zur Bestimmung der Frequenzgruppe soll hier nur *eine* beispielhaft aufgeführt werden: Wie in Abb. 5.9 angedeutet, wird die Hörbarkeit eines Sinustones, der zwischen zwei Schmalbandrauschen liegt, bestimmt. Im Experiment wird der Frequenzabstand der beiden Schmalbandrauschen variiert. Bis zu einem Frequenzabstand der beiden Rauschen von etwa 300 Hz bleibt der für die Hörbarkeit des Sinustones notwendige Schallpegel konstant. Bei größeren Frequenzabständen ist bereits ein niedrigerer Schallpegel ausreichend, um die Hörbarkeit des Sinustones aufrecht zu erhalten. Die Frequenzgruppenbreite entspricht dem Knickpunkt der Kurve, ist also bei 2 kHz etwa 350 Hz.

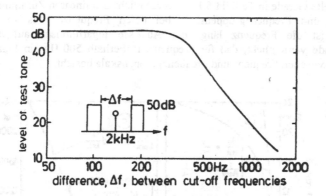

Abb. 5.9: Bestimmung der Frequenzgruppenbreite durch Messung der Mithörschwelle eines Sinustones zwischen zwei Bandpaßrauschen (nach ZWICKER [6])

Die Frequenzgruppenbreite als Funktion der Mittenfrequenz ist in Abb. 5.10 als durchgezogene Gerade dargestellt. Eine einprägsame Näherung ist durch gestrichelte Geraden angegeben. Diese Näherungen deuten an, daß das Gehör sowohl mit Filtern *konstanter absoluter* Bandbreite als auch mit Filtern *konstanter relativer* Bandbreite arbeitet: Bis zu Mittenfrequenzen von etwa 500 Hz beträgt die Filterbandbreite 100 Hz, bei höheren Mittenfrequenzen jedoch 20 % der Mittenfrequenz. Da Terzfilter eine Bandbreite von 23 % der Mittenfrequenz aufweisen, können sie bei Frequenzen oberhalb 500 Hz als brauchbare Annäherung an die "Gehörfilter" betrachtet werden.

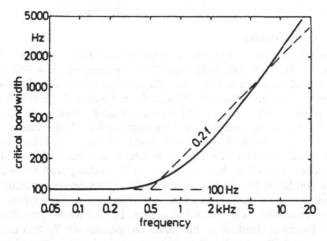

Abb. 5.10: Frequenzgruppenbreite als Funktion der Frequenz (nach ZWICKER [6])

Werden die Frequenzgruppenfilter aneinandergereiht, so ergibt sich die Frequenzgruppenskala. Aus Abb. 5.11 wird deutlich, daß diese Skala im Innenohr repräsentiert ist. Teilbild 5.11(a) zeigt das ausgestreckte Innenohr. Der Eingang vom Mittelohr befindet sich am oberen Rand, die Spitze der ausgestreckten Schnecke am unteren Rand. Die Frequenzgruppenskala (critical band rate) wird also direkt auf die Länge der Basilarmembran abgebildet. Sie trägt die Einheit *Bark* zu Ehren des Dresdner Forschers Barkhausen, der sich um die Schallmessung bereits in den 20er Jahren unseres Jahrhunderts sehr verdient gemacht hat. Die gestrichelte Gerade in Teilbild 5.11(b) verdeutlicht den linearen Zusammenhang zwischen Frequenz und Frequenzgruppenskala bei tiefen Frequenzen bis zu 500 Hz. In Teilbild 5.11(c) ist die Frequenz längs der Abszisse logarithmisch aufgetragen. Die gestrichelte Gerade verdeutlicht, daß für Frequenzen oberhalb 500 Hz ein logarithmischer Zusammenhang zwischen Frequenz und Frequenzgruppenskala besteht.

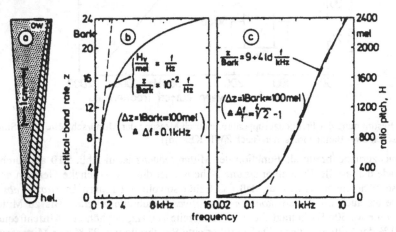

Abb. 5.11: Zusammenhänge zwischen Frequenzgruppenskala, Frequenz und Länge der Basilarmembran (nach ZWICKER [6])

Die Frequenzgruppenskala oder Bark-Skala als gehörrichtige Transformation der physikalischen Frequenzskala ist in der Psychoakustik von fundamentaler Bedeutung. Sie bildet den Ausgangspunkt für die quantitative Beschreibung zahlreicher Hörphänomene.

5.5.2 Erregungspegel-Muster

Während die Frequenzgruppen als Filter mit unendlich großer Flankensteilheit aufgefaßt werden können, besitzen die im Gehör wirksamen Filterfunktionen endliche Flankensteilheiten. Ohne näher auf Details einzugehen kann vereinfachend gesagt werden, daß die Erregungspegel-Tonheitsmuster den im Abschnitt "Spektrale Verdeckung" beschriebenen Mithörschwellen-Mustern entsprechen. Ausgehend von den Mithörschwellen-Mustern sind zwei Veränderungen durchzuführen, um zu den Erregungspegel-Tonheitsmustern zu gelangen: Zum einen wird die physikalische Frequenzskala in die gehörgerechte Frequenzgruppenskala transformiert. Zum anderen werden die Mithörschwellenmuster um 2 dB bis 6 dB nach höheren Pegeln verschoben. Diese Verschiebung rührt vom Verdeckungsmaß her, welches mit der Eigenmodulation von Schmalbandrauschen verschiedener Bandbreite verknüpft ist. Ein frequenzgruppenbreites maskierendes Rauschen wird bei hohen Frequenzen als weniger schwankend wahrgenommen als bei tiefen Frequenzen. Die Schwankungen stören die Wahrnehmbarkeit des Testtones. Deshalb ist bei tiefen Frequenzen ein Testton erst dann wahrnehmbar, wenn er um 2 dB unter dem Frequenzgruppenpegel liegt, während bei hohen Frequenzen bereits ein Testtonpegel 6 dB unterhalb des Frequenzgruppenpegels für die Wahrnehmbarkeit ausreicht.

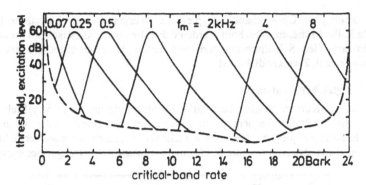

Abb. 5.12: Erregungspegel-Tonheitsmuster vom Schmalbandrauschen als Funktion der Tonheit (nach ZWICKER [6])

Abb. 5.12 zeigt die Erregungspegel-Tonheitsmuster für Schmalbandrauschen mit einem Schallpegel von 60 dB. Die Verwendung der Frequenzgruppenskala hat den großen Vorteil, daß die Muster durch Verschiebung längs der x-Achse ineinander übergeführt werden können. Lediglich bei 70 Hz ergibt sich ein Muster mit einer steileren oberen Flanke. Erregungspegel-Tonheitsmuster repräsentieren ein Maß für das spektrale Auflösungs- vermögen des Gehörs. Sie bilden den Ausgangspunkt für zahlreiche quantitative Beschrei- bungen von Hörwahrnehmungen.

Werden nicht nur die Effekte der spektralen Verdeckung, sondern auch die Effekte der zeitli- chen Verdeckung berücksichtigt, so ergeben sich dreidimensionale Mithörschwellen-Ton- heits-Zeitmuster. Abb. 5.13 zeigt solch ein Muster für einen 300 ms langen Tonimpuls bei 4 kHz. Die zeitliche und spektrale Ausdehnung des Impulses ist durch die gestrichelte Fläche angedeutet. Das Muster in Abb. 5.13 veranschaulicht, daß die maskierende Wirkung eines Tonimpulses sowohl spektral als auch zeitlich wesentlich über seine physikalische Ausdeh- nung hinausreicht. Das Erregungspegel-Tonheits-Zeitmuster repräsentiert eine gehöradäquate Kurzzeit-Spektraldarstellung von Geräuschen. Dieses Muster ist die wichtigste Zwischen- größe für die Beschreibung sowohl stationärer als auch stark zeitvarianter Hörempfindungen.

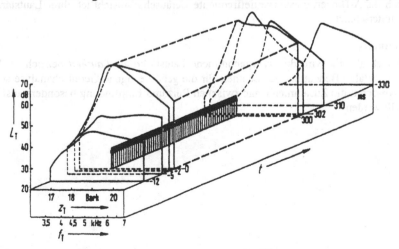

Abb. 5.13: Mithörschwellen-Tonheits-Zeitmuster (nach FASTL [2])

5.6 Lautstärke und Lautheit

Für die gehörbezogene Geräuschanalyse spielt die wahrgenommene Lautstärke (Lautheit) eine zentrale Rolle. In diesem Abschnitt werden daher die psychoakustischen Grundlagen sowohl der in fast allen Schallpegelmessern realisierten A-Bewertungskurve als auch der Lautheitsanalyse nach Zwicker diskutiert.

5.6.1 Kurven gleicher Lautstärke

Abb. 5.14 zeigt die Kurven gleicher Lautstärke für Sinustöne im freien Schallfeld. Es wird deutlich, daß das Gehör für Frequenzen um 4 kHz wesentlich empfindlicher ist als für sehr tiefe oder sehr hohe Frequenzen. Bereits vor mehr als 60 Jahren hat man versucht, die frequenzabhängige Lautstärkeempfindung des Gehörs durch sog. Bewertungsfilter nachzubilden.

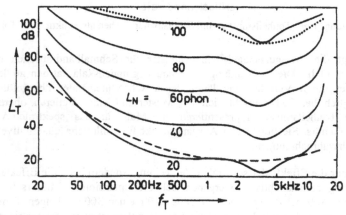

Abb. 5.14: Kurven gleicher Lautstärke im Vergleich zur A-Bewertung (gestrichelt) und D-Bewertung (gepunktet)

In Abb. 5.14 ist gestrichelt die weitverbreitete A-Bewertung und punktiert die teilweise bei Fluglärm eingesetzte D-Bewertung angegeben. Die A-Bewertungskurve bildet die Kurven gleicher Lautstärke nur bei sehr leisen Tönen (20 Phon) nach. Bei "normaler" Lautstärke werden durch die A-Bewertungskurve tieffrequente Geräusche hinsichtlich ihrer Lautstärke wesentlich unterschätzt.

5.6.2 Lautheit

In der Psychoakustik wird die wahrgenommene Lautstärke als *Lautheit* bezeichnet. Wegen der fundamentalen Bedeutung der Lautheit für die gehörbezogene Geräuschanalyse sollen in diesem Abschnitt die Zusammenhänge zwischen Reiz und Empfindung besonders ausführlich dargestellt werden.

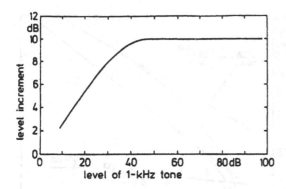

Abb. 5.15: Pegelanstieg zur
Verdoppelung der Lautheit eines
1 kHz-Tones (nach ZWICKER [6])

Abb. 5.15 zeigt den Pegelanstieg, der nötig ist, um die wahrgenommene Lautstärke (Lautheit) eines 1 kHz-Tones zu verdoppeln. Für Schallpegel über 40 dB führt ein Pegelanstieg um 10 dB zur Wahrnehmung doppelter Lautheit. Obwohl bei einem Pegelanstieg um 10 dB die Geräuschleistung um den Faktor 10 ansteigt, wird die Lautheit nicht etwa verzehnfacht, sondern lediglich verdoppelt. Bei sehr leisen Geräuschen (10 dB) reicht bereits ein geringfügiger Anstieg des Schallpegels aus, um die Lautheit zu verdoppeln.

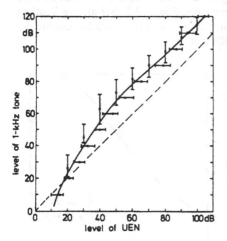

Abb. 5.16: Lautheitsvergleich von
Breitbandrauschen und 1 kHz-
Tönen (nach ZWICKER [6])

Die Lautheit hängt wesentlich von der Bandbreite von Geräuschen ab. Abb. 5.16 zeigt längs der Abszisse den Schallpegel eines Breitbandrauschens, längs der Ordinate den Schallpegel eines *gleich lauten* 1-kHz-Tones. Bei 60 dB Schallpegel des Breitbandgeräusches muß der Schallpegel des Sinustones auf 78 dB angehoben werden, damit beide Geräusche die gleiche Lautheit erzeugen. Dies bedeutet, daß bei gleichem Schallpegel breitbandige Geräusche als wesentlich lauter wahrgenommen werden als schmalbandige Geräusche.

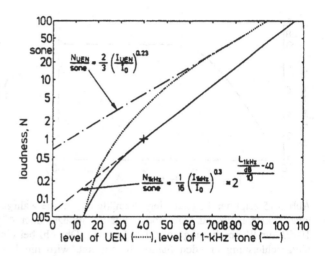

Abb. 5.17: Lautheit von
Breitbandrauschen bzw.
1 kHz-Tönen als Funktion
des Schallpegels (nach
ZWICKER [6])

Für zwei Extremfälle, einen Sinuston und ein Breitbandrauschen, ist die Lautheitsfunktion in
Abb. 5.17 dargestellt. Als Bezugswert (Kreuz) wird definiert, daß ein 1 kHz-Ton mit 40 dB
Schallpegel eine Lautheit von 1 sone erzeugt. Bei gleichem Schallpegel ist die Lautheit des
Breitbandgeräusches in einem großen Bereich um etwa den Faktor 3 höher als die Lautheit
des Sinustones. Lediglich bei sehr geringen Lautheiten (0,05 sone) spielt die Bandbreite der
Geräusche für die Lautstärkewahrnehmung keine Rolle mehr.

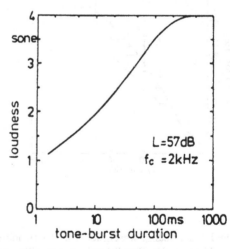

Abb. 5.18: Abhängigkeit der
Lautheit von Tonimpulsen von
deren Dauer (nach ZWICKER [6])

Werden Geräusche bei konstantem Schallpegel in ihrer Dauer verkürzt, so nimmt ab einer
Grenzdauer von etwa 100 ms die Lautheit ab. Aus Abb. 5.18 wird deutlich, daß Tonimpulse
von 10 ms Dauer nur mehr halb so laut wahrgenommen werden wie Tonimpulse mit einer
Dauer über 100 ms.

5.6.3 Lautheitsmodell

Die in diesem Abschnitt beschriebenen Abhängigkeiten der Lautheit von wesentlichen
Schallparametern sowie die Ergebnisse zahlreicher zusätzlicher psychoakustischer Experi-

mente wurden von Zwicker in ein Lautheitsmodell inkorporiert, dessen wesentliche Merkmale anhand von Abb. 5.19 dargestellt werden sollen.

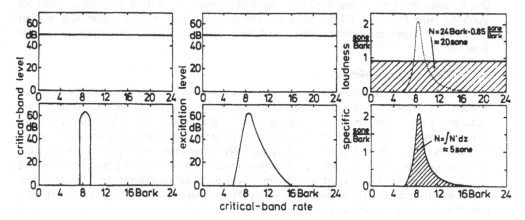

Abb. 5.19: Lautheitsmodell nach ZWICKER [6]

Die Abbildung zeigt etwas vereinfacht die Bildung der Lautheit für ein Breitbandrauschen in den oberen Teilbildern sowie für ein Schmalbandrauschen in den unteren Teilbildern. Die linken Teilbilder zeigen die Spektralverteilungen der Geräusche. Bei dieser Darstellung wurde nicht die physikalische Frequenzskala, sondern bereits die gehörgerechte Frequenzgruppenskala verwendet. Die mittleren Teilbilder zeigen die Transformation der Frequenzgruppenpegel in die Erregungspegel. Für das Breitbandrauschen (oberes Teilbild) bewirkt dies keine Änderung des Musters. Beim Schmalbandrauschen werden jedoch die Verdeckungseffekte berücksichtigt und es ergibt sich im Vergleich zum linken Teilbild ein deutlich breiteres Muster. Die rechten Teilbilder stellen die Lautheits-Tonheitsmuster dar. Längs der Ordinate ist die spezifische Lautheit, d.h. die auf die Frequenzgruppenbreite bezogene Lautheit aufgetragen. Die Einheit der spezifischen Lautheit ist daher sone/Bark. Der Übergang zur spezifischen Lautheit erfolgt im wesentlichen dadurch, daß aus der Schallintensität die 4. Wurzel oder aus dem Schalldruck die Quadratwurzel gezogen wird. Deshalb zeigt das untere rechte Teilbild eine größere Selektivität als das mittlere untere Teilbild. Beim oberen Teilbild bleibt die Form wieder erhalten.

Von besonderer Bedeutung ist nun, daß die wahrgenommene Lautstärke (Lautheit) der Fläche unter den Kurven (schraffiert) *direkt* entspricht. Da das Breitbandrauschen im Lautheits-Tonheitsmuster eine wesentlich größere Fläche aufweist als das Schmalbandrauschen, wird es auch als erheblich lauter wahrgenommen. Die gepunktete Kurve im oberen rechten Teilbild soll diesen Vergleich erleichtern. Es wird deutlich, daß die Fläche für das Breitbandrauschen nahezu 4 mal so groß ist wie die Fläche für das Schmalbandrauschen. Dies bedeutet, daß das Breitbandrauschen als nahezu 4 mal so laut wahrgenommen wird wie das Schmalbandrauschen.

Hier ist noch anzumerken, daß aus didaktischen Gründen in Abb. 5.19 Vereinfachungen vorgenommen wurden. Beispielsweise wurde das Übertragungsmaß des Außenohres nicht berücksichtigt. Wesentlich bleiben jedoch die Transformationsschritte vom Frequenzgruppenpegel in das Erregungsmuster, das seinerseits wieder den Ausgangspunkt für das Lautheitsmuster bildet. Es sei noch einmal ausdrücklich darauf hingewiesen, daß die Flächen im Lautheitsmuster der wahrgenommenen Lautheit *direkt* proportional sind.

5.7 Tonhöhe und Ausgeprägtheit der Tonhöhe

Die Tonhöhe von Geräuschen wird längs einer Skala hoch/tief skaliert. Unabhängig von der Tonhöhe eines Geräusches kann auch die Deutlichkeit der Tonhöhenempfindung skaliert werden. Die Ergebnisse solcher Versuche führen zur Hörempfindung *Ausgeprägtheit der Tonhöhe*.

5.7.1 Tonhöhenverschiebungen

Die Tonhöhe eines Sinustones kann im wesentlichen anhand seiner Frequenz beschrieben werden. Es ergeben sich aber auch Abhängigkeiten der Tonhöhenwahrnehmung vom Schallpegel des Tones sowie von überlagerten Störgeräuschen. Diese Veränderungen der Tonhöhe werden als Tonhöhenverschiebungen bezeichnet. Bei Frequenzen um 1 kHz ist die Tonhöhe vom Schallpegel nahezu unabhängig. Bei tiefen Frequenzen (200 Hz) nimmt die Tonhöhe um etwa 3 % ab, wenn der Schallpegel von 40 dB auf 80 dB gesteigert wird. Bei hohen Frequenzen (6 kHz) ergibt sich für die gleiche Schallpegelzunahme ein Anwachsen der Tonhöhe um etwa 3 %. Diese Tonhöhenverschiebungen sind deutlich wahrnehmbar. Sie entsprechen etwa einem musikalischen Viertelton.

Noch größere Tonhöhenverschiebungen ergeben sich durch Überlagerung von Störgeräuschen. Abb. 5.20 zeigt, daß die Tonhöhe eines 3,8 kHz-Tones bei Zusatz eines Schmalbandrauschens bei 2,8 kHz um bis zu 6 % verschoben werden kann. Diese Tonhöhenänderung entspricht einem musikalischen Halbton. Es werden sowohl positive als auch negative Tonhöhenverschiebungen beobachtet, je nachdem, ob der Störschall unterhalb oder oberhalb des zu beurteilenden Sinustones liegt.

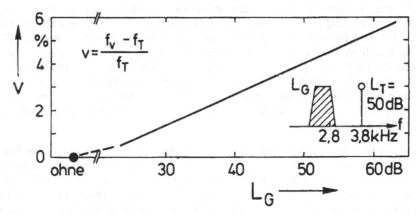

Abb. 5.20: Tonhöhenverschiebung eines Sinustones durch überlagertes Störgeräusch (nach ZWICKER [6])

5.7.2 Virtuelle Tonhöhe

Das Gehör ist in der Lage, aus den höheren Harmonischen eines Klanges dessen Grundfrequenz abzuleiten. Dieser Effekt wird in der Psychoakustik als Virtuelle Tonhöhe bezeichnet. Ein Beispiel aus der Praxis für die Virtuelle Tonhöhe ist die Übertragung von Männerstimmen durch das Telefon. Wegen der Bandbegrenzung des Telefonkanals wird die Grundfrequenz (100 Hz) nicht mitübertragen. Dennoch ist das Gehör in der Lage, aus den höheren Harmonischen die Grundfrequenz zu rekonstruieren. Ohne den Effekt der Virtuellen Tonhöhe würde eine Männerstimme über Telefon als Frauenstimme wahrgenommen werden. Für die Bildung der Virtuellen Tonhöhe sind Harmonische mit relativ niedrigen Ordnungszahlen notwendig. Beispielsweise erzeugt ein komplexer Ton der Grundfrequenz 100 Hz, dessen Harmonische erst bei 2 kHz beginnen, keine virtuelle Tonhöhe mehr.

5.7.3 Tonhöhe von Rauschen

Nicht nur Geräusche mit Linienspektren wie Sinustöne oder komplexe Klänge können Tonhöhenempfindungen hervorrufen. Auch Geräusche mit scharfen spektralen Begrenzungen führen zu reproduzierbaren Tonhöhenwahrnehmungen. Für Hochpaßrauschen und Tiefpaßrauschen entspricht die wahrgenommene Tonhöhe der Grenzfrequenz des Rauschens. Bei Bandpaßrauschen können häufig zwei Tonhöhen wahrgenommen werden, die der unteren bzw. oberen Grenzfrequenz zugeordnet werden. Für Schmalbandrauschen verschmelzen diese beiden Tonhöhen zu einer Tonhöhe, welche der Mittenfrequenz des Rauschens entspricht.

5.7.4 Ausgeprägtheit der Tonhöhe

Verschiedenartige Geräusche können den gleichen Tonhöhenwert in unterschiedlicher Ausgeprägtheit erzeugen. Abb. 5.21 gibt einen Überblick über zahlreiche Geräusche, deren Ausgeprägtheit der Tonhöhe untersucht worden ist.

Die Experimente haben Sinustöne, komplexe Töne und Rauschen umfaßt. Die deutlichste Tonhöhe wird jeweils durch einen Sinuston erzeugt. Linienspektren erzeugen im Vergleich zu Sinustönen mindestens eine halb so ausgeprägte Tonhöhe. Die Ausgeprägtheit der Tonhöhe von Rauschen erreicht nur etwa 15 % der Ausgeprägtheit der Tonhöhe eines Sinustones. Lediglich sehr schmalbandige Rauschen (Schall 4) führen zu einer relativ ausgeprägten Tonhöhenwahrnehmung.

Werden Töne durch Geräusche teilweise maskiert, nimmt deren Ausgeprägtheit der Tonhöhe ab. Töne, die um 10 dB über der Mithörschwelle liegen, erzeugen etwa die halbe Ausgeprägtheit der Tonhöhe. Liegen die Töne um mehr als 20 dB über der Mithörschwelle, tritt die maximal mögliche Ausgeprägtheit der Tonhöhe auf.

Die Hörempfindung Ausgeprägtheit der Tonhöhe hat für die gehörbezogene Geräuschanalyse besondere Bedeutung, da Geräusche mit deutlich wahrnehmbaren tonalen Komponenten häufig als besonders lästig beurteilt werden.

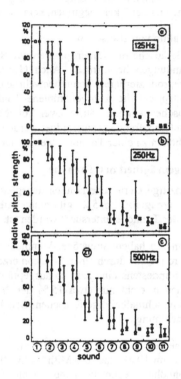

Abb. 5.21: Ausgeprägtheit der
Tonhöhe verschiedener Geräusche
(nach ZWICKER [6])

5.8 Schärfe

Die Hörempfindung Schärfe repräsentiert einen wesentlichen Anteil der Klangfarbenwahrnehmung. Versuchspersonen können Geräusche reproduzierbar längs einer Skala
stumpf/scharf anordnen. Aus den Ergebnissen solcher Experimente kann die Hörempfindung
Schärfe abgeleitet werden.

Abb. 5.22: Frequenzabhängigkeit der Schärfe
(nach ZWICKER [6])

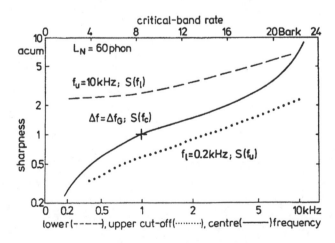

Abb. 5.22 zeigt die Abhängigkeit der Schärfe von der Frequenz. Für Schmalbandrauschen (durchgezogene Kurve) ergibt sich mit steigender Frequenz ein deutlicher Anstieg der Schärfe. Die Schärfe von Tiefpaßrauschen (punktiert) liegt grundsätzlich unterhalb der Schärfe von Schmalbandrauschen. Im Gegensatz dazu erzeugt Hochpaßrauschen (gestrichelt) in der Regel eine größere Schärfe als Schmalbandrauschen. Dies bedeutet, daß die hohen Spektralanteile im Hochpaßrauschen für dessen Schärfe verantwortlich sind.

Ein Modell der Schärfe, das auf dem Lautheits-Tonheitsmuster basiert, wird in Abb. 5.23 erläutert. Im linken Teilbild ist der Frequenzgruppenpegel für Breitbandrauschen, Schmalbandrauschen und Hochpaßrauschen dargestellt. Das rechte Teilbild zeigt die zugehörigen Lautheits-Tonheitsmuster, die mit einer Gewichtsfunktion g bewertet worden sind. Bei dieser Gewichtsfunktion werden entsprechend der Abhängigkeit der Schärfe von der Frequenz die hohen Frequenzanteile stark bevorzugt. Die Schwerpunkte der jeweiligen Lautheits-Tonheitsmuster sind durch Pfeile angegeben.

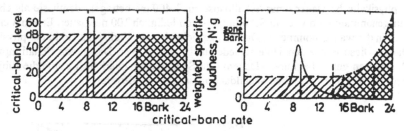

Abb. 5.23: Modell der Schärfe (nach ZWICKER [6])

Für die gehörbezogene Geräuschgestaltung ist von besonderer Bedeutung, daß es durch Hinzufügen tieffrequenter Spektralanteile möglich ist, die Schärfe von Geräuschen zu reduzieren. Obwohl dabei die Lautheit in der Regel etwas ansteigt, wird häufig das Klangbild wegen der geringeren Schärfe bevorzugt.

5.9 Subjektive Dauer und Rhythmus

Die subjektiv wahrgenommene Dauer von Schallimpulsen bzw. Schallpausen weicht bei kurzen Dauern systematisch von den zugehörigen physikalischen Dauern ab. Die Gesetzmäßigkeiten der subjektiven Dauer haben große Bedeutung für die Rhythmuswahrnehmung. Deshalb werden beide Hörempfindungen in diesem Abschnitt gemeinsam behandelt.

5.9.1 Subjektive Dauer

Die subjektive Dauer kurzer Schallimpulse weicht wesentlich von deren physikalischer Dauer ab. Um beispielsweise die wahrgenommene Dauer eines 10 ms langen Tonimpulses zu verdoppeln, muß die physikalische Schalldauer nicht etwa auf 20 ms, sondern auf 32 ms angehoben werden. Dies bedeutet, daß einem Verhältnis der wahrgenommenen Schalldauern von 1:2 ein Verhältnis der physikalischen Dauern von 1:3,2 entspricht. Abb. 5.24 zeigt die Abhängigkeit der subjektiven Dauer von der physikalischen Dauer. Bei relativ langen Dauern oberhalb etwa 300 ms stimmen subjektive Dauer und physikalische Dauer weitgehend überein. Für kurze Dauern unterhalb 100 ms ergeben sich jedoch deutliche Abweichungen. In diesem Bereich wird die Dauer sehr kurzer Schallimpulse relativ überschätzt.

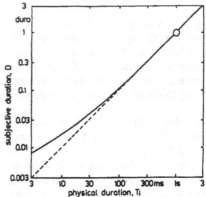

Abb. 5.24: Vergleich von
subjektiver Dauer und
physikalischer Dauer (nach
ZWICKER [6])

Noch größere Abweichungen zwischen physikalischer und subjektiver Dauer ergeben sich beim Vergleich der wahrgenommenen Dauer von Schallimpulsen einerseits und Pausen zwischen Schallimpulsen andererseits (Abb. 5.25). Für Sinustöne bei 3,2 kHz zeigt sich folgendes: Die physikalische Dauer einer Schallpause muß 400 ms betragen, damit sie als ebenso lange wahrgenommen wird wie ein Schallimpuls von lediglich 100 ms Dauer. Einem Verhältnis von 1:1 in der wahrgenommenen Dauer entspricht also ein Verhältnis 1:4 in der physikalischen Dauer. Diese eklatanten Unterschiede in der subjektiven Dauer von Schallimpulsen bzw. Schallpausen gelten bei kurzen Dauern. Für Schalldauern oberhalb 1 s sind die subjektiven Dauern mit den physikalischen Schalldauern weitgehend identisch.

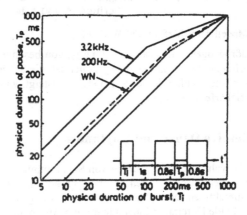

Abb. 5.25: Vergleich der
subjektiven Dauer von Impulsen
und Pausen (nach ZWICKER [6])

5.9.2 Rhythmus

Die Rhythmuswahrnehmung von Geräuschen korreliert eng mit deren subjektiver Dauer. Abb. 5.26 zeigt als Beispiel den Zusammenhang zwischen der subjektiven Dauer von Schallimpulsen und Schallpausen mit der von ihnen erzeugten Rhythmuswahrnehmung. In Teilbild (a) ist der Rhythmus in musikalischer Notation angegeben. Teilbild (b) zeigt die zugehörigen subjektiven Dauern. Dabei sind Viertelnoten doppelt so lange wie Achtelnoten und Pausen genauso lange wie Notenwerte. Die physikalischen Dauern, die notwendig sind, um diese rhythmische Struktur zu erzeugen, sind in Teilbild (d) angegeben. Entsprechend den oben geschilderten Gesetzen der subjektiven Dauer müssen Schallpausen physikalisch wesentlich länger sein als Schallimpulse, damit sie als gleich lange wahrgenommen werden. Darüber hinaus ist bei 100 ms zur Verdopplung der wahrgenommenen Schalldauer eine Vergrößerung der physikalischen Dauer um den Faktor 2,6 notwendig.

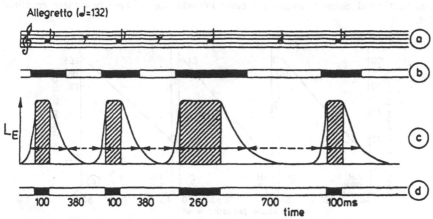

Abb. 5.26: Subjektive Dauer und Rhythmuswahrnehmung (nach FASTL [2])

Teilbild (c) zeigt ein Modell der subjektiven Dauer, das auf Mithörschwellen-Zeitmustern basiert. Nach diesem Modell wird die subjektive Dauer sowohl von Schallimpulsen als auch von Schallpausen aus Werten abgeleitet, die im Mithörschwellen-Zeitmuster um 10 dB über der Hörschwelle liegen (Doppelpfeile).

5.10 Schwankungsstärke

Geräusche mit zeitlichen Schwankungen der Hüllkurve können zwei unterschiedliche Hörempfindungen hervorrufen: Bei langsamen Schwankungen (unterhalb 20 Hz) ergibt sich die Hörempfindung Schwankungsstärke. Schnellere Schwankungen rufen die Hörempfindung Rauhigkeit hervor.

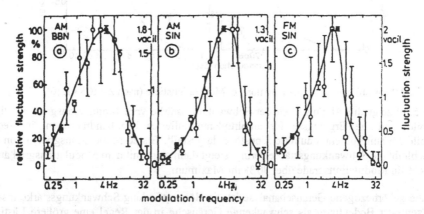

Abb. 5.27: Schwankungsstärke als Funktion der Modulationsfrequenz (nach ZWICKER [6])

Abb. 5.27 zeigt die Abhängigkeit der Schwankungsstärke von der Modulationsfrequenz. In den drei Teilbildern werden amplitudenmoduliertes Breitbandrauschen, amplitudenmodulierte Sinustöne und frequenzmodulierte Sinustöne betrachtet. In allen drei Fällen ergibt sich eine Bandpaßcharakteristik der Schwankungsstärke mit einem Maximum um 4 Hz. Dies bedeutet, daß das Gehör auf Schwankungen mit einer Periode von 250 ms besonders empfindlich reagiert.

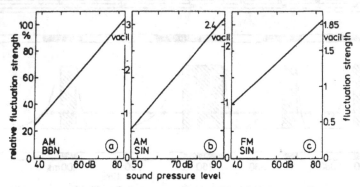

Abb. 5.28: Schwankungsstärke als Funktion des Schallpegels (nach ZWICKER [6])

Abb. 5.28 zeigt die Abhängigkeit der Schwankungsstärke vom Schallpegel. Bei einer Steigerung des Schallpegels um 40 dB nimmt die Schwankungsstärke der drei betrachteten Schallarten etwa um den Faktor 3 zu.

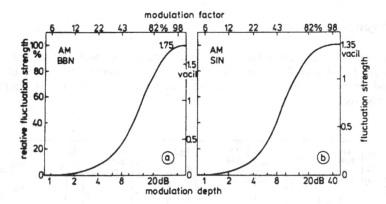

Abb. 5.29: Schwankungsstärke als Funktion der Modulationstiefe (nach ZWICKER [6])

Abb. 5.29 zeigt die Abhängigkeit der Schwankungsstärke vom Modulationsgrad. Im linken Teilbild sind die Ergebnisse für amplitudenmoduliertes Breitbandrauschen, im rechten Teilbild für amplitudenmodulierte Sinustöne dargestellt. Bis zu Modulationsgraden von etwa 20 % bleibt die Schwankungsstärke gering, steigt dann stark mit dem Modulationsgrad an und erreicht für Modulationsgrade über 90 % ihr Maximum.

Für die gehörbezogene Geräuschanalyse ist die Hörempfindung Schwankungsstärke insofern von zentraler Bedeutung, als schwankende Geräusche in der Regel eine größere Lästigkeit hervorrufen als kontinuierliche Geräusche.

5.11 Rauhigkeit

Wie bereits erwähnt, tritt die Hörempfindung Rauhigkeit bei schwankenden Geräuschen mit Schwankungsfrequenzen oberhalb etwa 20 Hz auf. Als Funktion der Modulationsfrequenz ergibt sich für die Rauhigkeit ähnlich wie für die Schwankungsstärke ebenfalls eine Bandpaß-charakteristik. Allerdings liegt die Mittenfrequenz des Bandpasses bei etwa 70 Hz Modulationsfrequenz. Für niedrigere Modulationsfrequenzen nimmt die Hörempfindung Rauhigkeit ab und geht in die Hörempfindung Schwankungsstärke über. Bei Modulationsfrequenzen über 70 Hz ergibt sich ebenfalls eine Abnahme der Rauhigkeit und der Übergang zu einem komplexen Klang ohne wahrnehmbare Amplitudenschwankungen. Abb. 5.30 zeigt die Abhängigkeit der Rauhigkeit von der Modulationsfrequenz für amplitudenmoduliertes Breitbandrauschen, amplitudenmodulierte Sinustöne sowie frequenzmodulierte Sinustöne.

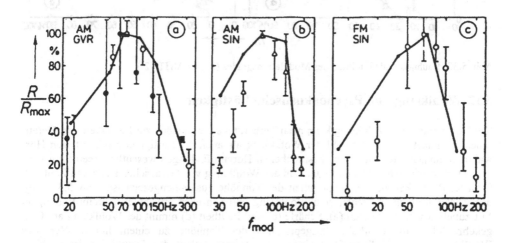

Abb. 5.30: Rauhigkeit als Funktion der Modulationsfrequenz (nach FASTL [2])

Aus Abb. 5.31 ist ersichtlich, daß ähnlich wie bei der Schwankungsstärke die Rauhigkeit etwa um den Faktor 3 zunimmt, wenn der Schallpegel um 40 dB gesteigert wird.

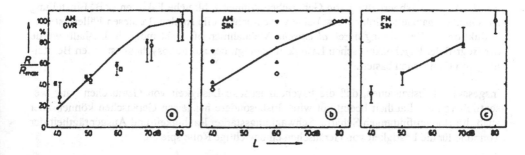

Abb. 5.31: Rauhigkeit als Funktion des Schallpegels (nach FASTL [2])

Auch für die Abhängigkeit vom Modulationsgrad ergibt sich für die Rauhigkeit ein ähnliches Bild wie für die Schwankungsstärke. Abb. 5.32 zeigt, daß nennenswerte Rauhigkeiten erst für

Modulationsgrade über 20 % auftreten. Bei 90 % Modulationsgrad ist dann die maximale Rauhigkeit nahezu erreicht.

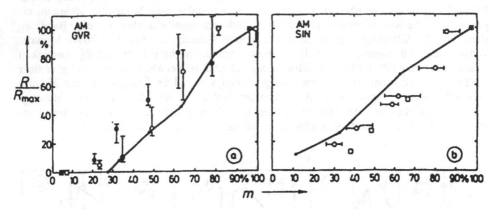

Abb. 5.32: Rauhigkeit als Funktion des Modulationsgrades (nach FASTL [2])

5.12 Wohlklang und Psychoakustische Lästigkeit

Die Hörempfindung Wohlklang kann nach Terhardt als Gegenstück zur Lästigkeit von Geräuschen aufgefaßt werden. Sowohl der Wohlklang als auch die Lästigkeit repräsentieren Hörwahrnehmungen, die von bereits besprochenen Hörempfindungen wesentlich beeinflußt werden. Stark vereinfacht läßt sich sagen, daß der Wohlklang von Geräuschen aus deren Lautheit, Schärfe, Rauhigkeit und Ausgeprägtheit der Tonhöhe zusammengesetzt ist. Abb. 5.33 zeigt den Zusammenhang zwischen dem Wohlklang und den eben erwähnten Hörempfindungen. Mit zunehmender Rauhigkeit (a), Schärfe (b) und Lautheit (d) nimmt der Wohlklang ab. Umgekehrt führt eine deutliche Ausgeprägtheit der Tonhöhe zu einem hohen Wert des Wohlklangs (c). Allerdings führt eine große Ausgeprägtheit der Tonhöhe meist auch zu großer Lästigkeit von Geräuschen. Insofern kann die Hörempfindung Wohlklang nur teilweise als Gegenstück zur Lästigkeit aufgefaßt werden. Für die Lästigkeit von Geräuschen gilt folgendes: Besonders lästig sind häufig Geräusche bei hoher Lautheit, mit großer Schärfe, deutlicher Schwankungsstärke und Rauhigkeit sowie ausgeprägter Tonhöhe.

Bei der Lästigkeitsbeurteilung von Geräuschen können zahlreiche Faktoren (z.B. Einstellung zur Quelle, finanzielle Gründe usw.) eine wesentliche Rolle spielen. In diesen Fällen ist eine Reduktion der Belästigung durch *akustische* Maßnahmen oft nicht möglich. Deshalb wurde der Begriff der Psychoakustischen Lästigkeit geprägt, der auf der psychoakustischen Beurteilung von Geräuschen basiert.

Insgesamt ist festzustellen, daß die Psychoakustische Lästigkeit von Geräuschen ganz wesentlich von der Lautheit beeinflußt wird. Insbesondere bei leisen Geräuschen können aber auch die Hörempfindungen Schärfe, Schwankungsstärke, Rauhigkeit und Ausgeprägtheit der Tonhöhe für die Lästigkeit von Geräuschen eine wichtige Rolle spielen.

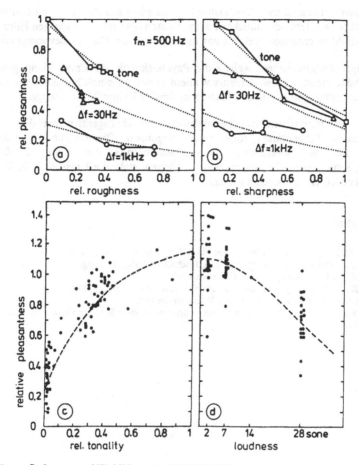

Abb. 5.33: Hörempfindungen und Wohlklang (nach FASTL [6])

5.13 Ausblick

Da in den vorhergehenden Abschnitten die Zusammenhänge zwischen den physikalisch beschreibbaren Schallreizen und den von ihnen hervorgerufenen Hörempfindungen dargelegt worden sind, kann nun anhand der Hörempfindungen die akustische Qualität eines Produkts verbessert werden oder aber bei der Neuentwicklung eines Produkts ein gewünschtes Klangbild angestrebt werden. Je nach Anwendungsfall kommen dabei unterschiedliche Hörempfindungen zum Einsatz.

Für ein Warnsignal, das Aufmerksamkeit erregen soll, ist für eine erhebliche Psychoakustische Lästigkeit die Verwendung folgender Hörempfindungen empfehlenswert: Große Lautheit, große Schärfe, große Schwankungsstärke und Rauhigkeit, ausgeprägte Tonhöhe, deutlich wahrnehmbarer Rhythmus. Umgekehrt wird man für die Geräuschoptimierung eines Produkts (z.B. Staubsauger) anhand der Hörempfindungen folgendermaßen vorgehen: Reduktion der Lautheit, Absenkung der Schärfe, Vermeidung von Rauhigkeit, Schwankungsstärke und ausgeprägten Tonhöhen, keine rhythmischen Lautstärkeschwankungen. Allerdings ist beim Sound Engineering darauf zu achten, daß Geräusche häufig Information über den

Betriebszustand des Geräts enthalten. Daher kann es nicht das Ziel sein, die Lautheit bis auf Null abzusenken, sondern bei endlicher Lautheit durch Variation der übrigen Hörempfindungen ein Klangbild zu erzeugen, welches von der Mehrzahl der Kunden bevorzugt wird.

Die vielfältigen Möglichkeiten, welche die Psychoakustik zur Entwicklung geräuschoptimierter Produkte bietet, werden derzeit vor allem in der Automobilindustrie genutzt, um bei Fahrzeuginnengeräuschen ein für den Kunden optimales Klangbild zu erzeugen.

Bei anderen Produktgruppen wie beispielsweise Haushaltsgeräten hat die Anwendung psychoakustischer Erkenntnisse etwas später begonnen. Obwohl die psychoakustischen Grundlagen für die Beurteilung von Geräuschimmissionen durch Straßenverkehr, Flugverkehr, Schienenverkehr und Industrie vorliegen, steht die Umsetzung in Vorschriften mit entsprechenden Grenzwerten noch aus.

5.14 Literatur

[1]   BLAUERT J.: (Ed.): Sound Quality Proc. EAA-Tutorium, Antwerpen 1996
[2]   FASTL H.: Dynamische Hörempfindungen; Hochschul-Verlag, Freiburg 1982
[3]   HELLBRÜCK J.: Hören; Hogrefe, Göttingen 1993
[4]   MOORE B.: Psychology of Hearing; Academic Press Verlag, London, 1996
[5]   SCHICK A.: Schallbewertung; Springer Verlag Berlin 1990
[6]   ZWICKER E., FASTL H.: Psychoacoustics - Facts and Models; Springer Verlag, Berlin New York.1997

6. Gehörgerechte Schallmeßtechnik

K.GENUIT

6.1 Einleitung

Die Lösung akustischer Aufgabenstellungen unter Einbeziehung der Geräuschqualität gewinnt in letzter Zeit zunehmend an Bedeutung. Hierbei haben bereits vor über 15 Jahren die Meß- und Akustikingenieure erkannt, daß Geräuschqualität oder akustischer Komfort kaum mit konventionellen Meßverfahren wie dem A-bewerteten Schalldruckpegel hinreichend genau zu bestimmen sind: Geräuschereignisse mit völlig unterschiedlicher Geräuschqualität können beispielsweise ähnliche Terzspektren oder A-bewertete Schalldruckpegel aufweisen. Schon bald ist es daher zum Einsatz der Kunstkopf-Technologie gekommen, um akustische Ereignisse aufzeichnen, im A/B-Vergleich gehörmäßig beurteilen und gehörgerecht analysieren zu können. Hierdurch sind die sogenannten psychoakustischen Eigenschaften des menschlichen Gehörs berücksichtigt worden. Aber auch in komplexen Geräuschsituationen mit mehreren räumlich verteilten Schallquellen ist die binaurale Signalverarbeitung des Menschen mit in die Analyse einbezogen worden.

In diesem Beitrag wird gezeigt, daß Fragestellungen hinsichtlich der Geräuschqualität bei Anwendung der konventionellen, einkanaligen Meßtechnik letztlich nicht zu zufriedenstellenden Ergebnissen führen und somit die Kunstkopf-Meßtechnik nicht nur für die gehörmäßige Subjektivbeurteilung, sondern auch für die objektive Bestimmung einer gehörgerechten Schallbewertung erforderlich ist. Darauf aufbauend ermöglicht der Einsatz der Kunstkopf-Meßtechnik in Verbindung mit mehrkanaliger Meßtechnik, Zusammenhänge zwischen subjektiv empfundener Geräuschbeanstandung und den dazu gehörigen Quellen und Übertragungswegen herzustellen. Zur Verdeutlichung der Einsatzmöglichkeiten werden verschiedene Anwendungsbeispiele vorgestellt.

6.2 Die gehörgerechte Beschreibung von Geräuschereignissen

6.2.1 Die Grenzen konventioneller Meßverfahren

Die Messung von akustischen Geräuschereignissen erfolgt üblicherweise in Form des A-bewerteten Schalldruckpegels. Auf dieses Meßverfahren hat sich nach dem 2. Weltkrieg die ISO (International Standardisation Organisation) geeinigt, um ein "Meßwirrwarr" in unterschiedlichen Ländern zu vermeiden und somit ein einfaches Meßverfahren international festzulegen. Hierbei ist durch die A-Bewertung ein erster Ansatz unternommen worden, die frequenzabhängige Pegelbewertung durch das menschliche Gehör zu berücksichtigen. In ihrem Umweltgutachten [3] von 1987 für die Deutsche Bundesregierung weisen die Gutachter jedoch schon darauf hin, daß die ISO seinerzeit die A-bewertete Schalldruckpegelmessung in dem vollen Bewußtsein standardisiert hat, nicht in jeder Hinsicht der gehörgerechten Schallfeldanalyse gerecht zu werden.

Der Einsatz der einfachen A-bewerteten Schalldruckpegelmessung ist immer dann sinnvoll, wenn grundsätzlich festgestellt werden soll, ob in einer Geräuschsituation eine gehörschädigende Auswirkung vorliegt oder nicht. Obwohl die A-Bewertung für Signale unterhalb 65 dB(A) bestimmt worden ist, hat sich in der Praxis gezeigt, daß mit Sicherheit eine gehörschädigende Wirkung für Pegel oberhalb von 85 dB(A) anzunehmen ist. Jedoch ist nicht ohne weiteres der Umkehrschluß möglich: Bei Schallpegelwerten unterhalb 85 dB(A) ist nicht mit Sicherheit eine schädigende Wirkung für Gehör und Physiologie des Menschen auszuschließen.

Schon seit vielen Jahren wird versucht, durch die Bestimmung der Lautheit [19] ein gehörbezogenes Meßverfahren im Vergleich zur A-bewerteten Schalldruckpegelmessung zur Verfügung zu stellen. Dieses Meßverfahren für stationäre Geräusche ist in der ISO 532 B [9] entsprechend genormt worden. Trotzdem hat sich die Lautheitsmessung bislang noch nicht durchsetzen können. Dies ist unter anderem darauf zurückzuführen, daß sie apparativ und damit kostenmäßig aufwendiger ist als ein Schalldruckpegelmesser und daß nicht sichergestellt ist, mit der stationären Lautheitsmessung alleine eine deutliche Verbesserung hinsichtlich der Beurteilungsgenauigkeit von Geräuschereignissen im Vergleich zur A-bewerteten Schalldruckpegelmessung zu erzielen. Insbesondere für nichtstationäre Geräusche und bei tieffrequenter Anregung zeigt die Lautheitsmessung nach ISO 532 B keine der subjektiven Empfindung entsprechende Ergebnisse.

6.2.2 Die subjektive Beurteilung von Geräuschereignissen führt zur Klassifizierung von Geräuschqualität

Die Beurteilung eines Geräuschereignisses durch den Nachrichtenempfänger "Menschliches Gehör" wird von zahlreichen Parametern beeinflußt (siehe dazu Abb. 6.1), von denen bei der Schalldruckpegelmessung nur ein einziger einbezogen wird. Zudem bleiben die bestehenden Interdependenzen zwischen den einzelnen Einflußgrößen bei der konventionellen Meß- und Analysetechnik unberücksichtigt.

Abb. 6.1: Darstellung der Parameter, die bei der Beurteilung eines Geräuschereignisses durch den Nachrichtenempfänger "Menschliches Gehör" relevant sein können

Zu den subjektiven Parametern, die u.a. von der Einstellung einer Person zur Geräuschart und vom Informationsinhalt des Geräuschereignisses abhängen, sind differenzierte Untersuchungen durchgeführt worden [2], [8], [10]. Die kognitiven Parameter lassen sich im allgemeinen nur durch Statistiken beschreiben, eine Umsetzung in einen objektiven Wert ist kaum möglich. Aber gerade durch die hiermit verbundene Nichtlinearität der subjektiven Beurteilung ist eine objektive gehörgerechte Schallmeßtechnik erforderlich, die einen wichtigen Beitrag zur Objektivierung leisten kann.

Die Geräuschbeurteilung erfolgt darüberhinaus nicht alleine aus einer pegelmäßigen oder spektralen "Betrachtung" durch das menschliche Gehör, sondern unter Einbeziehung der zeitlichen Struktur. Das in Abb. 6.2 dargestellte Beispiel dient zur Verdeutlichung dieser Charakteristik. Ausgehend von einem Originalgeräusch einer Dieselmotor-Aufnahme werden zwei andere Geräusche mit völlig unterschiedlicher Zeitstruktur erzeugt. Zunächst erfolgt die Filterung von rosa Rauschen mit einem Terzfilter in der Weise, daß das gleiche mittlere Betragsspektrum entsteht wie bei dem Originaldieselgeräusch. Im zweiten Fall wird ein zeitlich extrem strukturiertes Geräusch durch Faltung eines Rechteckimpulses mit der Impulsantwort eines Filters derart geformt, daß wiederum das gleiche Terzspektrum entsteht. So haben alle drei Signale das gleiche Terzspektrum und den gleichen A-bewerteten Schalldruckpegel. Ebenso ergibt das Lautheitsmeßverfahren nach ISO 532 B für alle drei Beschallungssituationen die gleichen Werte. Aufgrund der unterschiedlichen zeitlichen Strukturen entsteht im Originalgeräusch eine unregelmäßige zeitlich strukturierte Folge, im zweiten Beispiel ein konstantes Rauschen und im dritten Fall eine regelmäßige Impulsfolge. Diese drei Fälle rufen völlig unterschiedliche Geräuscheindrücke hervor und weichen auch in ihrer subjektiven Beurteilung hinsichtlich der Lästigkeit deutlich voneinander ab.

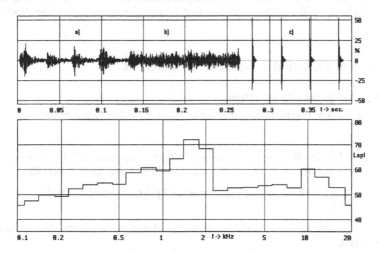

Abb. 6.2: Drei unterschiedliche Signale mit gleichem A-bewerteten Schalldruckpegel, mit gleichem Terzspektrum und gleicher Lautheit nach ISO 532 B, jedoch mit völlig unterschiedlicher Geräuschqualität
a: Zeitsignal eines Originaldieseleinspritzgeräusches
b: Rosa Rauschen gefiltert mit dem unten abgebildeten Terzspektrum
c: Rechteckimpulsfolge gefiltert mit der Impulsantwort eines Filters mit einem Betragsspektrum entsprechend dem unten abgebildeten Terzspektrum

Der Begriff "Geräuschqualität" kann in diesem Zusammenhang als Erfüllungsgrad der Gesamtheit aller Einzelanforderungen an ein Hörereignis verstanden werden. Er beinhaltet drei unterschiedliche Aspekte:

- physikalische (Schallfeld),
- psychoakustische (Hörwahrnehmung) und
- psychologische (Hörbewertung)

Die Interpretation der Geräuschqualität ist eine mehrdimensionale Aufgabe. Physikalische und psychoakustische Meßverfahren alleine sind nicht in der Lage eine allgemeingültige und eindeutige Festlegung der Geräuschqualität zu ermöglichen, da die kognitiven Aspekte des Beurteilenden aufgrund seiner Erfahrung, seiner Erwartungshaltung und der subjektiven Einstellung die Klassifizierung mitbestimmen.

Daher ist die Geräuschqualität eines wahrgenommenen Geräuschereignisses auch nicht zwangsläufig objektiv zu bestimmen. Während der Begriff Lärm entsprechend DIN 1320 eindeutig zu definieren ist ("Lärm ist Schall im Frequenzbereich des menschlichen Hörens, der die Stille oder eine gewollte Schallaufnahme stört, oder zu Belästigungen oder Gesundheitsstörungen führt"), gelingt dieses bei der Begriffsbestimmung von Geräuschqualität nicht.

Es bietet sich daher eine operationale Definition in der folgenden Form an: Die Geräuschqualität ist *negativ*, wenn das Geräuschereignis zu einem Hörereignis führt, das als unangenehm, lästig, störend und negative Assoziationen auslösend, sowie als nicht zum Produkt passend empfunden wird. Entsprechend bestimmt sich die Geräuschqualität als *positiv*, wenn das Geräuschereignis nicht mehr als Hörereignis wahrgenommen wird (oder zumindest nicht stört), ein angenehmes Klangbild aufweist oder positive Assoziationen bezüglich des Produktes erzeugt.

6.3 Die Besonderheiten des menschlichen Gehörs

6.3.1 Psychoakustische Eigenschaften

Die psychoakustischen Eigenschaften des menschlichen Gehörs werden durch Größen beschrieben wie:

- *Lautheit*, bei der eine Berücksichtigung der Frequenzgruppenaufteilung im menschlichen Gehör, sowie von Simultan-, Vor- und Nachverdeckungseigenschaften erfolgt;

- *Schärfe*, die das Verhältnis von höherfrequenten Spektralanteilen zu niederfrequenten berücksichtigt und

- *Rauhigkeit*, die die zeitliche Struktur von Geräuschereignissen durch Amplitudenmodulationen erfaßt.

Diese und weitere psychoakustischen Eigenschaften des menschlichen Gehörs sind Gegenstand zahlreicher Forschungen gewesen, insbesondere von ZWICKER, FASTL [17], FASTL [4] und TERHARDT [13].

Durch die Rauhigkeit können Geräuschsituationen unterschiedlich beurteilt werden und auch hinsichtlich der subjektiv empfundenen Lästigkeit zu abweichenden Ergebnissen führen, obwohl die gleichen Werte für A- bewerteten Schalldruckpegel, Lautheit und Schärfe vorliegen. Abb. 6.3 zeigt einen reinen Sinuston der Frequenz 4.000 Hz im Vergleich zu einem zweiten Sinuston der gleichen Frequenz, jedoch mit zusätzlicher 70 Hz-Amplitudenmodulation. Beide Signale unterscheiden sich weder im Terzspektrum, noch im A-bewerteten Schalldruckpegel, in Lautheit und Schärfe. Es ist jedoch aus psychoakustischen Untersuchungen bekannt, daß insbesondere eine Amplitudenmodulation um 70 Hz deutlich lästiger als der reine Sinuston beurteilt wird. Aufgrund dieser Erkenntnisse bestehen unterschiedliche Ansätze, mit Hilfe einer mathematischen Verknüpfung von Lautheit, Schärfe und Rauhigkeit den sogenannten Wohlklang nach TERHARDT, STOLL [14] zu definieren oder die Lästigkeit nach ZWICKER [16] zu bestimmen.

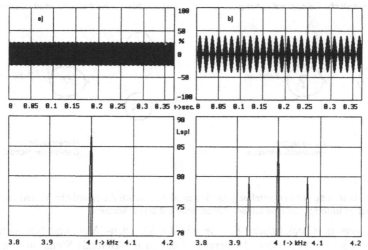

Abb. 6.3: Zwei Signale mit unterschiedlicher Geräuschqualität, jedoch gleichem
A-bewerteten Schalldruckpegel, gleicher Lautheit und gleicher Schärfe
a: Sinuston 4 kHz
b: Sinuston 4 kHz mit 70 Hz-Amplitudenmodulation

Zusätzlich ist das Gehör ein hochsensibles Meßsystem, das jedoch über keinen hinreichenden Langzeitspeicher verfügt. Das bedeutet: Hat das menschliche Gehör ein Geräuschereignis als unangenehm und lästig empfunden, so bleibt diese Beurteilung auch erhalten, wenn dieses Geräusch um 2 dB, 3 dB oder noch mehr reduziert wird (Adaptivität des Gehörs). Daraus folgt: Hat sich das menschliche Gehör erst einmal auf ein ganz bestimmtes Geräuschereignismuster sensibilisiert, so ist das Gehör kaum noch in der Lage, objektiv zu beurteilen, ob sich die Geräuschqualität oder die Lärmbelastung nach der Pegelabsenkung verändert hat.

6.3.2   Schallfeldanalyse räumlich verteilter Schallquellen

In der Vergangenheit erfolgte lediglich eine rein monaurale Betrachtung der Geräuschereignisse, d.h. das Geräuschereignis wurde mit einem einzelnen Monomikrofon mit kugelförmiger Richtcharakteristik analysiert. Die gehörmäßige Beurteilung von Geräuschereignissen ändert sich aber sofort, wenn nicht nur eine Schallquelle, sondern mehrere vorhanden sind und wenn diese aus unterschiedlichen Geräuscheinfallsrichtungen auf das menschliche Ohr eintreffen. Abb. 6.4 verdeutlicht diese Besonderheit des menschlichen Gehörs: Im linken Teil befinden sich vor einer Versuchsperson zwei Signalquellen in gleicher Richtung hintereinander, im rechten Bildteil sind diese beiden Signalquellen in unterschiedlichen Geräuscheinfallsrichtungen zum menschlichen Gehör angeordnet. Bei der Betrachtung eines akademischen Grenzfalles in reflexionsarmer Umgebung fällt sofort ein signifikanter Unterschied auf: Strahlen beide Signalquellen hundertprozent korrelierte, jedoch gegenphasige Signale ab, so würde bei exakter spiegelsymmetrischer Geometrie im Mittelpunkt eine vollständige Auslöschung entstehen, d.h. kein Schalldruck mehr gemessen werden können. Aufgrund des räumlichen Abstandes der beiden Ohren und der damit verbundenen interauralen Pegel- und Phasenunterschiede nimmt das menschliche Gehör nur eine geringe Dämpfung der niederfrequenten Signalanteile wahr, während die höherfrequenten Spektralanteile nahezu unkorreliert am menschlichen Ohr eintreffen. Für Frequenzen oberhalb von 300 Hz ist daher nicht mehr meßbar, ob die Signale nun gegenphasig oder gleichphasig abgestrahlt werden. Der A-bewertete Schalldruckpegel bleibt damit nahezu unverändert.

154   *K. Genuit*

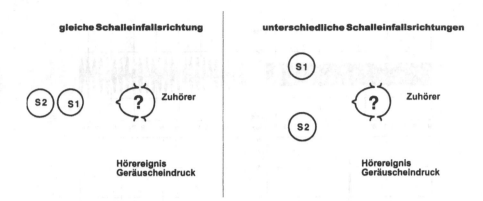

gleiche Schalleinfallsrichtung   unterschiedliche Schalleinfallsrichtungen

Abb. 6.4: Verdeutlichung zur Fragestellung, inwieweit alleine durch die räumliche Verteilung von zwei Schallquellen unterschiedliche Geräuscheindrücke entstehen können

Aber auch andere psychoakustische Effekte wie die Simultan-, Vor- und Nachverdeckung werden beeinflußt, wenn sich der Maskierer und das zu maskierende Signal in unterschiedlichen Geräuscheinfallswinkeln zum menschlichen Gehör befinden. Abb. 6.5 verdeutlicht diesen Effekt anhand eines einfachen Beispiels. Die Simultanverdeckung, gegeben durch ein 4 kHz-Terzrauschen und einen pulsierenden 4 kHz-Ton in einer Beschallungssituation, bei der das Terzrauschen 80° nach rechts und der Sinuston 50° nach links ausgelenkt sind, führt bei der Messung mit einem normalen Meßmikrofon zu einem völlig anderen Ergebnis als bei der Verwendung eines Kunstkopf-Meßsystems. Während im ersten Fall der pulsierende Sinuston praktisch nicht erkennbar ist, wird dieser bei Wiedergabe von Kunstkopfmikrofonsignalen deutlich wahrnehmbar.

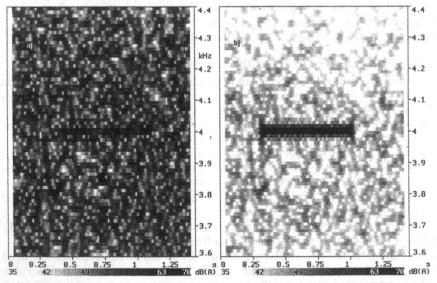

Abb. 6.5: Veränderung der Simultanverdeckung bei binauraler Signalverarbeitung unter der Annahme, daß das maskierende (4 kHz Terzrauschen) und maskierte Signal (4 kHz-Impulsfolge) aus räumlich unterschiedlichen Richtungen abgestrahlt werden (+80°, -50°)
a: Aufnahme mit einem normalen Meßmikrofon
b: Aufnahme mit einem Kunstkopf-Meßsystem, linkes Ohrsignal

Gleiche Effekte entstehen bei der Vor- und Nachverdeckung, wenn das maskierende und das zu maskierende Signal aus unterschiedlichen Richtungen einfallen. Die Ursache für diese unterschiedlichen Auswirkungen ist zum einen in der Filtercharakteristik des menschlichen Außenohres und zum anderen in der binauralen Signalverarbeitung des menschlichen Gehörs begründet. Aufgrund von Beugungen und Reflexionen an Oberkörper, Schulter, Kopf und Ohrmuschel weist das menschliche Außenohr eine richtungsabhängige Filterwirkung auf, die den Schalldruck in Abhängigkeit der Frequenz und der Geräuscheinfallsrichtung in einer Größenordnung von + 15 bis - 30 dB wichtet. Aufgrund der räumlichen Lage der beiden Ohrkanaleingänge zueinander entstehen in Abhängigkeit von der Geräuscheinfallsrichtung interaurale Pegel- und Phasenunterschiede, die das Gehör in geeigneter Weise für die binaurale Signalverarbeitung verwendet. Die Aufgabe einer gehörgerechten Schallmeßtechnik besteht daher darin, Geräuschereignisse vergleichbar zum menschlichen Gehör mit einem Kunstkopf-Meßsystem aufzuzeichnen (Abb. 6.6).

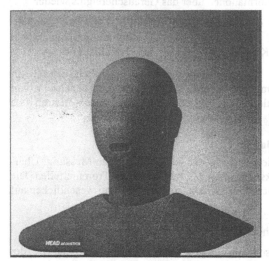

Abb. 6.6: Kunstkopf-Meßsystem mit zum menschlichen Gehör vergleichbaren und kalibrierfähigen Übertragungseigenschaften

Aufgrund der Freifeldentzerrung ist eine Kompatibilität zur konventionellen Meßtechnik gegeben.

6.4 Gehörgerechte Meß- und Analysetechnik

6.4.1 Grundlagen

Gegenstand einer gehörgerechten Schallmeßtechnik sind die Parameter, wie sie in Abb. 6.1 dargestellt worden sind. Dabei ist nicht nur der bislang gemessene A-bewertete Schalldruckpegel von Bedeutung, sondern es müssen auch Einwirkungsdauer, spektrale Zusammensetzung, zeitliche Struktur sowie auch Anzahl und damit auch räumliche Verteilung von Schallquellen berücksichtigt werden. Während der Pegel in Form des A-bewerteten Schalldruckpegels sowie die Einwirkungsdauer bislang durch den äquivalenten Dauerschallpegel L_{eq} im Rahmen der konventionellen Meßtechnik erfaßt worden sind, berücksichtigen die sogenannten psychoakustischen Meßverfahren in Form der Lautheitsmessung die spektrale Zusammensetzung und auch teilweise die zeitliche Struktur des Signals. Besteht jedoch das Geräuschereignis nicht nur aus einer einzelnen, sondern aus mehreren Schallquellen, die darüber hinaus auch noch räumlich verteilt sind, so ist für die korrekte Beurteilung eines Geräuschereignisses die binaurale Signalverarbeitung erforderlich. Binaurale Technologie bedeutet, daß die Schallaufnahme mit einem Kunstkopf-Aufnahmesystem unter Einbeziehung eines Auswertealgorithmus, der vergleichbar zum menschlichen Gehör ist, erfolgt. Aus der Beschreibung folgt, daß je nach Anwendungsgebiet unterschiedliche Meßtechnologien zum Einsatz kommen: Zwar können mit der binauralen Meßtechnologie alle Anwendungen erfaßt werden, jedoch ist ein solcher Aufwand nicht zwingend in jeder Beschallungssituation erforderlich. Folglich kann es auch nicht darum gehen, die Fragestellung auf die Entscheidung Lautheitsmessung oder A-bewerteter Schalldruckpegel [15], [1] zuzuspitzen. Vielmehr sind die im Einzelfall zur subjektiven Beurteilung eines Geräuschereignisses relevanten Parameter einzubeziehen und die entsprechende Technologie einzusetzen. Nur in Sonderfällen wird es hierbei möglich sein, lediglich mit der A-bewerteten Schalldruckpegelmessung oder mit der Bestimmung der Lautheit ein Geräuschereignis vollständig im Sinne von Geräuschqualität zu beschreiben.

Es läßt sich zusammenfassend folgendes festhalten:

- Die einfachen physikalischen Meßgrößen wie A-bewerteter Schalldruckpegel und Terz-spektrum geben keine vollständigen Informationen über das Geräuschereignis wieder.

- Die psychoakustischen Eigenschaften des menschlichen Gehörs in Form der Lautheit, Schärfe, Rauhigkeit, Vor-, Nach- und Simultanverdeckung bestimmen den subjektiven Geräuscheindruck und damit auch die Klassifizierung der Geräuschqualität mit.

- Das menschliche Gehör hat zwei Eingangskanäle, die das räumliche Hören in Verbindung mit der Selektivität ermöglichen und somit beim Vorhandensein von mehreren räumlich verteilten Schallquellen zu anderen Ergebnissen führen als konventionelle Meßverfahren.

6.4.2 Prinzip der kopfbezogenen Schallanalyse

Das Prinzip der kopfbezogenen Stereofonie besteht in der verzerrungsfreien Messung, Über-tragung und Reproduktion von Schalldrucksignalen an den menschlichen Trommelfellen. Die Einsatzbereiche eines Kunstkopf-Aufnahmemikrofons konzentrieren sich im wesentlichen auf 4 Bereiche:

1. Als Referenzversuchsperson in der Psychoakustik

   Im Gegensatz zu einer Versuchsperson mit eingesetzten Sondenmikrofonen ist der Kunstkopf ein lineares, zeitinvariantes System mit in allen Testsituationen unveränderten überprüfbaren Übertragungseigenschaften.

2. Als objektives Meßverfahren in der akustischen Meßtechnik zur Bestimmung der Übertra-gungseigenschaften von Kopfhörern, Telefonendeinrichtungen, Hörgeräten sowie zur Be-stimmung des Dämpfungsmaßes von Gehörschützern

   Für solche Anwendungen ist nicht nur erforderlich, daß das Kunstkopf-Aufnahmemikrofon ein zum menschlichen Gehör vergleichbares Richtdiagramm aufweist, sondern daß auch die akustischen und mechanischen Impedanzen von Ohrmuschel und Ohrkanal einschließlich Abschluß durch das Trommelfell mit berücksichtigt werden.

3. Kunstkopf-Meßsystem in der Geräuschdiagnose und -analyse

   Hierbei besteht die Möglichkeit, Geräusche aufzuzeichnen und eine subjektive Beurteilung von Geräuschen oder Lärmminderungsmaßnahmen durchzuführen.

4. Aufnahmemikrofon im tontechnischen Bereich

Um diesen Anwendungsgebieten entsprechen zu können, ergeben sich bestimmte Anforderungen an ein Kunstkopf-Aufnahmemikrofon:

1. Die Richtcharakteristik des Kunstkopfes muß der mittleren Richtcharakteristik des Menschen entsprechen.

2. Das Eigenrauschen sollte nicht wahrnehmbar sein, um Hörversuche im Bereich der Hörschwelle zu ermöglichen.

3. Die Dynamik sollte entsprechend dem menschlichen Gehör bis an die Schmerzgrenze reichen, um alle Pegelspitzen unverzerrt erfassen zu können.

4. Das System muß kalibrierfähig und kompatibel zu konventionellen Schallaufnehmern sein.

Diese Kompatibilität ist erforderlich, um einerseits bei Musikaufnahmen auch eine klangfarbenneutrale Wiedergabe über Lautsprecher zu erreichen und andererseits in der akustischen Meßtechnik Ergebnisse zu erzielen, die mit konventionellen Monomikrofonmessungen vergleichbar sind. Abb. 6.7 zeigt das Blockschaltbild einer kopfbezogenen Übertragung.

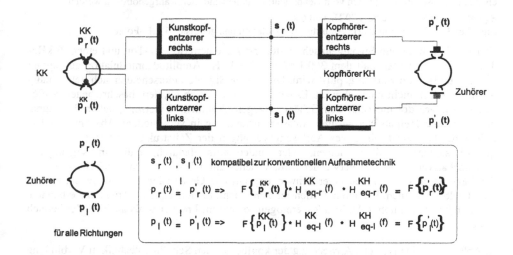

Abb. 6.7: Blockschaltbild einer kopfbezogenen Übertragung

Durch die Kunstkopfentzerrer wird erreicht, daß die Signale $s_l(t)$ und $s_r(t)$ kompatibel zu konventionellen Aufnahmeverfahren sind. Mit Hilfe des Kopfhörerentzerrers werden lineare Übertragungsfehler des Kopfhörers derartig korrigiert, daß an den Ohren der abhörenden Person die Schalldrucksignale $p_l(t)$, $p_r(t)$ gemessen werden, vergleichbar zu den Signalen, als befände sich der Zuhörer in der Original-Beschallungssituation.

Das Gehör weist nicht nur hinsichtlich der erforderlichen Dynamik verhältnismäßig hohe Ansprüche auf, es hat darüber hinaus die besondere Eigenschaft, ein hohes Auflösungsvermögen sowohl im Zeit- als auch im Frequenzbereich zu besitzen. Normalen Analysatoren sind hier aufgrund des Zeitgesetzes der Nachrichtentechnik enge Grenzen gesetzt. Hier gilt ein Produkt aus Frequenz- und Zeitauflösungsvermögen von $B \times T = 1$. Hieraus folgt: Ist eine hohe Auflösung im Zeitbereich gewünscht, so geht das auf Kosten einer genauen Frequenzauflösung und umgekehrt. Psychoakustische Untersuchungen [17] belegen jedoch, daß das menschliche Gehör durchaus ein Auflösungsvermögen entsprechend einem $B \times T$-Produkt von ungefähr 0,3 hat. Abb. 6.8 zeigt zwei Signale, die mit einem herkömmlichen Terzanalysator nicht zu unterscheiden sind, obwohl das menschliche Gehör hier deutlich differenziert.

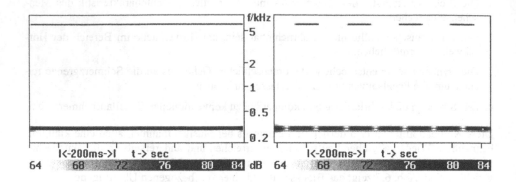

Abb. 6.8: Vergleich von zwei Signalen, die mit herkömmlichen Analysatoren (Terzanalyse) zu gleichen Ergebnissen führen, jedoch vom Gehör deutlich unterschiedlich wahrgenommen werden

Signal a: feine Sinustöne bei 300 Hz und 6 kHz
Signal b: 300 Hz-Ton mit 10 Hz Amplitudenmodulation und gepulster 6 kHz-Folge

Es handelt sich um ein Signalgemisch, bestehend aus einem 300 Hz-Ton und einem 6 kHz-Ton wobei im zweiten Fall dem 300 Hz-Ton eine 10 Hz-Amplitudenmodulation aufgeprägt und der 6 kHz-Ton zeitlich gepulst wird. Die beiden Signale unterscheiden sich gehörmäßig deutlich, jedoch nicht meßtechnisch. Es bestehen zwei Verfahren, dem beschriebenen Auflösungsvermögen des menschlichen Gehörs entgegenzukommen: Einerseits, indem das Signal durch digitale Tiefpaßfilterung und Abtastratenwandlung in verschiedene Abschnitte unterteilt wird [11], sodaß ein hohes Auflösungsvermögen der Zeitstruktur und eine feine Frequenzdarstellung erhalten bleiben, oder andererseits dadurch, daß ein sogenanntes Signalschätzverfahren [12] verwendet wird, welches ähnlich wie das menschliche Gehör in der Lage ist, aus einem Teil einer Schwingung auf das Gesamtsignal zu schließen, und es damit selbst bei einem kleineren Zeitfenster ermöglicht, niederfrequente Anteile zu erkennen. Hierdurch wird ein hohes Auflösungsvermögen sowohl im Frequenz- als auch im Zeitbereich erzielt.

In Abb. 6.9 ist eine typische Anwendung der kopfbezogenen Schallmeßtechnik in Verbindung mit einem binauralen Analysesystem schematisch dargestellt. Um in einem komplexen Schallfeld, bestehend aus mehreren räumlich verteilten, voneinander unabhängigen Schallquellen eine gehörrichtige Analyse durchzuführen, werden hierbei das Kunstkopf-Meßsystem als gehörrichtiger Schallaufnehmer und das binaurale Analysesystem in Kombination mit dem Gehör der zu beurteilenden Person als gehörgerechter Analysator verwendet.

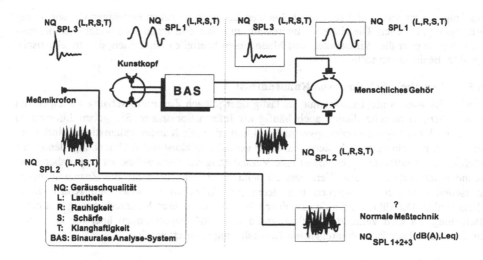

Abb. 6.9: Vergleich binaurale/konventionelle Meßtechnik

In einer komplexen Geräuschsituation mit z.B. drei räumlich verteilten Schallquellen unterschiedlicher Signalart unterscheidet ein normales Meßverfahren nicht zwischen unterschiedlichen Geräuscheinfallsrichtungen und Signalarten. Das Gehör ist in der Lage, die drei Einzelschallquellen zu selektieren und getrennt zu beurteilen. Mit Hilfe des Kunstkopfes und einem binauralen Analysesystem (BAS) kann eine objektive und subjektive Geräuschdiagnose auch von komplexen Beschallungssituationen durchgeführt werden.

6.4.3 Kostenersparnis durch Einsatz der gehörgerechten Schallmeßtechnik

Die Erweiterung der konventionellen Meßtechnik um die zusätzlichen Aspekte einer gehörgerechten Schallmeßtechnik bedeutet nicht automatisch auch eine Erhöhung der Kosten bei Geräuschreduzierung oder Geräuschgestaltung. Es ist vielmehr davon auszugehen, daß durch das gezielte Aufspüren derjenigen Geräuschanteile, die für einen unangenehmen Geräuscheindruck oder die Belästigung durch Lärm verantwortlich sind, häufig aufwendige, breitbandige Schallminderungsmaßnahmen vermieden werden können. Eine breitbandige Reduzierung eines Geräusches z.B. um 3 dB kann unter Umständen sehr kostenintensiv sein. Weist das Geräuschereignis jedoch auffallende Merkmale wie z.B. Modulationen auf, die eine Rauhigkeit hervorrufen, so wird eine solche Geräuschsituation auch nach der erzielten Pegelreduzierung unverändert als lästig beurteilt. Die gehörgerechte Schallanalyse erlaubt nun z.B. durch andere räumliche Anordnungen, durch Verschiebung einzelner Spektralkomponenten in andere Spektralbereiche, wo sie durch angenehme Geräusche maskiert werden, oder durch gezielte Manipulation von Teilgeräuschkomponenten, häufig eine erheblich kostengünstigere Durchführung von Maßnahmen zur Verbesserung der Geräuschqualität.

6.5 Anwendungsbereiche

6.5.1 Archivierung von Geräuschsituationen

Das menschliche Gehör ist ein hochempfindliches, akustisches Meßsystem; es reagiert auf feinste Unterschiede im Signal, wenn diese im A/B-Vergleich vorgeführt werden. Das absolute Erinnerungsvermögen des menschlichen Gehörs ist dagegen über einen größeren Zeitraum hinweg nicht besonders ausgeprägt. Dieser Nachteil kann durch die originalgetreue Aufzeichnung in Form eines Kunstkopf-Meßsystems in Verbindung mit einem digitalen Datenspeicher vermieden werden. So ist es möglich, verschiedene Geräuschsituationen beliebig lang zu archivieren und zu jedem beliebigen Zeitpunkt an jedem beliebigen Ort wieder zur Verfügung zu stellen. Dies ist z. B. interessant, um eine akustische Produktentwicklung mitzuverfolgen oder die Wirksamkeit von Maßnahmen beurteilen zu können, die die akustische Qualität beeinflussen sollen.

6.5.2 Akustische Schulung von Kundendienst

Geräusche werden nicht immer nur als lästig oder je nach Zusammensetzung als angenehm empfunden, Geräusche dienen auch häufig als Informationsträger. Sie geben Information darüber, ob ein Aggregat ordnungsgemäß funktioniert. Viele Kundenreklamationen, insbesondere im Automobilbereich, basieren auf einer veränderten akustischen Umgebung, denn viele Defekte am Kraftfahrzeug bewirken eine Veränderung des Geräusches. Es liegt daher nahe, Kundendienstbetreuer vom Werk aus zu schulen und ihnen sofort die Zusammenhänge zwischen einzelnen Geräuschen und deren physikalischen Ursachen am Kraftfahrzeug darzustellen. Das führt im Service zu einer erheblich schnelleren Fehlererkennung und deren Behebung. Es wird vermieden, daß aufgrund von Fehlinterpretationen über die Geräuschursache zunächst falsche Aggregate am Kraftfahrzeug repariert werden.

6.5.3 Qualitätssicherung

In vielen Bereichen wird eine akustische Endkontrolle von Produkten durchgeführt. Bislang ist es noch nicht möglich, in allen Anwendungsbereichen diese akustische Qualitätsüberwachung zu 100 % durch eine entsprechende Automatisierung zu ersetzen. Erst die Einbeziehung einer gehörgerechten Geräuschbeurteilung wird die Entwicklung einer automatischen, akustischen Qualitätssicherung ein deutliches Stück weiterbringen. Zur Zeit laufen bei HEAD acoustics Untersuchungen zum Einsatz der binauralen Mustererkennung für die Qualitätssicherung. Die Nutzung der Kunstkopfmeßtechnik in diesem Bereich erfolgt bereits heute in der folgenden Form: Das Referenzgeräusch wird mit Hilfe des Kunstkopfes aufgenommen, damit der Prüfer bei der akustischen Beurteilung des Produktes sich dieses jedesmal wieder in Erinnerung zurückrufen kann. Es wird so vermieden, daß geringfügige, langsame Verschlechterungen in der akustischen Qualität der Produkte ansonsten vom Prüfer nicht mehr erkannt werden. Ebenso einsetzbar ist die Kunstkopf-Meßtechnik für die akustische Fernüberwachung, insbesondere in umweltbelasteter Umgebung (Hitze, Staub, Strahlung usw.). Die Überwachung kann nun vom Schreibtisch aus erfolgen, wobei ein zusätzlicher Vorteil darin besteht, daß auch hier wieder vor der Beurteilung das Referenzgeräusch abgehört werden kann.

6.5.4 Raumakustische Untersuchungen

Für raumakustische Untersuchungen sind schon vor vielen Jahren erste Bemühungen durchgeführt worden, die Kunstkopf-Meßtechnik für eine gehörgerechte Beurteilung, z.B. von Konzertsälen, einzusetzen. Aufgrund der fehlerhaften Übertragungseigenschaften der damals zur Verfügung stehenden Kunstkopf-Systeme ist dies jedoch nicht mit zufriedenstellendem Erfolg geschehen. Mit dem derzeitigen Entwicklungsstand ist eine gehörgerechte Beurteilung von Konzertsälen nun ohne weiteres möglich. Von besonderem Vorteil ist hierbei, daß Aufnahmen in unterschiedlichen Konzertsälen oder an unterschiedlichen Positionen im gleichen Saal in einem direkten A/B-Vergleich subjektiv beurteilt werden können. In Verbindung mit dem Richtungsmischpult (BMC) ist es auch möglich, bestehende raumakustische Eigenschaften durch Einfügen von zusätzlichen Reflexionen zu verändern, um gezielte Maßnahmen vorzuschlagen, wie eine nicht befriedigende Raumakustik verbessert werden könnte. In Verbindung mit dem BAS und der Spektrogrammdarstellung ist außerdem eindrucksvoll die Abhängigkeit der Nachhallzeit von der Frequenz darstellbar.

6.5.5 Praxisbeispiel

Elektrische Kleinmotoren finden im Kfz zunehmend Verwendung. Neben Scheibenwischern und Lüftungsgebläsen werden durch diese inzwischen immer häufiger auch Fensterheber, Sitzverstellung, Außenspiegel usw. angetrieben. Aufgrund der deutlichen Reduzierung der Kfz-Innengeräusche bezüglich Verbrennungs-, Antriebsstrang-, Wind- und Rollanteil nehmen Beanstandungen hinsichtlich der Geräuschqualität des von elektrischen Kleinmotoren abgestrahlten Schalls zu. Diese äußern sich in nicht standardisierten Beschreibungen wie "quälend, billig, lästig", die es dem Motorenhersteller nicht immer ermöglichen, die konkrete Beanstandung zu verifizieren. Klassische Meßverfahren wie die Geräuschleistungsmessung (z.B. DIN 45635) haben sich als ungeeignet erwiesen, die subjektiv wiedergegebenen Hörereignisse objektiv nachzuvollziehen [6].

Diese Problematik hat zur Zielsetzung geführt, basierend auf der gehörgerechten Schallmeßtechnik in Verbindung mit geeigneten Analyseverfahren ein neues Meßverfahren zu entwickeln. Dieses soll eine eindeutige, reproduzierbare Messung und objektiv beschreibbare Analyse der Geräuschqualität des von einem Kleinmotor abgestrahlten Geräuschereignisses - auch im eingebauten Zustand - ermöglichen.

Meßverfahren

Bislang ist es üblich, ein Kondensator-Meßmikrofon zur Aufnahme eines Geräuschereignisses zu verwenden. Für eine kombinierte Anwendung zur objektiven und subjektiven Bestimmung der Geräuschqualität ist der Einsatz eines Kunstkopf-Meßsystems vorteilhaft, da nur so auch eine gehörbezogene, originalgetreue Wiedergabe möglich ist.

In Abb. 6.10 ist für die Messung eines elektrischen Kleinmotors im reflexionsarmen Raum der Vergleich zwischen Kunstkopf und konventionellem Meßmikrofon dargestellt. Aufgrund der Kompatibilität eines freifeldentzerrten Kunstkopfes stimmen die Terzpegel sehr gut überein. Die Abweichungen sind durch den geringen Meßabstand (0,4 m zum Kopfmittelpunkt) zu erklären, da die Freifeldentzerrung des Kunstkopfes für einen 2 m Abstand definiert ist.

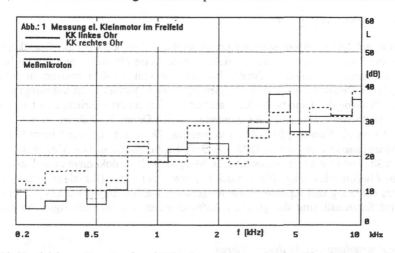

Abb. 6.10: Vergleich von Kunstkopf- und Mikrofonmessungen an elektr. Kleinmotoren im Freifeld

Kunstkopf-Meßsystem

Im Rahmen der Standardisierungsbemühungen des NALS (Normenausschuß Lärm und Schwingungstechnik) ist ein weiterer Ansatz unternommen worden, die Kunstkopftechnologie vorzugsweise für die Durchführung subjektiver Beurteilungstests von Geräuschereignissen zu normen [7]. Für den kombinierten Einsatz zur objektiven Messung und subjektiven Klassifizierung bei der akustischen Prüfung von elektrischen Kleinmotoren ist es zu folgendem Vorschlag gekommen: Das Kunstkopf-Meßsystem mit Abmessungen entsprechend ITU P.58 und einer Ohrmuschelnachbildung entsprechend ITU P.57 muß ein Freifeldübertragungsmaß aufweisen, das im Vergleich zu einem Meßmikrofon maximale Abweichungen von +/- 0,5 dB im Frequenzbereich unterhalb 4 kHz und +/- 1 dB im Frequenzbereich von 4 kHz bis 12,5 kHz aufweist. Die Überprüfung erfolgt entsprechend DIN 45683 Teil 1. Das Kunstkopf-Meßsystem muß einen elektrischen Eigenstörpegel kleiner 20 dB(A) erzeugen.

Prüfung im reflexionsarmen Raum

Die Umgebungsbedingungen im Prüfraum zur Zeit der Messung müssen angegeben werden. Sie sollten innerhalb der in DIN 45683 Teil 1 festgelegten Toleranzen gehalten werden. Das Meßobjekt sollte in der Regel 2 Meter vom Kopfmittelpunkt entfernt sein (Mittelpunkt der Verbindungsachse zwischen dem linken und dem rechten Ohrkanaleingang), solange der Geräuschpegel des Meßobjektes - gemessen mit dem Kunstkopf-Meßsystem - in jeder zu bewertenden Terz 10 dB über dem Gesamtstörpegel (elektrischer Eigenstörpegel und akustischer Störpegel) liegt. Andernfalls ist der Abstand zwischen Meßobjekt und Kopfmittelpunkt zu verringern. Er sollte jedoch stets mehr als 0,2 Meter betragen. Die genaue Position ist im Meßprotokoll festzuhalten. Dabei sind zwei Positionen, 90° und 45° vorne zur Verbindungsachse zwischen den Ohrkanälen, zu bevorzugen. Um besser reproduzierbare Ergebnisse zu erzielen, dürfen weder Bekleidung noch eine Perücke für die Kunstkopf-Meßsysteme verwendet werden. Falls das Kunstkopf-Meßsystem über eine Positionsverstellung verfügt, sollte diese sich in der Grundposition befinden, für die das Freifeldübertragungsmaß des Kunstkopf-Meßsystems kalibriert worden ist.

Prüfung in eingebautem Zustand

Die Messung erfolgt mit einem System entsprechend 6.3.1, jedoch wird das Kunstkopf-Meßsystem an die Position gebracht, an der sich normalerweise die abhörende Person befindet. Speziell für Messungen im Kraftfahrzeug hat sich das Kunstkopf-Meßsystem in einer dem Fahrerkopf oder Beifahrerkopf entsprechenden Position zu befinden. Ist unbedingt die Messung an der Position des Fahrers bei Anwesenheit des Fahrers erforderlich, so ist anstelle des Kunstkopf-Meßsystems eine Mikrofonanordnung an den Ohren des Fahrers zu positionieren, um diese Person als Kunstkopf-Ersatz zu verwenden. Die entsprechende Überprüfung einer solchen Mikrofonanordnung ist in DIN 45683 Teil 2 beschrieben. Die Meßpositionen einschließlich Sitz- und Lenkradposition sind im Meßprotokoll zu dokumentieren. Des weiteren müssen die Abstände des linken (Fahrerposition) bzw. des rechten (Beifahrerposition) Ohrkanaleingangs eindeutig und reproduzierbar festgehalten werden. Bezüglich Umgebungsbedingungen und Störschall sind die gleichen Anforderungen wie im vorherigen Abschnitt zu stellen.

Subjektive Beurteilung und Analyseverfahren

Die Durchführung von subjektiven Beurteilungen erfolgt mit Hilfe der Kopfhörerwiedergabe in einem Abhörraum, dessen Eigengeräusch in jeder zu bewertenden Terz 10 dB unterhalb des zu analysierenden Geräusches liegt. Das Wiedergabesystem muß ein solches Übertragungsmaß aufweisen, daß für jede Terz bei Beschallung im Freifeld vor der Versuchsperson der gleiche Lautheitseindruck wie bei dem Wiedergabesystem hervorgerufen wird.

Folgende Analysen sind geräuschabhängig zu empfehlen:

- A-bewerteter Schalldruckpegel, auch frequenzselektiv, Terzspektrum
- stationäre Lautheit, Schärfe (Option)
- FFT-Spektrum, VFR (Var. Frequency Resolution), Zoom-FFT
- Ordnungsanalyse, Modulationsspektrum, Kurtosis

Geräuschkatalog

Vergleichbar zu der VDI-Richtlinie VDI 2563, die u.a. typische Geräuschbilder von Innengeräuschen verbalisiert wiedergibt, ist speziell für die von elektrischen Kleinmotoren abgestrahlten Geräuschereignisse ein Katalog von Geräuschbezeichnungen nach Tabelle 6.1 erstellt worden, der zusätzlich relevante Spektralbereiche und geeignete Analysearten enthält.

Applikation ASR-Motor

Der gehörmäßige Vergleich von zwei ASR-Varianten (Antriebs-Schlupf-Regelung), die im selben Fahrzeug eingebaut gewesen sind, hat zu gehörmäßig signifikanten Unterschieden geführt. Diese sind zunächst bei einer konventionellen breitbandigen Schalldruck-pegelmessung, aber auch bei einer Lautheitsmessung nicht objektiv nachvollziehbar, denn die "Gut"-Variante hat einen um 1,8 dB höheren A-bewerteten Schalldruckpegel, eine um 1,4 sone größere Lautheit und eine um 0,1 acum stärkere Schärfe.

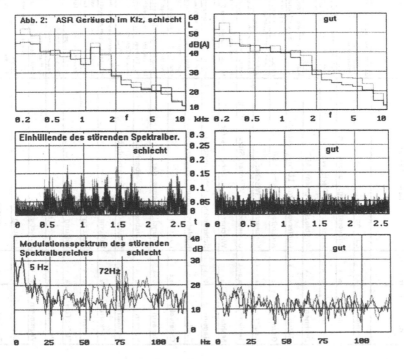

Abb. 6.11: Vergleich von zwei ASR-Varianten anhand geeigneter Analysen

Geräuschart	Motor-typ	Typische Geräuschquelle	Geräuschbeschreibung	Relevanter Spektralbereich f_BP (Hz)	A-bew. Schalldruck	f_BP Pegel, A-bew.	Pegelschwankung v	Lautheit	Schärfe	Rauhigkeit	Schwankungsstärke	Terzspektrum	FFT-Spektrum	Hochauflösendes Sp	Kurtosis	Ordnungspegel, A-b	Modulationsspektru
Brenner	a,c	Lüftung	Gemisch von tieffrequenten, stochastisch modulierten tonalen Anteilen	20 - 300		x		o			o			x		x	x
Brummen	b - k	Sitzverstellung, Schiebedach	Disharmonisches Gemisch von tieffrequenten, modulierten tonalen Anteilen	20 - 180		x		o				o		x		x	x
Bürste	b - k	Fenster, Sitz, Dach, Wischer	Hochfrequentes Geräusch mit FM durch Drehzahlschwankung, durch Motorordnung angeregte Strukturresonanz	4000 - 15000	x	x			o		o		x				x
Dröhnen	c - k	Antiblockiersystem, ABS	Tieffrequenter, disharmonischer, amplitudenmodulierter tonaler Klang	50 - 250	o	x	o							x		x	x
Flöten	a,c - k,v	Kühlerventilator, Lüftungsgebläse	Auf- und abschwellender, harmonischer Klang aus Grundwelle und Vielfachen, drehzahlabhängig	500 - 2500			x						x			x	
Grunzen	c - k	Antischlupfregelung ASR	Tieffrequente Anregung einer Strukturresonanz im höheren Frequenzbereich, eventuell überlagert mit Motor-Modulation	100 - 5000	x	x	x			x	x	x	x			x	x
Heulen	a,b - k,v	Klimaanlage, Wischer	Tonaler, tieffrequenter Ton, leichte Schwankung in der Frequenz und/oder Amplitude	180 - 500		x	x							x	x	x	x
Jaulen	a,b - k	Schiebedach, Wischer, Sitzverstellung	Schwankende höhere Motorordnungen, Drehzahl fallend, tieffrequente AM-Modulation	300 - 2500	o	x	x	o	x	x	o	x	x	x		x	x
Mahlen	b - k	Wischer, Spiegel, Scheinwerfer	Auf- und abschwellende Modulation durch mehrere Motorordnungen einer Strukturresonanz	400 - 1500	x	x	x		x					x	x		x
Nageln	b - k	Schiebedach, Scheibenheber	Tieffrequente, impulshaltige Anregung von Strukturresonanzen im mittleren Frequenzbereich, moduliert mit Motordrehzahl	300 - 5000	o	x	x	o		o	o	o	x				x
Pfeifen	a,c - k	Kühlerventilator, Lüftungsgebläse	Hochfrequentes, mehrfach AM moduliertes Signal, tieffrequente Anregung einer Strukturresonanz	3000 - 10000	x	x	x	o	x	x	x	x	x	x		x	x
Quietschen	a,c - k	Lüftung	-hochfrequentes, FM moduliertes Signal, tieffrequente Anregung einer Strukturresonanz	1000 - 7000	x	x	x	o	x	x	x	x	x	x	x	x	x
Rasseln	b - k	Spiegel, Scheinwerfer	Anregung von mehreren Strukturresonanzen mit ausgeprägten AM Modulationen durch Motordrehzahl, teil, stochast.	1000 - 8000	x	x	x		x						x		x
Rattern	b - k	Schiebedach, Scheibenheber	Mittlerer Frequenzbereich, periodische Anregung mehrere Strukturresonanzen, moduliert mit höheren Motorordnungen	300 - 1500	o	x	x	o		x		x	x	x		x	x
Schnarren	c - k	Servoantriebe, Scheibenheber	Näaler Ton im mittleren Frequenzbereich, moduliert mit mehreren Motorordnungen.	600 - 1500	x	x	x	o									x
Tackern	a - v	Lüftung	Tieffrequentes, periodische Anregung einer Strukturresonanz im höheren Frequenzbereich	1000 - 8000	o	x	x	o	x	x	o	o	x	x		o	o
Trillern	a - v	Lüftung	Doppelt modulierter tonaler Anteil, tieffrequente Schwankung eines AM modulierten Tons	1000 - 4000	x	x	x	o	x	x	x	o				o	x
"U" - Ton	a - v	Lüftung	Tonaler tieffrequenter Ton, drehzahlabhängig, dominiert den Summenpegel	200 - 400	o	x	x									x	
Wimmern	a - k	Einspritzpumpe	Mit Vielfachen der Motordrehzahl modulierter mittlerer Frequenzbereich	2000 - 5000		x	x							x			x
Wummern	b - k	Schiebedach	Tieffrequente Anregung des Kfz-Innenraums, zweifach moduliert durch Motordrehzahl und tieffrequenter Schwankung	20 - 120	o	x	x	o		o	o	o	x				x
Zirpen	a,c - k	Lüftung	Auf- und abschwellendes, AM-moduliertes hochfrequentes Klangbild	3000 - 12000	x	x		o	x								
Zischen	b - k	Servomotor	Hochfrequentes, mehrfach (tief- und hochfrequent) moduliertes, teilweise stochastisches Signal ohne deutlichen tonalen Anteil	6000 - 12000	x	x		x	x	x			x				x
Zwirbeln	c - v	Sekundärgebläse	Schnelle, drehzahlabhängig zunehmende Modulation in Verbindung mit einer starken Resonanz	500 - 5000		x	x	o		o	o					x	x

k: konstant
v: variabel

a: Motoren im Dauerbetrieb
b: Motoren im Kurzbetrieb
c: selbsttätig einschaltende Motoren

x = empfehlenswert
o = eventuell auch geeignet

Tab. 6.1: Geräuschbeispiele von elektrischen Kleinmotoren

In Abb. 6.11 sind auf der linken Seite für die "Schlecht"- und rechts für die "Gut"-Variante Terzanalyse, die Einhüllende des störenden Spektralbereiches (um 1400 Hz) und das Modulationsspektrum, jeweils für das linke und rechte Ohrsignal des Fahrers dargestellt. Aufgrund verschiedener Analyseverfahren, die sehr gut geeignet sind, zeitliche Strukturen oder tonale Anteile in einem Geräusch zu erkennen, hat man auch objektiv deutliche Unterschiede herausmessen können, die hinreichend gut mit der subjektiven Klassifikation der Geräusche korrelieren. Als besonders aussagekräftig erweist sich neben Kurtosis, Tonalität oder Impulsparameter, die Modulationsspektralanalyse der jeweils hochpaßgefilterten Signale. Die Hochpaßfilterung ist erforderlich, um den tieffrequenten Einfluß der Fahrzeugrad-Anregung zu eliminieren, da auch das menschliche Gehör selektiv arbeitet. Die Modulationsspektralanalyse erlaubt im Vergleich zur Rauhigkeitsanalyse in der Regel bessere Rückschlüsse auf die Entstehungsart der beanstandeten Geräuschqualität. Im geschilderten Beispiel ergibt die Modulationsspektralanalyse, daß der subjektive Geräuscheindruck bei der "Schlecht"-Variante einerseits durch die stärkere Ausprägung der zeitlichen Struktur (periodische 5 Hz Anregung einer Strukturresonanz um 1400 Hz durch das Pumpenventil) und andererseits durch Modulationen (Grundfrequenz um 72 Hz und Oberwellen, hervorgerufen von dem verwendeten elektrischen Antrieb) zu beschreiben ist.

6.6 Literatur

[1]   ATTIA F.: Lautheit - dBA, Vergleichsmessung an technischen Schallsignalen, Tagungsband DAGA 1991

[2]   BLAUERT J.: Kognitive und ästhetische Aspekte von Lärmproblemen, Zeitschrift für Lärmbekämpfung Nr. 2, 1991

[3]   DER RAT VON SACHVERSTÄNDIGEN FÜR UMWELTFRAGEN, Umweltgutachten, Kohlhammer Verlag GmbH, Stuttgart, Mainz, 1987

[4]   FASTL H.: Loudness and Masking Patterns of Narrow Noise Bands, Acustica 33, 1975

[5]   FRIEDLEIN J.: Kunstkopfstereofonie - Ein objektives Verfahren in der Geräuschbewertung, HDT-Tagungsband Nr. T-T-30-602-058-5, 1985

[6]   GENUIT K., BERTOLINI T., BRASS O., HEGER S., VEIL T.: Vorschlag zur gehörgerechten akustischen Prüfung von elektrischen Kleinmotoren; DAGA´96, 26.-29.02.1996, Bonn

[7]   GENUIT K., BRENNECKE W., PEUS S.: Standardisierung der Richtcharakteristik von Kunstkopf-Meßsystemen; DAGA´96, 26.-29.02.1996, Bonn

[8]   GUSKI R.: Zum Anspruch auf Ruhe beim Wohnen, 5. Oldenburger Symposium zur psychologischen Akustik, 1989

[9]   ISO 532B: Procedure for Calculating Loudness Level

[10] SCHICK A.: Schallwirkung aus psychologischer Sicht, Klettverlag Stuttgart, 1979

[11] SOTTEK R.: Ein Verfahren zur gehörrichtigen Spektralanalyse, Tagungsband DAGA 1990

[12] SOTTEK R.: Kombination einer hochauflösenden Spektralschätzung mit einer Analyse der Einhüllenden der Zeitfunktion Tagungsband DAGA 1991

[13] TERHARDT E.: Aspekte und Möglichkeiten der gehörbezogenen Schallanalyse und Bewertung, DAGA 1981

[14] TERHARDT E., STOLL G.: Skalierung des Wohlklangs von 17 Umweltgeräuschen und Untersuchungen der beteiligten Hörparameter, Acustica 48, 1981

[15] ZOLLNER M.: dBA-Versus Sone: Vergleichende Lautheitsmessungen an 114 Alltagsgeräuschen, DAGA 1991

[16] ZWICKER E.: Ein Vorschlag zur Definition und zur Berechnung der unbeeinflußten Lästigkeit, 5. Oldenburger Symposium, 1989

[17] ZWICKER E., FASTL H.: Psychoacoustics, Springer Verlag 1990

[18] ZWICKER E.: Psychoakustik; Hochschultext, Springer Verlag Berlin, Heidelberg, New York 1982

[19] ZWICKER E.: Über psychologische und methodische Grundlagen der Lautheit, Acustica 8, 1958

7. Echtzeit-Lautheitsanalyse

M. ZOLLNER

7.1 Einleitung

Gesetze und Verordnungen definieren ausschließlich dB(A)-Grenzwerte, und auch in der industriellen Meßtechnik ist der A-bewertete Pegel die am häufigsten verwendete Größe. Es ist allerdings auch bekannt, daß der A-bewertete Schalldruckpegel kein geeignetes Maß zur Bewertung der wahrgenommenen Lautstärke ist. Da sich die Käufer industrieller Produkte in der Regel nicht über zu hohe dB(A)-Werte, sondern über zu hohe Lautstärke beklagen, werden neben dem A-bewerteten Pegel ergänzende Meßgrößen erfaßt, die besser mit der wahrgenommenen Lautstärke korrelieren sollen.

Die Lautheitsberechnung ist für stationäre Signale in DIN 45631 bzw. ISO 532B standardisiert. Grundlage der Berechnung ist ein Terzpegelspektrum. Die Mittelungszeitkonstante ist so lange zu wählen, daß das Spektrum vom Meßintervall unabhängig wird (Langzeitspektrum). Diese Berechnungsvorschrift ist allerdings nur dann sinnvoll, wenn das Schallsignal keine hörbaren Rauhigkeiten, Schwankungen, Impulse oder ähnliche Instationaritäten aufweist. Liegt eine hörbare Zeitstruktur vor, muß der zeitliche Verlauf der Summenlautheit bzw. der spezifischen Lautheit in Echtzeit ermittelt werden. Wird trotzdem mit dem Langzeitspektrum gerechnet, können Fehler entstehen, die 10 dB(A) überschreiten.

7.2 Spezifische Lautheit

Richtige Lautheitsanalysen können nur mit einem Echtzeit-Lautheitsanalysator vorgenommen werden. Hierzu wird das vom Mikrofon aufgenommene Signal einer (in der Regel digitalen) Terzfilterbank zugeführt (Abb. 7.1). Die Terzfilterbank enthält 28 Terzfilter nach DIN 45652, wobei die Ausgangsspannungen der Filter 1.1-1.6, 2.1-2.3, 3.1-3.2 inkohärent zusammengefaßt werden. Die folgende Tabelle zeigt die Zuordnung der Mittenfrequenzen.

Filter Nr.	1.1	1.2	1.3	1.4	1.5	1.6	2.1	2.2	2.3	3.1	3.2	4	5	6
f [Hz]	25	32	40	50	63	80	100	125	160	200	250	315	400	500

Filter Nr.	7	8	9	10	11	12	13	14	15	16	17	18	19	20
f [Hz]	630	800	1000	1300	1600	2000	2500	3200	4000	5000	6300	8000	10000	12500

Tab. 7.1: Zuordnung der Mittenfrequenzen

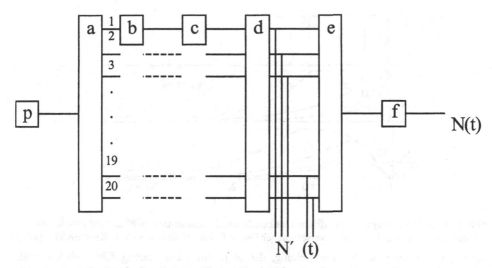

Abb. 7.1: Funktionsblöcke der digitalen Lautheitsberechnung

Auf die Terzfilterbank (a) folgt eine Stufe zur Mittelung und Radizierung (b). In dieser Stufe wird die Abbildung vom Schalldruck auf die Kernerregung des Gehörs nachgebildet (Abb. 7.2).

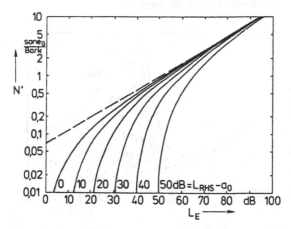

Abb. 7.2: Spezifische Lautheit N´als Funktion des Erregungspegels L_E mit der Differenz L_{RHS}-a_0 mit Ruhehörschwelle und Übertragungsmaß als Parameter (nach ZWICKER/FASTL [1])

Daran schließt sich ein nichtlinearer Tiefpaß zur Berechnung der zeitlichen Nachverdeckung an (c). Die Nachverdeckung kennzeichnet einen kurzzeitigen Verdeckungseffekt im Gehör, der zur Folge hat, daß leise Schallanteile, die auf laute Signale folgen, unhörbar werden können. Vereinfacht ausgedrückt dauert es nach dem Abschalten eines Schallsignales etwa 10-100 ms, bis das Gehör wieder voll empfindlich ist. Die Abklingdauer hängt von der Signalfrequenz und (vor allem) von der Dauer des Signals ab. Kürzere Dauer ergibt kürzere Abklingzeit (Abb. 7.3).

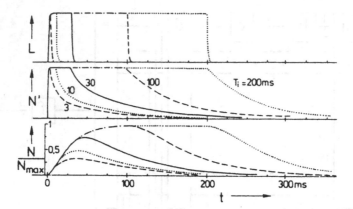

Abb. 7.3: Schalldruckpegel L, spezifische Lautheit N'und Gesamtlautheit N/N'$_{max}$ sind jeweils als Funktion der Zeit t für Tonimpulse verschiedener Dauer T$_i$ dargestellt (nach ZWICKER/FASTL [1])

An die Berechnung der Nachverdeckung, die in jedem Kanal durchgeführt werden muß, schließt die Berechnung der spektralen Verdeckung (d) an. Spektrale Verdeckung bedeutet, daß laute tiefe Töne leise hohe Töne verdecken, d.h. unhörbar machen. Die spektrale Verdeckung kann einen Frequenzbereich von einigen Oktaven umfassen. Die Frequenzabhängigkeit der spektralen Verdeckung wird durch die Mithörschwelle (Abb. 7.4) beschrieben, deren Flankensteilheit pegelabhängig ist.

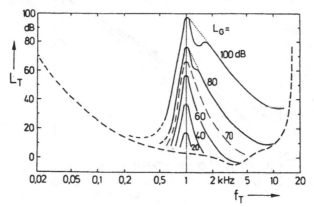

Abb. 7.4: Mithörschwelle L$_T$ verdeckt durch frequenzgruppenbreites Schmalbandrauschen der Mittenfrequenz 1 kHz mit verschiedenen Pegeln L$_G$ (nach ZWICKER/FASTL [1])

Die so ermittelten spezifischen Lautheiten N'(t) werden summiert (e), tiefpaßgefiltert (f) und ergeben die Summenlautheit N(t). Für Echtzeitanalysen müssen sowohl die spezifischen Lautheiten N' als auch die Summenlautheit N alle 2 ms neu berechnet werden.

7.3 Unterschiedlicher Klangeindruck bei gleichem FFT-Spektrum

Der subjektiv wahrgenommene Klang eines Schallsignals kann mit Zeitfunktion, FFT- oder Terzspektrum nur unzureichend beschrieben werden. Abb. 7.5 zeigt links oben die Zeitfunktion einer Impulsfolge, die aus einem Linienspektrum (Abb. 7.6) synthetisiert worden ist. Das Spektrum enthält 200 Linien mit gleicher Amplitude, der Linienabstand beträgt einheitlich 50 Hz. Die Anfangsphase ist für jede Linie zu 0° gewählt worden, woraus sich im Zeitbereich eine mit 20 ms periodische Impulsfolge ergibt.

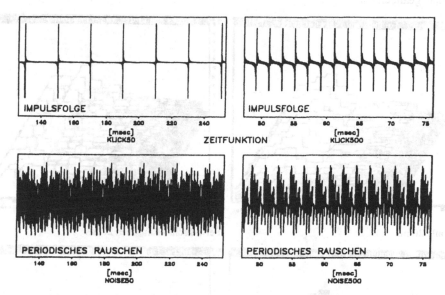

Abb. 7.5: Zeitfunktionen synthetischer Geräusche

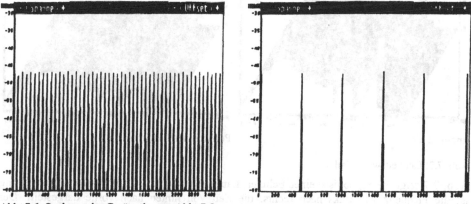

Abb. 7.6: Spektren der Geräusche aus Abb. 7.5

Verteilt man hingegen die Phasenlage statistisch auf alle Linien, so entsteht (bei gleichem Amplitudenspektrum) ein mit 20 ms periodisches Rauschsignal (Abb. 7.5 links unten). Ein FFT-Analysator, der das Amplituden-, Leistungs- oder Autospektrum darstellt, zeigt keinen Unterschied zwischen den beiden Signalen. Trotzdem klingen sie deutlich verschieden: Im einen Fall ist eine periodische Impulsfolge zu hören, im anderen Fall ein Rauschen.

Nun wird der Frequenzabstand der Spektrallinien geändert, wir synthetisieren einen Schall, der zwanzig Linien im 500-Hz-Abstand aufweist (Abb. 7.6 rechts). Sofern die Anfangsphase einheitlich zu Null gesetzt wird, entsteht eine mit 2 ms periodische Impulsfolge (Abb. 7.5 rechts oben). Bei statistischer Phasenverteilung ergibt sich ein mit 2 ms periodisches Rauschen (Abb. 7.5 rechts unten). Wiederum sind die Amplitudenspektren der Signale identisch, während sich die Zeitfunktionen deutlich unterscheiden. Doch in diesem Fall kann das Gehör nicht mehr zwischen den beiden Geräuschen unterscheiden, sie klingen völlig gleich. Ähnliche Ergebnisse erhält man auch, wenn mit Allpaßfiltern die Zeitfunktion eines Signals geändert wird.

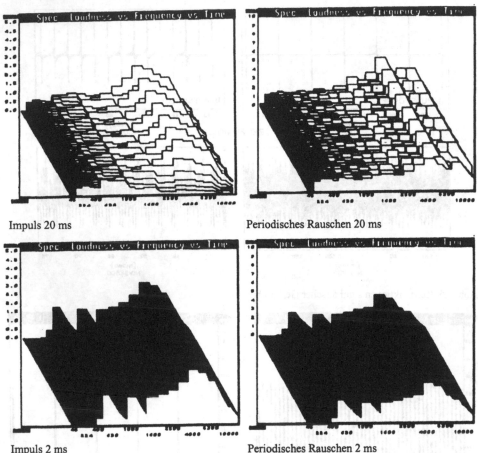

Impuls 20 ms   Periodisches Rauschen 20 ms

Impuls 2 ms   Periodisches Rauschen 2 ms

Abb. 7.7: Lautheitswasserfall

Abb. 7.7 zeigt die Ergebnisse einer Echtzeit-Lautheitsmessung. In der Wasserfalldarstellung ist die Frequenz von links nach rechts, die Zeit von hinten nach vorne dargestellt. Der gesamte Ausschnitt enthält 70 Lautheitsspektren, die mit 2 ms Abstand gesampelt worden sind. In den kleinen Bildern ist der zeitliche Verlauf der spezifischen Lautheit (Mittenfrequenz 5 kHz) dargestellt. Deutlich erkennt man bei den mit 20 ms periodischen Signalen die einzelnen Impulse bzw. das periodische Rauschen. Die zeitlichen Vorgänge bei den mit 2 ms periodischen Signalen sind kürzer als die Zeitauflösung des menschlichen Gehörs; sie können folglich nicht mehr aufgelöst werden, die spezifische Lautheit ist zeitinvariant.

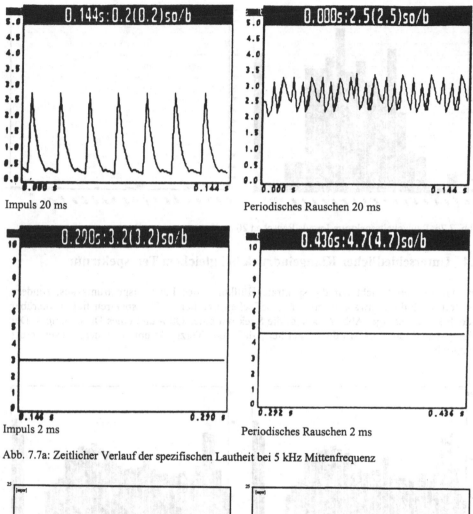

Impuls 20 ms

Periodisches Rauschen 20 ms

Impuls 2 ms

Periodisches Rauschen 2 ms

Abb. 7.7a: Zeitlicher Verlauf der spezifischen Lautheit bei 5 kHz Mittenfrequenz

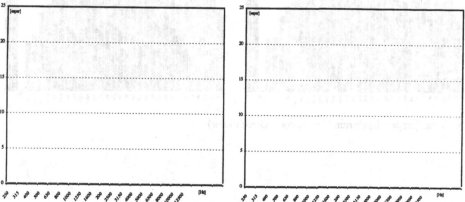

Abb. 7.7b: Rauhigkeitsspektrum Impuls/Rauschen 2 ms

172   M. Zollner

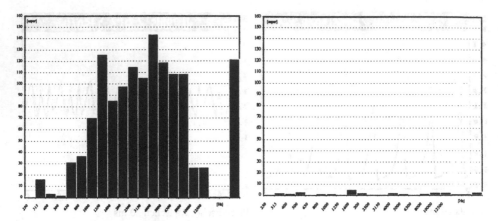

Abb. 7.7c: Rauhigkeitsspektrum Impuls/Rauschen 20 ms

7.4 Unterschiedlicher Klangeindruck bei gleichem Terzspektrum

Das Gehör wertet nicht nur die spektrale Hüllkurve des Langzeitspektrums aus, sondern beurteilt auch die Schwankungen der spezifischen Lautheiten. Terzspektren liefern hierüber jedoch keine Aussage. Abb. 7.8a zeigt die Spektren eines Otto- und eines Dieselmotors. Der Klang des Ottomotors wurde so gefiltert, daß sein Terzspektrum dem des Dieselmotors entspricht.

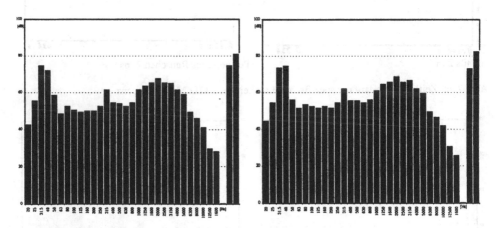

Abb. 7.8a: Terzpegelspektrum (Ottomotor – Dieselmotor)

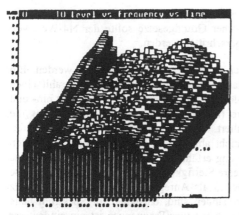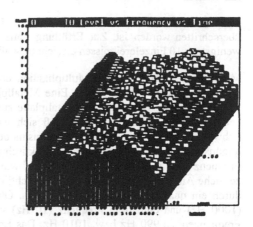

Abb. 7.8b: Zeitverläufe

Trotz gleicher Terzspektren klingen die beiden Geräusche aber unterschiedlich. Die Unterschiede liegen im zeitlichen Verlauf der einzelnen Terzpegel. Der reine Terzpegel/Zeitverlauf liefert allerdings wenig Hinweise (Abb. 7.8b). Erst die Umformung auf die spezifische Lautheit mit anschließend nichtlinearer Filterung zeigt Unterschiede. Änderungen in der spezifischen Lautheit, die mit etwa 10 bis 100 Hz erfolgen, führen zur Wahrnehmungsgröße "Rauhigkeit". In Abb. 7.9 ist die spektrale Verteilung der Rauhigkeit für die beiden Motorengeräusche dargestellt. Gegenüber dem Ottomotor (linkes Bild) zeigt der Dieselmotor (rechtes Bild) im Bereich 1 bis 4 kHz eine wesentlich höhere Rauhigkeit. Sie ist dafür verantwortlich, daß der Dieselmotor als unangenehmer bzw. lästiger wahrgenommen wird.

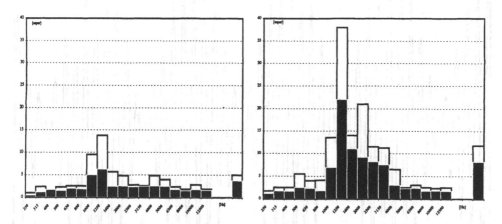

Abb. 7.9: Rauhigkeitsspektrum (Ottomotor – Dieselmotor)

7.5 Transienten und Modulationen

Lautheitsänderungen werden dann als Einzelereignisse hörbar, wenn sich die Lautheit um mindestens 10% ändert. Treffen mehr als etwa 10 Ereignisse pro Sekunde zusammen, können sie zeitlich nicht mehr voneinander getrennt werden. Das Gehör ist zwar bis zur Wahrnehmungsgrenze von 2 ms in der Lage, Unterschiede als Klangfarbenänderung wahrzunehmen, es kann aber den Einzelereignissen nicht mehr folgen. Die Lautheit von Geräuschen, die Einzelereignisse enthalten, wird über die Lautheitsverteilung ermittelt. Der mittleren Lautheit

174   *M. Zollner*

entspricht der 4-Perzentilwert, das ist der Lautheitswert, der nur in 4% der Meßzeit überschritten worden ist. Zur Erfüllung statistischer Grundgesetze sollte der N4-Wert von wenigstens 10 Einzelereignissen erreicht bzw. überschritten werden.

Modulationen können durch Multiplikation oder durch Überlagerung erzeugt werden. Ein Beispiel soll dies verdeutlichen: Eine Metallplatte vibriert mit 1000 Hz und strahlt einen 1000-Hz-Ton ab. Nun wird die Metallplatte zusätzlich tellerfederförmig mit 10 Hz hin- und hergebogen. Dies hat zur Folge, daß sich ihre (nichtlineare) Steifigkeit ändert, was die Schwingungsamplitude des 1000-Hz-Tons moduliert. Die 10-Hz-Schwingung wird wegen des ungünstigen Strahlungswiderstandes praktisch nicht abgestrahlt, sie wäre wegen der tiefen Frequenz auch unhörbar. Die 1000-Hz-Schwingung erfährt aber eine Modulation, d.h. eine zeitliche Änderung ihrer Hüllkurve. Die nichtlineare Steifigkeit der Platte sei näherungsweise durch ein quadratisches Glied beschrieben. Obwohl als Anregung nur eine hohe Frequenz (1000 Hz) und eine tiefe Frequenz (10 Hz) vorhanden sind, entstehen im Spektrum neue Frequenzen bei 990 Hz bzw. 1010 Hz. Das Entstehen neuer Frequenzen ist ein eindeutiger Hinweis auf nichtlineare Prozesse.

Aber auch ohne nichtlineare Prozesse können Modulationen erzeugt werden. Hierzu regen wir die Platte mit zwei unterschiedlichen Frequenzen an, z.B. 1000 Hz und 1010 Hz. Die Addition (Überlagerung, Superposition) der einzelnen Schwingungen ergibt eine Zeitfunktion, deren Hüllkurve mit 100 ms periodisch ist (Abb. 7.10).

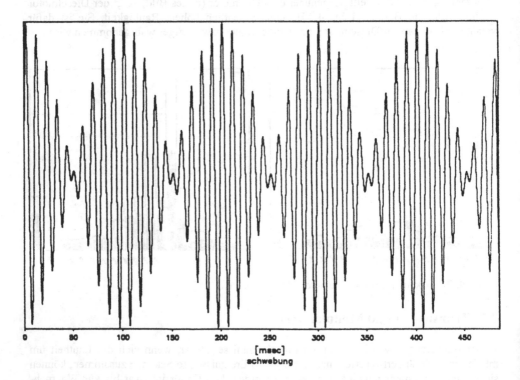

[msec]
schwebung

Abb. 7.10: Schwebung

Wenn wir ein Geräusch mit hoher Rauhigkeit hören, können unterschiedliche Ursachen vorliegen. Maximale Rauhigkeit entsteht bei Modulationsfrequenzen von 70 Hz, dies entspricht einem Linienabstand von 70 Hz. Möglicherweise enthält das Schallsignal zufällig diskrete Linien im 70-Hz-Abstand, weil beispielsweise in einem Getriebe entsprechende Zähnezahlen auftreten. Die 70 Hz sind hierbei nur als Differenzfrequenz vorhanden, bei der Frequenz f = 70 Hz muß im Spektrum nicht notwendigerweise eine Linie vorkommen. Es kann aber auch sein, daß irgendeine Quelle einen 70-Hz-Ton erzeugt; in diesem Fall sind allerdings Nichtlinearitäten erforderlich sowie weitere Signalkomponenten, deren Amplitude damit moduliert wird.

Selektive Pegelabsenkungen können Rauhigkeiten vergrößern oder verkleinern. Ein Schallsignal enthält beispielsweise die Töne 1000 Hz / 80 dB und 1070 Hz / 80 dB. Bei diesem Schall ist eine deutliche Rauhigkeit hörbar. Senkt man einen der Töne um 12 dB ab, verschwindet die Rauhigkeit weitgehend. Enthält das Schallsignal hingegen das Tonpaar 1000 Hz / 82 dB und 1070 Hz / 70 dB und senkt man hierbei den 1000-Hz-Ton um 12 dB ab, so erhöht sich die Rauhigkeit.

7.6 Lautheitsmessungen im Vergleich zum A-, B- und C-bewerteten Schallpegel

Das A-Bewertungsfilter soll die Empfindlichkeit des Gehörs für Sinustöne kleiner Lautheit nachbilden. Um die Meßfehler in vertretbaren Grenzen zu halten, sollen mit dem A-Bewertungsfilter nur Schallpegel unter 30 dB(A) gemessen werden. Für höhere Pegel war zunächst das B- bzw. C-Filter gedacht, das aus Vereinfachungsgründen in der Gesetzgebung aber kaum Eingang gefunden hat. Trotzdem gibt es Einsatzbereiche, bei denen der Anwender – unabhängig von Gesetzen und Verordnungen – das B-Filter verwendet, weil es vermeintlich bessere Übereinstimmungen zur Lautheit liefert. Gelegentlich werden auch neue Filter definiert, die (überhaupt nicht mehr genormt, aber vermeintlich passender) einen Kompromiß zwischen A- und B-Filter darstellen. Bei hohen Schallpegeln wird manchmal das C-Filter eingesetzt oder auf lineare Bewertung umgeschaltet. Falls die spektralen Schwerpunkte der analysierten Geräusche oberhalb von 800 Hz liegen, sind die Unterschiede zwischen den Filtern eher gering und liegen im Rahmen der nach DIN spezifizierten Fehlergrenzen. Unterhalb von 800 Hz ergeben sich jedoch erhebliche Abweichungen.

Die Diskrepanz zwischen Lautheit und filterbewertetem Schallpegel ist allerdings nicht nur auf spezielle Filterkurven zurückzuführen. Das Gehör ist ein nichtlineares Mehrkanalsystem, das Schallsignale spektral zerlegt und parallel verarbeitet. Durch diese nichtlineare Charakteristik werden breitbandige Geräusche lauter wahrgenommen als schmalbandige, ein Umstand, der durch kein irgendwie geartetes Filter nachgebildet werden kann. Zusätzlich sind im Gehör spektrale und zeitliche Verdeckungseffekte zu berücksichtigen, was bei Schallpegelmessern ebenfalls nicht realisiert ist. Vor diesem Hintergrund überrascht es nicht, daß in manchen Fällen der B-bewertete Pegel recht gut mit der Lautheitswahrnehmung korreliert, während er in anderen Fällen trotz ähnlichen Pegelbereichs den Höreindruck falsch wiedergibt. Die folgenden Beispiele zeigen für unterschiedliche Industriegeräusche die Übereinstimmungen und Abweichungen zwischen filterbewertetem Schallpegel und Lautheit.

7.6.1 Hochlaufen eines Nutzfahrzeugmotors unter Last

In Abb. 7.11 wurde der Hochlauf eines Nutzfahrzeugmotors unter Last untersucht. In Abb. 7.11a ist der Verlauf des A-bewerteten Pegels (60 - 110 dB(A)) über der Drehzahl dargestellt, Abb. 7.11b und 7.11c zeigen entsprechende Verläufe für den B- bzw. C-bewerteten Pegel. In

Abb. 7.11e ist der Verlauf der Lautheit (0 - 70 sone) über der Drehzahl dargestellt. Das starke Lautheitsmaximum bei 1080 Umdrehungen pro Minute wird vom A-bewerteten Pegel nicht richtig wiedergegeben. Vom B- und C-bewerteten Pegel wird es wesentlich überschätzt. Ergänzend wurde ein spezielles Filter entworfen, das tendenziell zwischen der A- und der B-Kurve liegt und ähnliche Pegelverläufe liefert wie die Lautheit. Im folgenden wird dieses Filter als AB-Filter bezeichnet, der AB-bewertete Pegelverlauf ist in Abb. 7.11d dargestellt. Trotz individueller Unterschiede könnte von einer befriedigenden Übereinstimmung zwischen AB-bewertetem Pegel und Lautheit gesprochen werden, wobei allerdings berücksichtigt werden muß, daß dieses Filter erst *nach* Kenntnis des Lautheitsverlaufs optimiert werden kann.

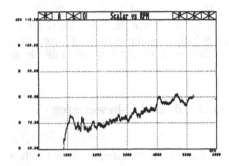

Abb. 7.11a: A-bewerteter Schallpegel

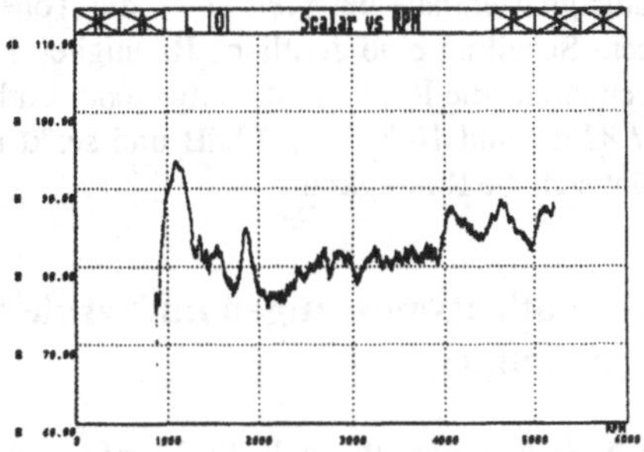

Abb. 7.11b: B-bewerteter Schallpegel

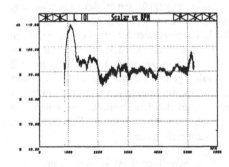

Abb. 7.11c: C-bewerteter Schallpegel

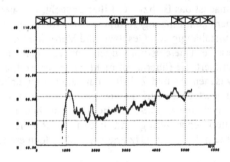

Abb. 7.11d: AB- bewerteter Schallpegel

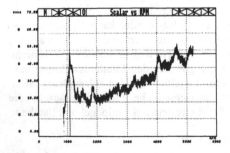

Abb. 7.11 a-e: Pegel- und Lautheitsverlauf bei einem Motorenhochlauf

Abb. 7.11e: Lautheit

7.6.2 Mopedvorbeifahrt

In Abb. 7.12 sind die Pegelverläufe für zwei vorbeifahrende Mopeds dargestellt. Abb. 7.12a zeigt, daß der maximale A-bewertete Pegel bei beiden Mopeds 80 dB(A) beträgt. In aller Regel wird dies so interpretiert, daß die Mopeds gleich laut wahrgenommen werden. Daß dies nicht so ist, zeigt Abb. 7.12e: Das zweite Moped ist um etwa 30% lauter als das erste.

Der AB-bewertete Pegel (Abb. 7.12d), der bei dem Motorhochlauf gute Korrelation zum Lautheitsverlauf zeigt, verläuft bei den Mopeds gegenläufig zur Lautheit: Der AB-bewertete Pegel des zweiten Mopeds ist um 1 dB(AB) geringer, als der AB-bewertete Pegel des ersten Mopeds. Beim B-bewerteten Pegel kehrt sich diese Tendenz wieder um, hier hat das zweite Moped einen geringfügig höheren B-bewerteten Pegel als das erste Moped. Diese Tendenz tritt beim C-bewerteten Pegel (Abb. 7.12c) verstärkt in Erscheinung. Allerdings unterscheidet sich der C-bewertete Pegelverlauf prinzipiell vom Lautheitsverlauf: Das Plateau vor dem Lautheitsmaximum des zweiten Mopeds wird durch den C-bewerteten Pegel nicht wiedergegeben.

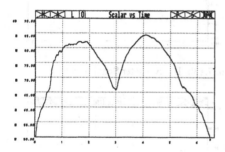

Abb. 7.12a: A-bewerteter Schallpegel

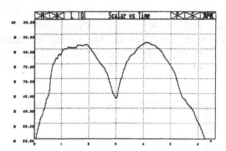

Abb. 7.12b: B-bewerteter Schallpegel

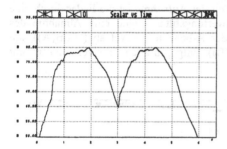

Abb. 7.12c: C-bewerteter Schallpegel

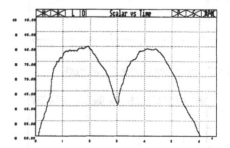

Abb. 7.12d: AB-bewerteter Schallpegel

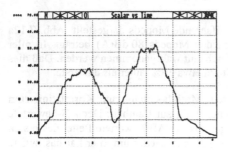

Abb. 7.12 a-e: Pegel- und
Lautheitsverlauf bei zwei
vorbeifahrenden Mopeds;
0-3 sec = Moped 1
3-6 sec = Moped 2

Abb. 7.12e: Lautheit

7.6.3　Elektromotor

In Abb. 7.13 ist über der Zeit Pegel- bzw. Lautheitsverlauf eines Elektromotors wiedergegeben. Im ersten Teil der Aufnahme (0-4 sec.) ist der Motor mit einer alten Kommutatorfeder betrieben worden, im zweiten Teil der Aufnahme ist die Feder durch eine neue, verbesserte ersetzt worden. Sämtliche Bewertungsfilter zeigen eine Abnahme des bewerteten Schallpegels. Am geringsten nimmt der A-bewertete Pegel ab (-1 dB(A)), am stärksten nimmt der B-bewertete Pegel ab (-2 dB(B)). Entgegen allen Pegelverläufen nimmt die Lautheit jedoch um 22% zu.

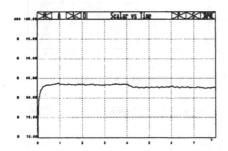

Abb. 7.13a: A-bewerteter Schallpegel

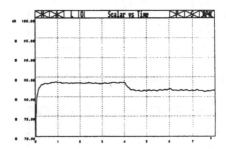

Abb. 7.13b: B-bewerteter Schallpegel

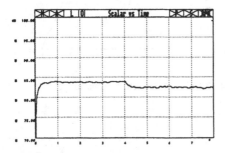

Abb. 7.13c: C-bewerteter Schallpegel

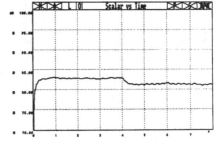

Abb. 7.13d: AB- bewerteter Schallpegel

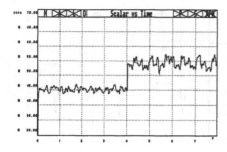

Abb. 7.13 a-e: Pegel- und
Lautheitsverlauf bei einem
Elektromotor;

0-4 sec. = alter Kommutator

4-8 sec. = neuer Kommutator

Abb. 7.13e: Lautheit

7.6.4 Industriegeräusche

In Abb. 7.14 sind die Pegelverläufe von 6 Industriegeräuschen dargestellt. Im einzelnen handelt es sich um:

1. Schleifbock
2. Schnelldrucker
3. Kehrmaschine
4. Lüfter
5. Hobelmaschine im Leerlauf
6. Preßlufthammer

Die A-bewerteten Pegel aller 6 Geräusche betragen 80 dB(A). Demgegenüber zeigen sich sehr deutliche Lautheitsunterschiede. Der letzte Schall ist fast doppelt so laut wie der vorletzte. Diese Tendenz ist allenfalls beim C-bewerteten Pegel feststellbar, der allerdings die Relation zwischen dem vierten und dem sechsten Schall falsch darstellt. Keine der vorgenommenen Filterungen ergibt Pegelverläufe, die näherungsweise mit dem Lautheitsverlauf übereinstimmen.

Die Pegel- und Lautheitsverläufe der untersuchten Geräusche zeigen sehr deutlich, daß mit den verwendeten Filtern keine der Lautheit entsprechende Meßgröße gewonnen werden kann. *Nach* Kenntnis eines speziellen Lautheitswertes kann zwar häufig ein geeignetes Filter entworfen werden, allerdings ist dann der Nutzen nicht mehr groß, da die Lautheit bereits bekannt ist. Für neue, unbekannte Geräusche kann dieses Filter jedoch Pegelwerte liefern, die mit der Lautheit nicht korrelieren. Das AB-Filter wurde beispielsweise für den Hochlauf eines speziellen Motors optimiert. Bei allen anderen drei Beispielen liefert es unbrauchbare Ergebnisse. Bei den Mopedgeräuschen könnte das C-Filter als lautheitsäquivalent betrachtet werden, das gleiche Filter gibt beim Motorenhochlauf aber unbrauchbare Werte. Überhaupt wäre es problematisch, in der Lärmmeßtechnik mit dem C-Filter zu arbeiten, da unter Umständen tieffrequenter Störschall und Windgeräusche überbewertet werden. Die Bilder von 3. (Kehrmaschine) und 4. (Lüfter) zeigen letztlich deutlich, daß keines der genannten Filter geeignet ist.

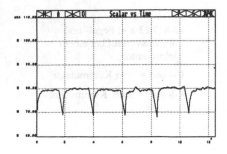

Abb. 7.14a: A-bewerteter Schallpegel

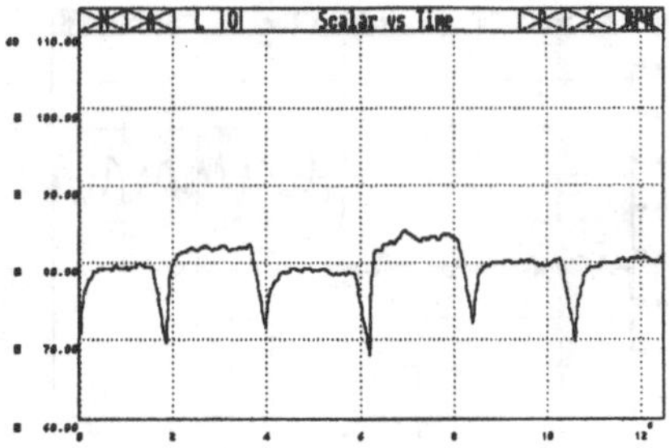

Abb. 7.14b: B-bewerteter Schallpegel

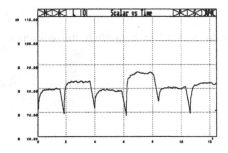

Abb. 7.14c: C-bewerteter Schallpegel

Abb. 7.14d: AB-bewerteter Schallpegel

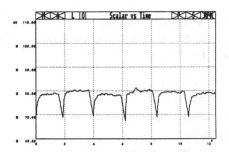

Abb. 7.14 a-e: Pegel- und
Lautheitsverlauf bei sechs
Industriegeräuschen:

1. Schleifbock im Leerlauf
2. Schnelldrucker
3. Kehrmaschine
4. Lüfter
5. Hobelmaschine im Leerlauf
6. Preßlufthammer

Abb. 7.14e: Lautheit

7.6.5 Motorradhelme

Manchmal wird erwartet, daß zumindest bei Produkten gleichen Typs bewertete
Pegelmessungen und Lautheitsmessungen brauchbar korrelieren. Abb. 7.15a und Abb. 7.15b
zeigen den Zusammenhang zwischen Lautheit und A-bewertetem Schallpegel bzw. Lautheit
und linear bewertetem Schallpegel. Analysiert wurden im Windkanal der BMW Technik
GmbH 24 Windgeräusche unter verschiedenen Motorradhelmen. Zwar ist zwischen leisen
und lauten Helmen ein deutlicher Trend im Pegel zu erkennen, es ergibt sich aber für gleiche
Lautheit eine Streubreite von 4,5 dB(A). Wird, was aufgrund der hohen Pegel sinnvoll
scheint, das A-Filter ausgeschaltet, und stattdessen linear (20 Hz – 20 kHz) gemessen, so
vergrößert sich diese Streubreite sogar noch. In vielen Fällen wird heute eine Verminderung
des A-bewerteten Pegels um 3 dB(A) bereits als Erfolg gewertet. Die dargestellten
Messungen zeigen, daß dieser "Erfolg" nicht unbedingt eine Lautheitsreduktion zur Folge

haben muß. Wenn Aussagen über die wahrgenommene Lautstärke gemacht werden müssen, ist eine Lautheitsmessung nach DIN 45631 der zweckmäßigste Weg.

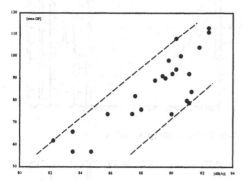

Abb. 7.15a: Zusammenhang zwischen N_5 (in sone$_{GF}$) und L_A (in dB(A))

Die gestrichelten Linien zeigen für 10 dB Pegelerhöhung eine Lautheitsverdoppelung.

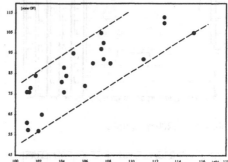

Abb. 7.15b: Zusammenhang zwischen N_5 (in sone$_{GF}$) und L (in dB)

Die gestrichelten Linien zeigen für 14 dB Pegelerhöhung eine Lautheitsverdoppelung.

7.7 Weitere Industriegeräusche

Die folgenden Beispiele zeigen vergleichende Messungen an Industriegeräuschen. Es hat sich als zweckmäßig erwiesen, bei der Beurteilung und Optimierung von Industriegeräuschen möglichst viele Schallparameter zu betrachten. Zur Ursachenerforschung sind die objektiven Meßverfahren gut geeignet. Beispielsweise kann die Schalldruck-Zeitfunktion mit dem Umdrehungswinkel einer Kurbelwelle verglichen werden. Bei Getriebegeräuschen gibt die FFT Hinweise auf Wellendrehzahlen. Die Auswirkung von Schalldämmaßnahmen kann mit Terzpegelspektren dargestellt werden. Keine dieser Darstellungsarten erlaubt aber Aussagen über die Klangwahrnehmung. Zur Beschreibung der subjektiven Wahrnehmungen werden subjektive Größen wie z.B. Lautheit, Schärfe, Rauhigkeit und Schwankungsstärke benötigt.

7.7.1 Abgasanlage eines PKW

Das von einem PKW abgestrahlte Verbrennungsgeräusch wird hörbar durch das Material der Abgasanlage beeinflußt. Das Test-Fahrzeug ist zuerst mit Schalen-Sammelkrümmer, danach mit Guß-Sammelkrümmer betrieben worden, wobei jeweils bei 1900, 2200 und 2300 RPM unter Teillast gemessen worden ist.

In Abb. 7.16 sind 4 Lautheitsspektren dargestellt. In den Balken rechts neben den Bildern werden die linear gemittelte Lautheit N, die Schärfe S, der A-bewertete Schallpegel A und der lineare Schallpegel L dargestellt. Die Einzelbilder zeigen deutlich, daß die Lautheitsunterschiede durch unterschiedliche spektrale Verteilung zustandekommen.

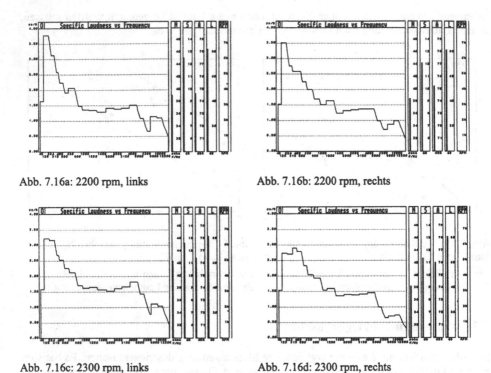

Abb. 7.16a: 2200 rpm, links   Abb. 7.16b: 2200 rpm, rechts

Abb. 7.16c: 2300 rpm, links   Abb. 7.16d: 2300 rpm, rechts

Abb. 7.16 a-d: Lautheitsspektren und zugehörige Summenwerte

Abb. 7.16b weist gegenüber Abb. 7.16a einen etwas höheren A-bewerteten Pegel auf. Bei der Lautheit ist diese Tendenz allerdings genau umgekehrt. Die A-bewertete Pegeldifferenz zwischen Abb. 7.16c und Abb. 7.16d ist geringer als die A-bewertete Pegeldifferenz zwischen Abb. 7.16a und Abb. 7.16b; hingegen sind die Lautheitsunterschiede zwischen Abb. 7.16c und Abb. 7.16d erheblich größer als jene zwischen Abb. 7.16a und Abb. 7.16b. Bei tiefen Frequenzen ist die spezifische Lautheit in Abb. 7.16c größer als die in Abb. 7.16d. Trotzdem ist die Schärfe in Abb. 7.16c höher als in Abb. 7.16d, weil (überproportional gegenüber den Tiefen) auch die Höhen in Abb. 7.16c dominieren. Das in Abb. 7.16c dargestellte Geräusch ist somit nicht nur deutlich lauter als die anderen, sondern aufgrund der erhöhten Schärfe auch unangenehmer.

In Abb. 7.17 sind für dasselbe Geräusch ein Lautheitsspektrum und ein A-bewertetes Terzspektrum gegenübergestellt. Das Lautheitsspektrum zeigt die spektrale Verteilung gehörrichtig. Das Terzspektrum ist eine hilfreiche Ergänzung zum Lautheitsspektrum, kann dieses aber nicht ersetzen.

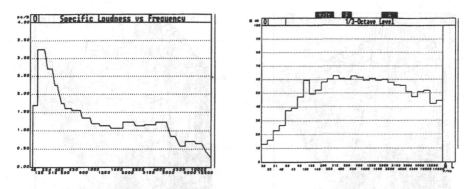

Abb. 7.17: Lautheitsspektrum (links) und A-bewertetes Terzspektrum (rechts)

Ein weiteres Unterscheidungsmerkmal der verschiedenen Krümmer ist ein unterschiedlich ausgeprägtes Rieselgeräusch. Hierbei handelt es sich um ein deutlich hörbares Schmalbandrauschen im Frequenzbereich zwischen 8 und 12 kHz. Das Rieseln ist bei beiden Krümmern hörbar, im Falle des Schalenkrümmers aber stärker wahrnehmbar.

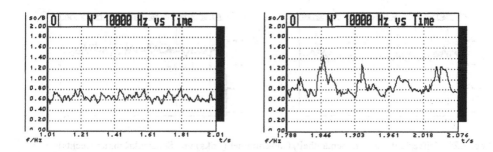

Abb. 7.18: Zeitlicher Verlauf der spezifischen Lautheit in der Frequenzgruppe um 10 kHz, Gußkrümmer (links) und Schalenkrümmer (rechts)

Abb. 7.18 zeigt den Zeitverlauf der in der Frequenzgruppe um 10 kHz gemessenen spezifischen Lautheit. Deutlich sind beim Schalenkrümmer einzelne Spitzen zu erkennen, die Werte über 1,4 sone/Bark erreichen. In Abb. 7.19 ist für jeden Schall ein 100 ms langer Ausschnitt dargestellt. Die Zeitachse läuft hierbei von hinten nach vorne. Das 10-kHz-Band ist das zweite von rechts, beim Schalenkrümmer sind 2 deutliche Maxima zu erkennen. Die Lautheit der beiden Geräusche (Abb. 7.20) wird von diesen Spitzen nur unwesentlich beeinflußt.

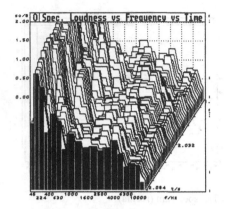 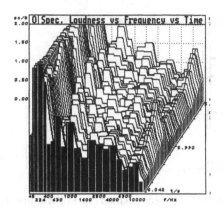

Abb. 7.19: Wasserfalldarstellung der Lautheitsspektren über der Zeit, Dauer: 100 ms Gußkrümmer (links) und Schalenkrümmer (rechts)

Der in Abb. 7.20 dargestellte Zeitverlauf der Summenlautheit zeigt für beide Krümmer stochastische Schwankungen, die nicht dem Rieselgeräusch zugeordnet werden können.

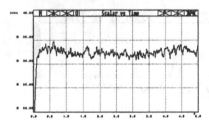 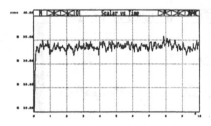

Abb. 7.20: Zeitverlauf der Summenlautheit, Gußkrümmer (links) und Schalenkrümmer (rechts)

Auch der FAST-gemittelte A-bewertete Pegel liefert keinen Hinweis auf das Rieselgeräusch. In Abb. 7.21 ist in der oberen Kurve der Zeitverlauf des A-bewerteten Pegels dargestellt. Der Gitterabstand für die Ordinate beträgt 1 dB(A). Deutlichere Hinweise auf die hochfrequenten Impulse liefert die Schärfe, die in Abb. 7.21 in der unteren Kurve dargestellt wird. Der Gitterabstand für die Ordinate der Schärfe beträgt 1 deziacum (= 0,1 acum). Daß die Schärfe auf hochfrequente Schwankungen stärker reagiert, ist verständlich, da zu ihrer Berechnung die spezifischen Lautheiten bei höheren Frequenzen stärker bewertet werden.

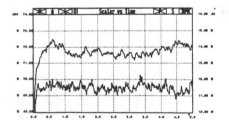 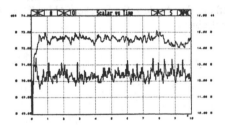

Abb. 7.21: Zeitverlauf des A-bewerteten Pegels (oben) und der Schärfe (unten) für Gußkrümmer (links) und Schalenkrümmer (rechts)

Noch deutlichere Ergebnisse sind im Spektrum der Schwankungsstärke zu sehen. Die Maxima bei 10 und 12 kHz deuten auf niederfrequente Modulationen in diesem Bereich hin. Der Schalenkrümmer, dessen Rieseln lauter wahrgenommen wird, zeigt im hohen Frequenzbereich auch eine höhere Schwankungsstärke. Da auch im 10-kHz-Band der Terz-spektren ein Unterschied von 4 dB zu finden gewesen ist, sind die beiden Geräusche mit einem Equalizer so gefiltert worden, daß die Terzpegel bei 10 und 12 kHz identisch gewesen sind. Trotzdem ist das vom Schalenkrümmer kommende Rieseln immer noch als lauter beurteilt worden. Auch die Schwankungsstärke ist trotz gleichen Terzpegels größer als beim Gußkrümmer gewesen. Die bei der Terzanalyse durchgeführte energieäquivalente Mittelung entspricht nicht der nichtlinearen Mittelung des Gehörs.

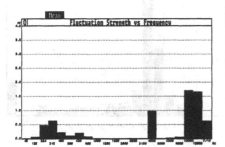 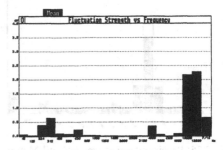

Abb. 7.22: Schwankungsspektrum, Gußkrümmer (links) und Schalenkrümmer (rechts)

7.7.2 Ottomotor 20-80 Grad Öltemperatur

In diesem Beispiel sind die Luftgeräusche eines Sportwagenmotors bei verschiedenen Betriebszuständen verglichen worden. Der Klangeindruck des Motors hat sich mit Erwärmung des Motors geändert. Eine Messung des A-bewerteten Pegels hat diese Unterschiede nicht wiedergeben können. Erst das Rauhigkeitsspektrum zeigt diese Unterschiede deutlich in einer Zunahme der spezifischen Rauhigkeiten um 500 Hz (Abb. 7.23 und 7.24).

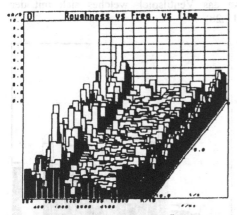 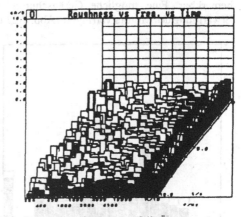

Abb. 7.23: Rauhigkeitswasserfall; Öltemperatur 20°C; zeitlicher Ausschnitt über 10 sec

Abb. 7.24: Rauhigkeitswasserfall; Öltemperatur 80°C; zeitlicher Ausschnitt über 10 sec

7.7.3 2- und 4-Ventilmotoren

In diesem Beispiel ist ein Ottomotor, welcher einmal mit einem 2-Ventil- und ein anderes Mal mit einem 4-Ventil-Kopf ausgestattet worden ist, verglichen worden. Als erste klangliche Ein-

186 *M. Zollner*

schätzung hat sich beim 4-Ventilmotor ein "mahlendes" Geräusch ergeben. Als Ursache zeigen sich unterschiedliche Rauhigkeiten bei 500 Hz sowie bei 1 kHz und 1,25 kHz.

Nach unseren Erfahrungen erzeugen Rauhigkeiten in tiefen Freqenzgruppen ein "kernig-hölzernes" Klangbild (Abb. 7.25 und 7.26).

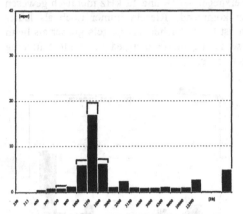

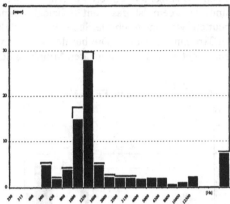

Abb. 7.25: Rauhigkeitsspektrum; 2-Ventil-Motor; schwarz = Mittelwerte; weiß = Maximalwerte

Abb. 7.26: Rauhigkeitsspektrum; 4-Ventil- Motor; schwarz = Mittelwerte; weiß = Maximalwerte

7.7.4 Ottomotoren

Bei diesen Beispielen ist ein Ottomotor im warmen bzw. kalten Zustand analysiert worden. Die klanglichen Unterschiede zwischen beiden Betriebszuständen sind gering gewesen, sie sind erst bei mehrmaligem Vergleich der Schallsignale eindeutig hörbar gewesen. Obwohl die Summenrauhigkeiten fast gleich sind, zeigen die spezifischen Rauhigkeiten bei 1 und 1,25 kHz sowie ab 3,15 kHz signifikante Unterschiede.

Rauhigkeiten in höheren Frequenzbereichen machen sich als helles "klingelndes" Geräusch bemerkbar. Eine mögliche Geräuschursache ist das Ventilspiel, welches sich mit der Erwärmung des Motors verringert (Abb. 7.27 und 7.28).

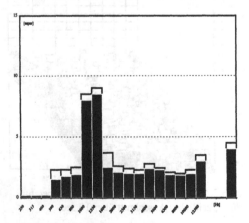

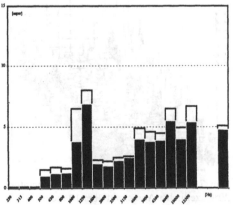

Abb. 7.27: Rauhigkeitsspektrum; Motor warm; schwarz = Mittelwerte; weiß = Maximalwerte

Abb. 7.28: Rauhigkeitsspektrum; Motor kalt; schwarz = Mittelwerte; weiß = Maximalwerte

7.7.5 Dieselmotoren

Bei diesem Beispiel sind 2 Dieselmotoren verglichen worden, deren Geräusche sich geringfügig unterscheiden. Zusätzlich zu dem bei beiden Motoren vorhandenen Dieselnageln ist bei einem Motor ein Klopfgeräusch zu hören. Das Klopfgeräusch tritt auf, wenn in den Motor eine Komponente falsch eingebaut wird. Es war Aufgabe der Qualitätssicherung, diesen Fehler zweifelsfrei zu erkennen, um Reklamationen der Kunden zu vermeiden. Die Rauhigkeitsmessung zeigt deutlich, daß beim Vorhandensein des Klopfgeräusches die spezifische Rauhigkeit in den Bändern zwischen 1,25 kHz und 2,5 kHz deutlich ansteigt (Abb. 7.29 und 7.30).

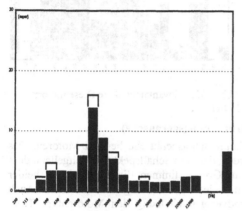 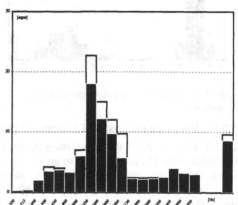

Abb. 7.29: Rauhigkeitsspektrum; Motor ohne Klopfen; schwarz = Mittelwerte; weiß = Maximalwerte

Abb. 7.30: Rauhigkeitsspektrum; Motor mit Klopfen; schwarz = Mittelwerte; weiß = Maximalwerte

7.7.6 Vergleich Dieselmotor-Ottomotor (Schwankungsanalyse)

Das Beispiel zeigt die Schwankungsanalyse der Geräusche eines 4-Zylinder-Dieselmotors und eines 12-Zylinder-Ottomotors. Die Gesamtschwankungsstärke beträgt beim Dieselmotor 65 cv, beim Ottomotor 16 cv. Das deutlich wahrnehmbare Dieselnageln ist für die hohe Schwankungsstärke verantwortlich, spektral zeigen sich Maxima bei 224 Hz, 1800 Hz und 5000 Hz. Der Ottomotor zeigt demgegenüber eine wesentlich kleinere Schwankungsstärke. Allerdings sind auch bei ihm zwei Frequenzbereiche dominant: Bei ca. 270 Hz ist eine schwankende tonale Komponente, die sich im Rhythmus der schwankenden Motordrehzahl ändert, wahrnehmbar; zusätzlich ist im Bereich höherer Frequenzen ein periodisches Zischen hörbar (Abb. 7.31 und 7.32).

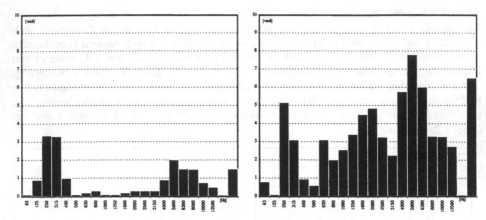

Abb. 7.31: Schwankungsstärke Ottomotor;   Abb. 7.32: Schwankungsstärke Dieselmotor;
Mittelwerte   Mittelwerte

7.7.7   Vergleich Ottomotor-Dieselmotor (Verbrennungsgeräusche)

Dieses Beispiel zeigt die Schallanalyse der Verbrennungsgeräusche bei Kfz-Motoren. Das
Geräusch eines Dieselmotors ist so gefiltert worden, daß sein Schallspektrum weitgehend dem
eines Ottomotors entsprochen hat. Aus diesem Grund stimmen die Terzspektren beider
Motoren überein (Abb. 7.33). Trotzdem klingen beide Motoren völlig unterschiedlich: Auch
ungeübte Versuchspersonen erkennen im Blindversuch eindeutig den Motorentyp. Trotz
gleicher Terzpegelspektren wird das Geräusch des Dieselmotors subjektiv schlechter beurteilt
als das des Ottomotors. Die Klangunterschiede, die hauptsächlich durch das impulshaltige
Verbrennungsgeräusch des Dieselmotors verursacht werden (Nageln), können durch eine
Messung des Schallpegels nicht erfaßt werden. Da die Terzpegelspektren praktisch gleich
sind, ergibt sich auch der gleiche A-bewertete Pegel. Beide Motorengeräusche sind
darüberhinaus auch praktisch gleich laut, so daß die Summenlautheit ebenfalls keine
Unterschiede zeigt. Auch die FFT-Analyse bringt nur geringfügige Unterschiede. Die Analyse
des Phasenspektrums liefert keinerlei Anhaltspunkte für die Klangunterschiede.

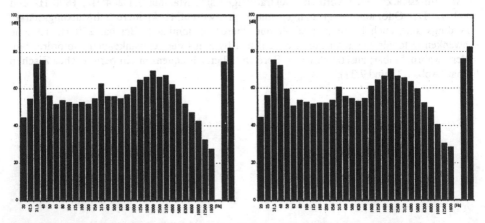

Abb. 7.33: Terzpegelspektrum eines Dieselmotors (links) und eines Ottomotors (rechts). Die
Klangfarbenunterschiede sind nicht richtig bewertet worden.

Demgegenüber zeigt die Messung der Rauhigkeit eindeutige Unterschiede zwischen beiden Motoren (Abb. 7.34). Die frequenzspezifische Rauhigkeit des Dieselmotors beträgt im Bereich zwischen 1 kHz und 4 kHz ein Vielfaches derer des Ottomotors. Die Summenrauhigkeit unterscheidet sich ca. um den Faktor 2,5 (36 zentiasper Ottomotor, 86 zentiasper Dieselmotor).

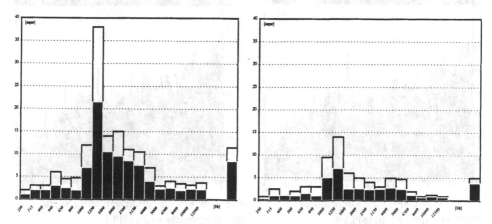

Abb. 7.34a: Spezifische Rauhigkeit Dieselmotor
Schwarz = Mittelwerte; weiß = Maximalwerte

Abb. 7.34b: Spezifische Rauhigkeit Ottomotor
Schwarz = Mittelwerte; weiß = Maximalwerte

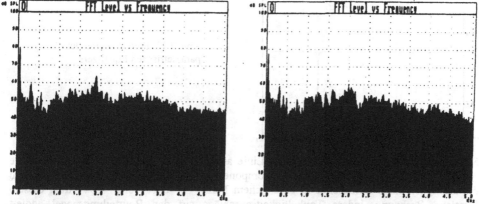

Abb. 7.34c: FFT-Spektrum Dieselmotor

Abb. 7.34d: FFT-Spektrum Ottomotor

Abb. 7.34a-d: Spezifische Rauhigkeit und FFT-Spektrum eines Diesel- und Ottomotors. Die Klangfarbenunterschiede werden nur von der Rauhigkeit, nicht von der FFT- oder Terzanalyse richtig bewertet.

7.7.8 Standheizung

Bei diesem Beispiel ist eine KFZ-Standheizung untersucht worden. Hierbei ist aufgefallen, daß diese Heizung neben einem rasselnden Verbrennungsgeräusch noch ein lästiges Pfeifgeräusch, hervorgerufen durch das Gebläse, erzeugt. Im FFT-Spektrum (Abb. 7.35) zeigt sich dieses Pfeifen als Linie bei 3050 Hz. Eine Berechnung der Tonhaltigkeit (Ausgeprägtheit der Tonhöhe) in der Frequenzgruppe 3,15 kHz ergab 77%, was auf einen stark hörbaren Ton hindeutet. Wird nun mittels eines parametrischen Equalizers diese Linie schmalbandig um

8 dB gedämpft (Abb. 7.37), so wird das Pfeifgeräusch fast unhörbar. In der FFT des gefilterten Signals (Abb. 7.37) tritt die Linie aber immer noch deutlich sichtbar hervor. Eine erneute Berechnung der Tonhaltigkeit ergibt einen Wert von unter 10%, was gut mit der Empfindung korreliert.

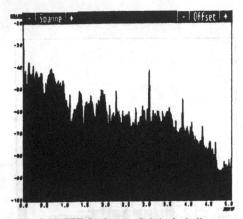

Abb. 7.35: FFT-Spektrum, Originalschall
-20 dB entspricht 80 dB (SPL)

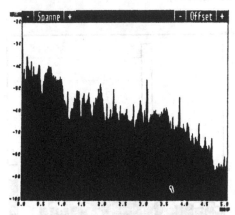

Abb. 7.36: FFT-Spektrum, gefiltertes Signal
-20 dB entspricht 80 dB (SPL)

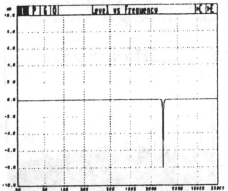

Abb. 7.37: Frequenzgang des parametrischen Equalizers

Schmalbandige Signalanteile, welche als Linie aus dem FFT-Spektrum hervortreten (siehe Abb. 7.35 und 7.36), können als tonale Komponenten wahrgenommen werden und erhöhen die Lästigkeit eines Geräusches in erheblichem Maße. Die DIN-Norm 45641 trägt diesem Umstand Rechnung, indem Tonhaltigkeitszuschläge auf den Beurteilungspegel addiert werden. Jedoch liefert das FFT-Spektrum alleine keine Aussage über die Hörbarkeit einzelner Töne, da, wie in diesem Beispiel gezeigt, eine Absenkung der 3050-Hz-Linie um 8 dB genügt, damit diese gerade unhörbar wird. Erst die psychoakustische Berechnung der Tonhaltigkeit liefert aussagefähige Ergebnisse.

7.7.9   Tachowelle

Das Beispiel zeigt die Geräuschunterschiede bei Tachowellen. Hierbei fällt auf, daß die vom Hersteller als "gut" bezeichnete Welle eine sehr geringe Summenrauhigkeit aufweist und dadurch ein gleichmäßiges Laufgeräusch erzeugt. Bei der als "schlecht" bezeichneten Welle ist die Rauhigkeit wesentlich erhöht (gut = 28 zentiasper, schlecht = 580 zentiasper). (Abb. 7.38 und 7.39)

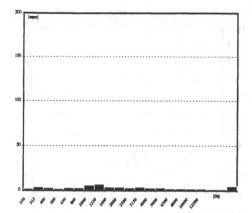

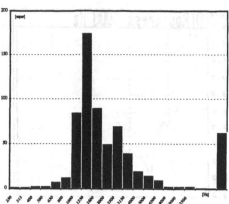

Abb. 7.38: Rauhigkeitsspektrum; Welle gut;
Mittelwerte

Abb. 7.39: Rauhigkeitsspektrum; Welle schlecht;
Mittelwerte

7.7.10 Motorenprüfstand

Besondere Bedeutung erlangt die Rauhigkeitsanalyse bei Fahrversuchen auf dem Motorprüfstand (siehe Abb. 7.40 und 7.41). Das Motorgeräusch sollte mit der Erwartungshaltung des Fahrers übereinstimmen. Es ist nicht sinnvoll, grundsätzlich extrem niedrige Rauhigkeitswerte zu fordern. Ein sportlicher Sound ist ja gerade durch eine spezielle Rauhigkeitscharakteristik definiert. Es entspricht allerdings nicht der Erwartung des Fahrers, wenn die Rauhigkeit bei 3270 Umdrehungen plötzlich zunimmt und - was noch schlimmer ist - bei 3330 Umdrehungen plötzlich wieder abnimmt. Hierdurch wird das Augenmerk (Ohrenmerk?) auf einen Drehzahlbereich gelenkt, der eigentlich keine besondere Beachtung verdient. Es wird akzeptiert, wenn ein Auto bei höherer Drehzahl lauter wird. Es wird auch akzeptiert, wenn die Rauhigkeit hierbei zunimmt.

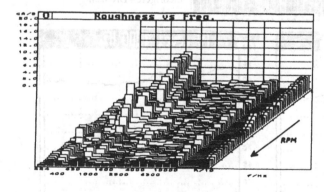

Abb. 7.40a: Rauhigkeitswasserfall;
Ausschnitt aus einem Motorenhochlauf

Die Drehzahl ist von vorne nach
hinten dargestellt. Bei 3300 U/min
ist ein lokales Rauhigkeitsmaximum hörbar, das korrekt
angezeigt wird.

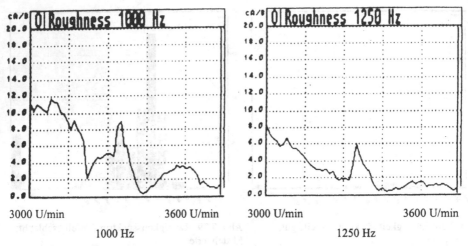

3000 U/min · · · · · · · · · · · · · · 3600 U/min · · · · · 3000 U/min · · · · · · · · · · · · · · 3600 U/min

1000 Hz · 1250 Hz

Abb. 7.40b: Motorenhochlauf; Verlauf der Summenrauhigkeit über der Drehzahl für die Frequenzgruppen 1000 und 1250 Hz

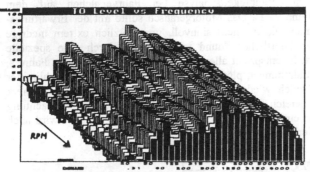

Abb. 7.41a: Terzwasserfall;
gleiches Signal wie Abb. 7.33a

Die Verläufe aus Abb. 7.40 und 7.41 korrelieren überwiegend nicht. Die Rauhigkeit kann von der Terz prinzipiell nicht angezeigt werden. Das Maximum im 1 kHz- und 1,25 kHz-Band liegt bei einer niedrigeren Drehzahl.

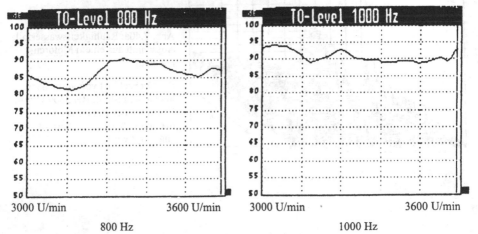

3000 U/min · · · · · · · · · · · · · · 3600 U/min · · · · · 3000 U/min · · · · · · · · · · · · · · 3600 U/min

800 Hz · 1000 Hz

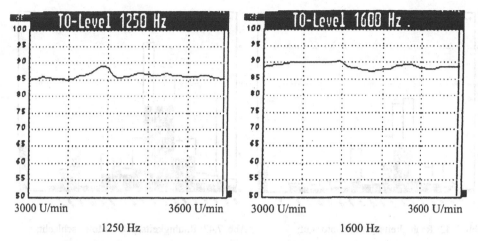

3000 U/min   3600 U/min   3000 U/min   3600 U/min

1250 Hz   1600 Hz

Abb. 7.41b: Verlauf des Terzpegels über der Drehzahl in den Frequenzgruppen 800 Hz, 1000 Hz, 1250 Hz und 1600 Hz

Schnelle, drehzahlabhängige Änderungen der Rauhigkeit sind aber in jedem Fall zu vermeiden. Für den Entwickler neuer Motoren ist es hilfreich, wenn er neben seiner Gehörerfahrung (auf die nicht verzichtet werden kann) auch objektive Meßkriterien zur Beschreibung der Geräuschqualität erhält. Die Rauhigkeit ist ein derartiges Qualitätskriterium.

Übereinstimmungen mit Terzspektren oder FFT-Spektren können zwar vorkommen, sind aber nicht signifikant. Es ist möglich, daß ein Terzpegel abnimmt, während gleichzeitig die Rauhigkeit in diesem Kanal zunimmt, weil beispielsweise der Modulationsgrad steigt. In Abb. 7.44 ist dies beim 1,25-kHz-Band der Fall. Eine reine Auswertung der Terzpegelschwankungen ist aus psychoakustischer Sicht nicht sinnvoll, denn das betrachtete Terzband könnte ja von anderen Spektralanteilen verdeckt und damit unhörbar sein. Es ist ja gerade der Vorteil der Echtzeit-Lautheitsanalyse, daß zeitliche und spektrale Verdeckungen gehörrichtig nachgebildet werden.

7.7.11 Elektromotor

Verglichen sind die Luftschallspektren eines kleinen Elektromotors mit bzw. ohne Lagerschaden worden. Auffallend ist, daß bei dem mit "gut" bezeichneten Motor wenig Rauhigkeit hörbar ist, der Motor erzeugt ein relativ gleichmäßiges Geräusch. Die Anteile um 1,25 kHz sind instationäre Abrollgeräusche der Lager, die möglicherweise durch eine geringe Unwucht zusätzlich moduliert werden. Das mit "schlecht" gekennzeichnete Rauhigkeitsspektrum zeigt den gleichen Motor mit Lagerschaden. Dieses Geräusch wird als unangenehm beschrieben, der Motor klingt kaputt. Die deutliche Zunahme der Rauhigkeit bestätigt den Klangeindruck (gut = 33 zentiasper, schlecht = 71 zentiasper). (Abb. 7.42 und Abb. 7.43)

194   M. Zollner

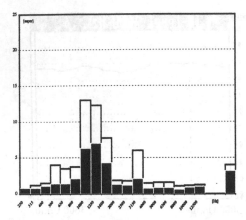

Abb. 7.42: Rauhigkeitsspekt.; Motor gut;
schwarz = Mittelwerte; weiß = Maximalwerte

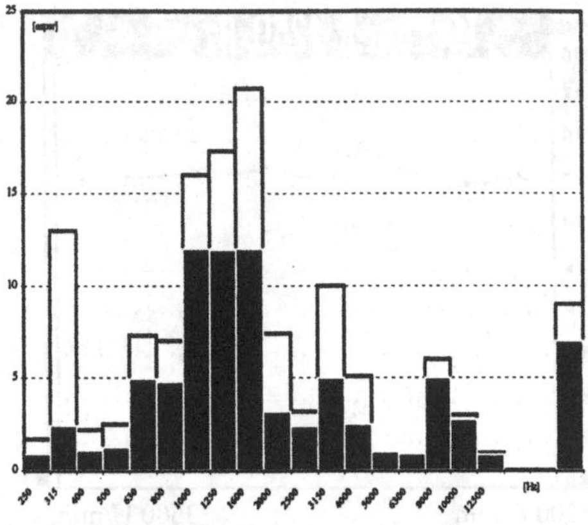

Abb. 7.43: Rauhigkeitsspekt.; Motor schlecht;
schwarz = Mittelwerte; weiß = Maximalwerte

7.7.12 Kreissäge

In diesem Beispiel ist der Luftschall einer Kreissäge mit dem eines Lüfters verglichen worden. Die beiden Geräusche erzeugen ungefähr die gleiche Lautheit. Wie in Abb. 7.44 sichtbar, zeigt der Lüfter eine Betonung der tiefen Frequenzen, während die Kreissäge (Abb. 7.45) große spezifische Lautheiten bei hohen Frequenzen besitzt.

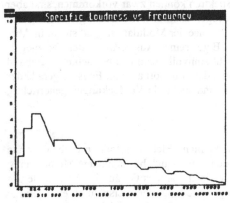

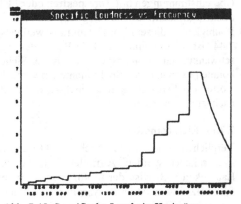

Abb. 7.44: Spezifische Lautheit; Lüfter

Abb. 7.45: Spezifische Lautheit; Kreissäge

Aus diesem geänderten Flächenschwerpunkt des Lautheitsspektrums resultiert die 3-fache Schärfe der Kreissäge (Abb. 7.44 und 7.45).

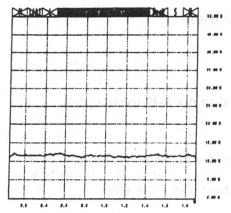 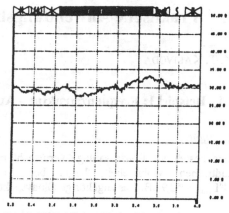

Abb. 7.46: Zeitlicher Verlauf der Schärfe des Lüfters

Abb. 7.47: Zeitlicher Verlauf der Schärfe der Kreissäge

7.8 Literatur

[1]   ZWICKER E., FASTL H.: Psychoacoustics - Facts and Models; Springer Verlag, Berlin New York.1997

8. Praktische Anwendungsbeispiele

M. T. KALIVODA

8.1 Beispiel 1: Frequenzstruktur - Auffüllen der A-Bewertung

Situation

Eine bestehende Betriebsanlage verursacht im zu beurteilenden Immissionspunkt, der im städtischen Wohngebiet liegt, bei Tag einen A-bewerteten Dauerschallpegel $^{B,alt}L_{A,eq} = 52,9$ dB. Das zugehörige Oktavspektrum ist in Abb. 8.1 dargestellt.

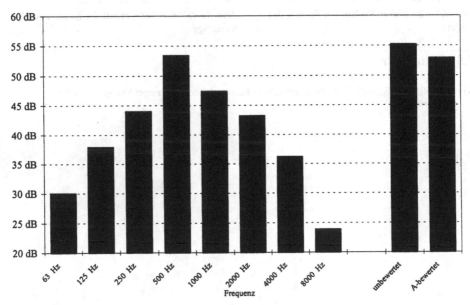

Abb. 8.1: Mittleres Oktavspektrum des bestehenden Betriebes

Fragestellung

Eine Erweiterung der Betriebsanlage ist geplant. Dadurch ist am Immissionspunkt ein zusätzliches Betriebsgeräusch mit einem A-bewerteten energieäquivalenten Dauerschallpegel von $^{B,neu}L_{A,eq} = 47,9$ dB und dem in Abb. 8.2 dargestellten mittleren Oktavspektrum zu erwarten. Wie ist die Betriebsanlage nun zu beurteilen?

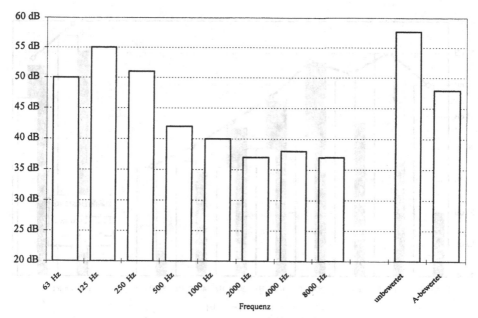

Abb. 8.2: Mittleres Oktavspektrum der geplanten Betriebsanlagenänderung

Beurteilung

Die energetische Addition - symbolisiert durch das Verknüpfungszeichen ⊕ - der Teilpegel $^{B,alt}L_{A,eq}$ und $^{B,neu}L_{A,eq}$ liefert:

$$^{B,gesamt}L_{A,eq} = 52,9 \oplus 47,9 = 54,1 \text{ dB}.$$

Die Änderung im A-bewerteten Dauerschallpegel beträgt damit gegenüber dem Bestand +1,2 dB und erscheint damit als unerheblich, zumal auch die Grenze der zumutbaren Störung für städtische Wohngebiete bei Tag von 55 dB gem. ÖAL Richtlinie 21/3 nicht überschritten wird.

Betrachtet man nun die beiden Oktavspektren (Abb. 8.3), dann fällt auf, daß das neue Geräusch trotz des dominanten tieffrequenten Geräuschanteils einen um 5 dB geringeren A-bewerteten Schalldruckpegel als die bestehende Anlage besitzt.

Ermittelt man für die drei Fälle Bestand, Neubau und Gesamtsituation die Lautheit, ändert sich das Ergebnis grundlegend. Die Lautheiten der bestehenden Anlage und des Neubaus unterscheiden sich mit 6 % nur geringfügig. Dagegen erhöht sich die Lautheit der gesamten Anlage gegenüber dem Bestand um 29 % (Tab. 8.1).

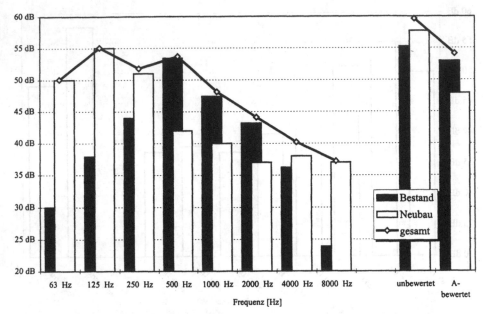

Abb. 8.3: Gegenüberstellung der mittleren Oktavspektren von bestehender Betriebsanlage und geplanter Abänderung

	Neue Anlage	←Differenz→	Bestand	←Differenz→	gesamt
$L_{A,eq}$	47,9 dB	- 5,0 dB	52,9 dB	+ 1,2 dB	54,1 dB
Lautheit	9,79 sone	- 6 %	10,44 sone	+ 29 %	13,48 sone

Tab. 8.1: A-bewerteter Pegel und Lautheit der Teilgeräusche und Gesamtsituation

Die A-bewerteten Pegel "unterschätzen" die Wirkung der zusätzlichen Geräuschquelle, da sie die tiefen Frequenzen nicht gehörrichtig berücksichtigen. In ähnlichen Situationen mit tieffrequenten oder auch schmalbandigen Geräuschanteilen wird es erforderlich sein, aus den Spektren die Lautheit nach DIN 45 631 zu ermitteln und der Beurteilung zugrundezulegen.

8.2   Beispiel 2: Zeitstruktur - Das taube Dreieck

Situation

Ein Immissionspunkt liegt in einem ruhigen Wohngebiet in der Nähe einer Eisenbahnlinie. Der A-bewertete Grundgeräuschpegel beträgt $^{Gg}L_{A,eq}$ = 41,6 dB. In ihm sind alle "üblichen" Umgebungsgeräusche wie Vogelgezwitscher, Pkw-Fahrten von Anrainern oder das Zuschlagen einer Haustüre enthalten. Weiters fahren pro Stunde im Durchschnitt 5 Züge auf der Eisenbahnstrecke vorbei, welche am betrachteten Immissionsort einen A-bewerteten Maximalpegel von 80 bis 82 dB erzeugen und allein einen A-bewerteten energieäquivalenten Dauerschallpegel $^{Bahn}L_{A,eq}$ = 66,2 dB (Abb. 8.4) besitzen.

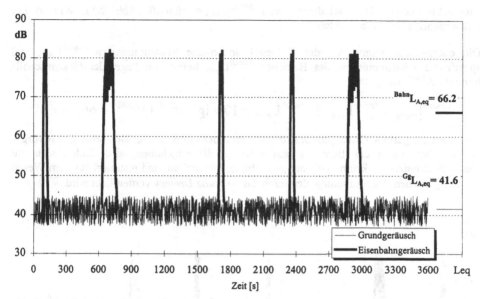

Abb. 8.4: Zeitlicher Pegelverlauf für Eisenbahn- und Grundgeräusch

Im ersten Schritt soll die ortsübliche Schallimmission ermittelt werden. Das ist jenes Geräusch, welches am betrachteten Immissionsort üblicherweise vorhanden ist. Im gegenständlichen Fall ist es die (energetische) Summe der beiden A-bewerteten Dauer-schallpegel von ortsüblichem Grundgeräusch und Eisenbahngeräusch. Vor der Pegeladdition ist jedoch noch die Frage zu klären, inwieweit für das Eisenbahngeräusch ein Schienenbonus in Abzug zu bringen ist.

Die österreichischen Rechtsvorschriften, Normen und Richtlinien sehen - mit Ausnahme der Schienenverkehrslärm-Immissionsschutzverordnung ($\rightarrow$ *SchIV*) - nicht vor, daß der gemessene oder berechnete A-bewertete Dauerschallpegel des Schienenverkehrsgeräusches um einen Schienenbonus abgemindert wird. In § 1 Abs. 1 *SchIV* ist geregelt: "Diese Verordnung gilt hinsichtlich der Schallimmissionen auf Grund des Schienenverkehrs (Zugverkehrs) sowohl für den Neubau als auch für den wesentlichen Umbau von Strecken(-teilen) im Zuge von Haupt-, Neben- und Straßenbahnen ... ". Nur in diesen Fällen ist verbindlich geregelt: "Der für die Beurteilung des Schienenverkehrslärms maßgebliche Beurteilungspegel L_r ist der um fünf dB verminderte A-bewertete energieäquivalente Dauerschallpegel $L_{A,eq}$" (§ 2 Abs. 4 SchIV).

Da im gegenständlichen Fall nicht die Immissionen zufolge einer wesentlichen Änderung der Eisenbahnstrecke, sondern das Geräusch einer neu zu errichtenden gewerblichen Betriebsanlage neben einer bestehenden Eisenbahnstrecke beurteilt werden soll, bleibt ein Schienenbonus unberücksichtigt und die ortsübliche Schallimmission $^{ortsübl}L_{A,eq}$ wird zu

$$^{ortsübl.}L_{A,eq} = {}^{Bahn}L_{A,eq} \oplus {}^{Gg}L_{A,eq} = 10 * \lg (10^{6,62} + 10^{4,16}) = 66{,}2_{15} \text{ dB}.$$

Fragestellung

In dem derart vorbelasteten Gebiet ist die Errichtung eines Gewerbebetriebes geplant, dessen Betriebsanlage ein sehr gleichförmiges Geräusch emittiert mit einem A-bewerteten energieäquivalenten Dauerschallpegel von $^{Betrieb}L_{A,eq}$ = 56,6 dB (Abb. 8.5). Wie ist die Betriebsanlage nun zu beurteilen?

Die energetische Summation der Teilpegel ortsübliche Schallimmission $^{ortsübl.}L_{A,eq}$ und spezifische Schallimmission des Betriebes $^{Betrieb}L_{A,eq}$ liefert den Pegel der Gesamtschallimmission $^{Gesamt}L_{A,eq}$.

$$^{Gesamt}L_{A,eq} = {}^{Betrieb}L_{A,eq} \oplus {}^{ortsübl.}L_{A,eq} = 10 * lg\ (10^{5,66} + 10^{6,62}) = 66{,}665\ dB$$

Trotzdem das geringe Grundgeräusch, das während des Großteils der Beurteilungszeit vorgeherrscht hat, durch das Betriebsgeräusch um 15 dB angehoben wird, ändert sich die Gesamtimmission mit kaum ½ dB nur geringfügig. Dieser Umstand resultiert aus dem Wesen der energetischen Pegelmittelung, der durch das → *taube Dreieck* verdeutlicht wird.

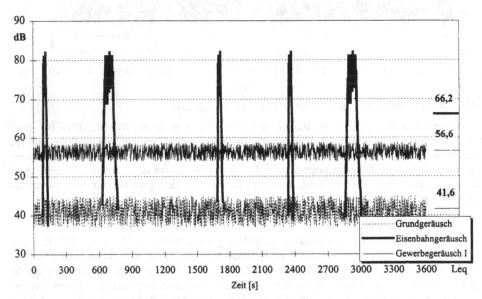

Abb. 8.5: Zeitlicher Pegelverlauf für Gewerbe-, Eisenbahn- und Grundgeräusch

Kurz dauernde Geräusche mit hohem Pegel lassen den energieäquivalenten Dauerschallpegel stark ansteigen und prägen ihn gleichsam. Da Geräuschereignisse, die mehr als 10 dB unter diesem Dauerschallpegel liegen, den Gesamtpegel praktisch nicht mehr beeinflussen, kann bei ausschließlicher Beurteilung mit dem energieäquivalenten Dauerschallpegel Ruhe durch ein Geräusch mit einem Dauerschallpegel, der bis zu 10 dB unter dem Gesamtpegel liegt, ersetzt werden.

Beurteilung

Die menschliche Empfindung und Reaktion wird in der oben beschriebenen Situation deutlich anders ausfallen, als es der Gesamtpegel erwarten läßt. Der Grund liegt in der anderen Zeitcharakteristik des menschlichen Gehörs, welches Geräusche weder linear noch integrativ verarbeitet. Es wird daher in Situationen mit Geräuschen unterschiedlicher Pegelhöhe und Zeitstruktur notwendig sein, differenziert zu beurteilen. Die alleinige Betrachtung eines Gesamtpegels liefert keine empfindungsproportionalen Resultate.

8.3 Beispiel 3: Ersatz weniger lauter durch viele leise Geräuschereignisse

Situation

Auf dem Gelände eines Betriebes kommt es in der Nacht pro Stunde zu einer Fahrt mit einem Hubstapler. Der A-bewertete Geräuschereignispegel einer Vorbeifahrt beträgt am betrachteten Immissionsort $L_{A,E}$ = 86,6 dB. Damit wird der A-bewertete energieäquivalente Dauerschallpegel zu:

$$L_{A,eq} = 86,6 - 10 \cdot \lg(3600/1) = 86,6 - 35,6 = 51,0 \text{ dB}.$$

Fragestellung

Bei der Änderung der Betriebsanlage wird der Hubstapler durch ein lärmarmes Modell ersetzt, der A-bewertete Geräuschereignispegel der Vorbeifahrt reduziert sich damit um 12 dB auf $L_{A,E}$ = 74,6 dB. Die Umstellung im Produktionsablauf hat weiters zur Folge, daß es nun zu 12 Staplerfahrten pro Stunde kommt. Wie ist nun die Veränderung zu beurteilen?

Beurteilung

Der A-bewertete energieäquivalente Dauerschallpegel beträgt nach Änderung des Betriebsablaufes und mit dem neuen Fahrzeug:

$$L_{A,eq} = 74,6 - 10 \cdot \lg(3600/1) + 10 \cdot \lg(12) = 74,6 - 35,6 + 10,8 = 49,8 \text{ dB}.$$

Er ist damit um 1,2 dB auf unter 50 dB gesunken. Die Situation hat sich damit scheinbar verbessert, trotzdem die Anzahl der Geräuschereignisse zugenommen hat. Die Erklärung dieses Effektes liegt in der Tatsache, daß durch die energetische Mittelung wenige laute Geräusche durch viele leise Geräusche ersetzt werden können. Im vorliegenden Fall beträgt die Pegelzunahme durch die Erhöhung der Einzelereignisse + 10 dB, die Abnahme des Einzelereignispegels jedoch - 12 dB.

Abb. 8.6 zeigt den Zusammenhang zwischen der erforderlichen Pegelreduktion im Einzelgeräuschereignis und der Erhöhung der Zahl von Einzelereignissen. Für die angegebene Kurve bleibt der energieäquivalente Dauerschallpegel bei einer Erhöhung der Einzelereignisanzahl gleich.

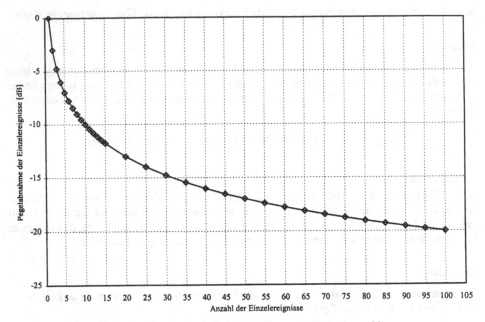

Abb. 8.6: Pegelreduktion des Einzelereignisses und Erhöhung der Ereignisanzahl:

Für die angegebene Kurve bleibt der Leq bei Erhöhung der Geräuschereignisanzahl konstant, wenn der Pegel der Einzelereignisse gleichzeitig um den entsprechenden Wert gesenkt wird.

Die Verwendung des A-bewerteten Dauerschallpegels wird im vorliegenden Fall für eine psychoakustische Beurteilung nicht ausreichen. In die Bewertung wird - speziell für die Nachtzeit, wenn mit Aufwachreaktionen zu rechnen ist - die Ereignisanzahl und die Höhe des Maximalpegels einzubeziehen sein. GRIEFAHN [1] gibt den Zusammenhang zwischen der zu erwartenden Aufwachreaktion und dem Maximalpegel sowie der Anzahl der Geräuschereignisse pro Nacht an (Abb. 8.7). Die Kurve fällt bei wenigen Geräuschereignissen stark. Das bedeutet, daß in "ruhigen Situationen" mit nur wenigen Geräuschereignissen bereits eine geringe Erhöhung der Ereignisanzahl zu einer raschen Verschlechterung führt.

Die aufgezeigten Zusammenhänge besitzen auch im Umfeld von Flughäfen große Bedeutung. Durch den Ersatz von alten, lauten durch neue, leise Flugzeuge ist ebenso eine Erhöhung der Zahl an Flugbewegungen bei gleichem – oder sogar geringerem – L_{eq} möglich. Ein lautes Flugzeug kann durch 50 Flugzeuge ersetzt werden, welche alle einen um 17 dB geringeren Pegel besitzen. Das erklärt auch den Umstand, daß Fluglärmzonen selbst bei einer starken Zunahme der Flugbewegungen kleiner werden.

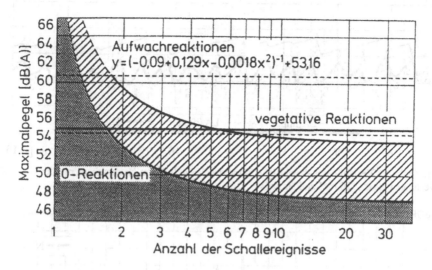

Abb. 8.7: Begrenzung nächtlicher Schallimmissionen (Quelle: [1])

8.4 Beispiel 4: Tieffrequentes pulsierendes Geräusch

Situation

Aus einer Betriebsanlage, in der Metallplatten gestanzt werden, übertragen sich die Vibrationen der Stanze in das benachbarte Wohnhaus und werden dort als sekundärer Luftschall abgestrahlt.

Fragestellung

Jeder Stanzenhub ist in dem Nachbargebäude deutlich als dumpfer Schlag wahrnehmbar. Das Geräusch ist wirkungsadäquat zu beurteilen.

Abb. 8.8 zeigt für drei verschiedene Zeitbewertungen den A-bewerteten Schalldruckpegel, wie er im Nachbarhaus gemessen worden ist. Der A-bewertete Pegel mit Zeitkonstante *"fast"* $L_{A,fast}$ schwankt zwischen etwa 25 und 30 dB. Deutlich ist der Arbeitstakt der Stanze mit etwa 2,25 Hüben pro Sekunde erkennbar.

Da es sich um impulshaltigen Lärm handelt, ist auch der mit Zeitbewertung *"impuls"* gewichtete Pegel $L_{A,imp}$ dargestellt. Hier fällt auf, daß die Pegel durch die lange Abfallzeit des $L_{A,imp}$ insgesamt etwa 4 dB über den Spitzen des $L_{A,fast}$ liegen. Jedoch ist nicht mehr jeder Hub der Maschine erkennbar. Desgleichen reduziert sich der Pegelschwankungsbereich auf 3-4 dB.

Die dritte Linie in Abb. 8.8 stellt den A-bewerteten Schalldruckpegel mit einer exponentiellen Zeitbewertung von 20 ms Integrationszeit $L_{A,20ms}$ dar. Hier sind wieder - wie bei Zeitbewertung *"fast"* - alle Maschinenhübe deutlich erkennbar, gleichzeitig wird aber die Pegelschwankungsbreite viel deutlicher sichtbar. Die Maximalwerte entsprechen praktisch den *"impuls"*-bewerteten Spitzen, in den "ruhigen" Phasen fällt der $L_{A,20ms}$ jedoch etwa 4 dB unter die $L_{A,fast}$-Werte. Der Pegelschwankungsbereich beträgt beim $L_{A,20ms}$ 10-15 dB.

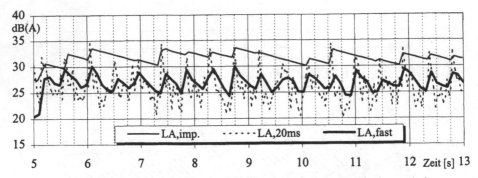

Abb. 8.8: Zeitlicher Verlauf des A-bewerteten Schalldruckpegels L_A im Nachbarhaus mit den Zeitbewertungen "fast", "20 ms" und "impuls"

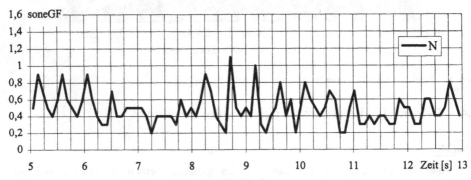

Abb. 8.9: Zeitlicher Verlauf der Lautheit N im Nachbarhaus

Abb. 8.9 zeigt nun den zeitlichen Verlauf der Lautheit N. Auch im zeitlichen Lautheitsverlauf sind die einzelnen Arbeitstakte der Stanze deutlich erkennbar. Die Lautheit schwankt zwischen einem Minimalwert von etwa 3 $sone_{GF}$ und etwa 8-11 $sone_{GF}$ für die Geräuschspitzen.

Beurteilung

Der zeitliche Lautheitsverlauf zeigt, daß es durch den Betrieb der Stanze im Nachbarhaus ständig (2,25 mal pro Sekunde) zu einer Verzwei- bis -dreifachung der Lautheit kommt. Dieser Effekt kann - steht kein Lautheitsanalysator zur Verfügung - nur mit einer exponentiellen Zeitbewertung, welche deutlich kürzere Integrationszeiten als 125 ms (etwa 20 ms) verwendet, gemessen werden. Während die Zeitbewertung "*impuls*" die Höhe der Pegelspitzen, nicht aber den Pegelschwankungsbereich wiedergibt, kann die Zeitbewertung "*fast*" weder die absolute Pegelhöhe noch den Schwankungsbereich nachbilden.

8.5 Literatur

[1]   GRIEFAHN B.: Präventivmedizinische Vorschläge für den nächtlichen Schallschutz. Z. f. Lärmbekämpfung 37 (1990), S.7-14.

Anhänge

Glossar

Akustik (nach ANSI S3.20-1973)

Die Akustik ist die Wissenschaft vom Schall, einschließlich dessen Produktion, Übertragung und Wirkungen.

acum

Einheit der → *Schärfe*

asper

Einheit der → *Rauhigkeit*

Bezugsschalldruck p0 (→ ÖNORM S 5004)

Der Bezugsschalldruck p0 beträgt 20 μ Pascal.

BGHZ

Entscheidungen des Bundesgerichtshofes in Zivilsachen.

Breitbandrauschen

→ *Rauschen* mit großer → *Frequenz*breite.

BVerwGE

Entscheidungen des Bundesverwaltungsgerichts.

Dezibel

Die Einheit des Pegels ist das Dezibel (1 dB = 0,1 Bel). Das Bel (B) ist der dekadische Logarithmus des Quotienten eines Meßwertes zu einer gleichartigen, festgelegten Bezugsgröße.

DÖV

Die Öffentliche Verwaltung.

DVBl

Deutsches Verwaltungsblatt.

Effektivwert des Schalldrucks

Der Effektivwert einer Schwingungsgröße ist deren quadratischer Mittelwert.

Energetische Pegeladdition

$$L_{1,2} = L_1 \oplus L_2 = 10 \cdot \lg\left(10^{L_1/10} + 10^{L_2/10}\right)$$

Energieäquivalenter Dauerschallpegel Leq (→ ÖNORM S 5004)

Einzahlangabe, die zur Beschreibung von Geräuschereignissen mit schwankendem Schalldruckpegel dient. Der energieäquivalente Dauerschallpegel wird als jener Schalldruckpegel errechnet, der bei dauernder Einwirkung während einer Beurteilungszeit T dem unterbrochenen Geräusch oder Geräusch mit schwankendem Schalldruckpegel $L(t)$ energieäquivalent ist:

$$Leq = 10 \cdot \lg\left(\frac{1}{T}\right)\int_T p^2(t)\Big/{p_0}^2 \mathrm{d}t = 10 \cdot \lg\left(\frac{1}{T}\right)\int_T 10^{(L(t)/10)}\mathrm{d}t \ .$$

Flüssigkeitsschall

→ *Schall* der sich in Flüssigkeiten oder an deren Oberfläche ausbreitet.

Fremdgeräusch

Bei akustischen Messungen ist das jenes Geräusch am Meßort, das unabhängig von der zu messenden oder zu beurteilenden Schallquelle bzw. nach ihrer Abschaltung herrscht.

Frequenz

Anzahl der Schwingungen pro Zeiteinheit. Als Zeiteinheit wird gewöhnlich 1 Sekunde gewählt, die Angabe der Frequenz erfolgt in → *Hertz*. Die Frequenz ist der Reziprokwert der Schwingungsdauer τ.

Frequenzbewertung

Frequenzabhängige Filterung des Geräusches, welche die unterschiedliche Empfindlichkeit des Ohres über den gesamten Frequenzbereich berücksichtigen soll. International genormt sind 4 Frequenzbewertungskurven, welche für unterschiedliche Pegelbereiche und Einsatzgebiete festgelegt worden sind und mit den Buchstaben A, B, C, und D bezeichnet werden. Trotz methodischer Mängel wird heute fast ausschließlich der A-bewertete Schalldruckpegel verwendet.

Geräusch

Schall mit vielen Tönen beliebiger Frequenz, oft auch mit erheblichen Anteilen von → *Rauschen*.

Geräuschemission

Die gesamte Schallabstrahlung eines Schallstrahlers.

Geräuschereignispegel L_E (→ ÖNORM S 5024)

Schallpegel, der zur Beschreibung eines einzelnen Geräuschereignisses dient und der bei $To = 1$ Sekunde Dauer den gleichen Energieinhalt wie das über den gesamten Zeitverlauf t_1 bis t_2 schwankende gesamte Geräuschereignis hat:

$$L_E = 10 \cdot \lg \left[\frac{1}{T_o} \int_{t1}^{t2} 10^{L_p(t)/10} \, dt \right].$$

Geräuschleistung

Die von einem Schallstrahler je Zeiteinheit als Luftschall abgegebene Geräuschenergie.

Geräuschleistungspegel

Zehnfacher dekadischer Logarithmus aus dem Verhältnis der von einem Schallstrahler ausgehenden Geräuschleistung W und der Bezugsgeräuschleistung $W_0 = 1 \cdot 10^{-12}$ Watt:

$$L_W = 10 \cdot \lg \left(\frac{W}{W_0} \right).$$

Grundgeräusch

Bei einer Messung auftretendes niedrigstes → *Fremdgeräusch*, das von entfernten, nicht mit der zu beurteilenden zusammenhängenden Schallquellen abgestrahlt wird.

Grundton

Der 1.Teilton eines Tongemisches (= Klang) wird als Grundton bezeichnet.

Hertz

Das Hertz (Hz) ist die Einheit der → *Frequenz*. 1 Hertz entspricht einer Schwingung pro Sekunde.

Hörbereich

Bereich aller Frequenzen, in dem das menschliche Gehör Schall erfassen kann. Er spannt sich über einen Schalldruckpegelbereich von etwa 0 dB bis 140 dB und einen Frequenzbereich von ca. 16 Hz bis 20 kHz.

Infraschall

Schall mit Frequenzen unter 30 Hz.

Isophonen

Kurven gleichen Schallpegels in Schallimmissionsplänen oder bei Diagrammen von Schallstrahlern.

Klang

Hörschall aus Grundtönen mit entsprechenden Obertönen. Der einfache oder harmonische Klang besteht aus einer Grundfrequenz und ihren ganzzahligen Vielfachen, den Obertönen.

Körperschall

Schall, der sich in einem festen Medium oder an dessen Oberfläche ausbreitet.

Lärm

Lärm ist jede Art von Schall, durch die Menschen gestört, belästigt oder gar gesundheitlich geschädigt werden.

Lautstärke

Die Lautstärke ist die Intensität der Geräuschempfindung. Sie kann als Lage der Empfindungsstärke auf einer geeignet gewählten Werteskala angegeben werden, die zwischen leise und laut unterscheidet.

Lautstärkepegel (→ ÖNORM S 5003)

Der Lautstärkepegel wird in Phon angegeben. Der Lautstärkepegel eines Geräusches beträgt n phon, wenn von normalhörenden Beobachtern der Schall als gleich laut beurteilt wird wie ein reiner Ton der Frequenz 1 kHz, der als eben fortschreitende Schallwelle genau von vorne auf den Beobachter trifft und dessen Schalldruckpegel n dB beträgt.

Lautheit

Von ZWICKER ermitteltes Verfahren zur geräuschempfindungsproportionalen Lautstärke-ermittlung, das in DIN 45 631 für stationäre Geräusche genormt wurde. Die Einheit der Lautheit N ist das *sone*. Die Frequenzen sind für die Lautheitsermittlung zu gehörgerechten Frequenzgruppen zusammengefaßt, die → *Tonheiten* genannt werden.

Luftschall

Schall der sich in Luft in Form von Schallwellen ausbreitet.

Mittelungspegel

Ist ein Einzelkennwert für den A-bewerteten Schalldruckpegel bei zeitlich veränderlichen Pegeln, d.h. er ist ein zeitlicher Mittelwert. Speziell in Deutschland die Bezeichnung für den → *energieäquivalenten Dauerschallpegel*.

NJW

Neue Juristische Wochenschrift.

Oberton

Obertöne sind Teiltöne eines Klanges, deren Frequenz in einem ganzzahligen Verhältnis (≥ 2) zur Frequenz des→ *Grundtons* steht.

Peak-Pegel

Der Peak-Pegel ist der Spitzenwert (peak), der während einer Beurteilungsdauer von 20 μs tatsächlich, d.h. ohne Zeitbewertung, auftretenden Schalldruckpegel. Durch ihn können kurze Schallpegelspitzen erkannt werden.

Perzentilpegel

Perzentile sind Werte aus einer Schallpegelhäufigkeitsverteilung und geben an, in wieviel Prozent der Meßzeit ein entsprechender Lautheits- bzw. Schallpegelwert überschritten wird. Der 95 %-Perzentilwert der Lautheit N95% beispielsweise ist jene Lautheit, die in 95 % der Meßzeit überschritten wird, der 5 %-Perzentilwert des Schalldruckpegels L5% ist jener Pegel, der in 5 % der Meßzeit überschritten wird usw.

Phon

Einheit des → *Lautstärkepegels*.

Psychoakustik (nach ANSI S3.20-1973)

Die Psychoakustik ist die Wissenschaft, die sich mit den psychologischen Korrelaten der physikalischen Parameter der Akustik beschäftigt. Die Psychoakustik ist ein Teilgebiet der → *Psychophysik*.

Psychometrie (nach ANSI S3.20-1973)

Die Psychometrie umfaßt die Messung psychologischer Prozesse durch die Anwendung mathematischer und statistischer Techniken.

Psychometrische Funktion (nach ANSI S3.20-1973)

Eine psychometrische Funktion ist eine mathematische Beziehung, in der die unabhängige Variable eine Reizeinheit und die abhängige Variable eine Response-Einheit darstellt. Ein typisches Beispiel für eine psychometrische Funktion ist die → *Lautheit* nach Zwicker.

Psychologie (nach ANSI S3.20-1973)

Die Psychologie ist die Wissenschaft, welche die bewußten Vorgänge und Zustände mit ihren Ursachen und Wirkungen sowie ihre Rolle bei der Entwicklung der Persönlichkeit untersucht. Die Psychologie ist insbesondere auch die Wissenschaft vom Verhalten, einschließlich des Studiums der Motivation, des Lernens, der Wahrnehmung usw.

Psychophysik (nach ANSI S3.20-1973)

Die Psychophysik ist die Wissenschaft, die sich mit den quantitativen Beziehungen zwischen physikalischen und psychologischen Ereignissen beschäftigt.

Rauhigkeit (nach ZWICKER)

Amplitudenmodulierte Geräusche erzeugen in Abhängigkeit von der Modulationsfrequenz beim Menschen unterschiedliche Höreindrücke. Während bei tiefen Modulationsfrequenzen (< 20 Hz) die Lautstärke des Geräusches hörbar schwankt, klingt das Geräusch bei höheren Modulationsfrequenzen rauh. Für einen 1000 Hz Ton wird das Rauhigkeitsmaximum bei Modulationsfrequenzen um 70 Hz erreicht. Zur Festlegung der Empfindungsfunktion für die

Rauhigkeit wird einem 1 kHz Ton, der mit m = 1 und fmod = 70 Hz sinusförmig in der Amplitude moduliert ist und einen Pegel von 60 dB besitzt, die Rauhigkeit von 1 asper zugeordnet.

Rauschen

Schall mit Anteilen aller Frequenzen eines bestimmten Bereiches, die in keiner festen Phasenbeziehung zueinander stehen und deren Intensität statistisch wechselt.

Rosa Rauschen

Rauschen bei dem die Terz- bzw. Oktavpegel bei allen Frequenzen konstant sind.

Schall

Mechanische Schwingungen und Wellen in einem elastischen Medium im Hörbereich des Menschen.

Schalldruckpegel Lp (→ ÖNORM S 5004)

Zehnfacher dekadischer Logarithmus des Verhältnisses der Quadrate des Effektivwertes des Schalldruckes *p* und des → *Bezugsschalldruckes p0*, ausgedrückt in Dezibel (dB):

$$L_p = 10 \cdot \lg\left(\frac{p^2}{p_0^2}\right).$$

Schallimmission

Die gesamte Einwirkung von Geräuschen bzw. Vibrationen an einer bestimmten Stelle (=Immissionsort).

Schallintensität

Geräuschenergie, die je Sekunde durch eine Flächeneinheit senkrecht zur Ausbreitungsrichtung von Schallwellen hindurchtritt.

Schärfe (nach VON BISMARCK)

Die Schärfe ist eine jener psychoakustischen Größen, welche die Klangfarbenwahrnehmung beschreibt, und hängt vor allem von der spektralen Umhüllenden ab, die das Geräusch besitzt. Das bedeutet, daß ein Geräusch umso schärfer klingt, je größer der Anteil von hohen Frequenzen am gesamten Spektrum ist. Ein brauchbares Maß zur Beschreibung der Schärfe erhält man, wenn man die Schwerpunktlage in der Verteilung der spezifischen Lautheit über der Tonheitsskala ermittelt. Die Einheit der Schärfe ist das acum, die Werte werden häufig auch als dezi-Acum angegeben.

Schmalbandrauschen

→ *Rauschen* mit geringer → *Frequenz*breite.

sone

Einheit der → *Lautheit*.

Terz- bzw. Oktavbandschalldruckpegel (→ ÖNORM S 5004)

Der Terz- bzw. Oktavbandschalldruckpegel ist der mit Terz- bzw. Oktavfilter gemessene Schalldruckpegel.

Terz- bzw. Oktavpegelspektrum

Darstellung des Terz- bzw. Oktavbandschalldruckpegels in Abhängigkeit von der Frequenz.

Ton

Schall mit sinusförmigem Verlauf der Amplitude mit einer im Hörbereich liegenden Frequenz.

Tonalität/Tonhaltigkeit

Kennzeichnet den Anteil von Einzeltönen (=ausgeprägten Einzelfrequenzen) in einem Geräusch.

Tonheit

Bezeichnung der gehörgerechten Frequenzgruppen bei der → *Lautheit*sermittlung.

Ultraschall

Bezeichnung für Schall mit Frequenzen von etwa 10 kHz bis 1 GHz.

UPR

Umwelt- und Planungsrecht.

Weißes Rauschen

Enthält alle Frequenzen des Hörbereichs mit jeweils gleicher Geräuschenergiedichte. Die entsprechenden Terz- oder Oktavpegel steigen dabei nach hohen Frequenzen an, und zwar um 3 dB je Oktave.

Zeitbewertung

Verfahren zur Effektivwertbildung mit unterschiedlichen Integrationszeiten:

- fast: Integrationszeit 125 ms, exponentiell gewichtet
- slow: Integrationszeit 1 s, exponentiell gewichtet
- impuls: Integrationszeit für ansteigendes Signal: 35 ms
            Haltekonstante für abfallendes Signal: 3 s

Ausgewählte Vorschriften und Regelwerke

Bundesgesetze - Österreich

SchIV: Verordnung des Bundesministers für öffentliche Wirtschaft und Verkehr über
   Lärmschutzmaßnahmen bei Haupt-, Neben- und Straßenbahnen
   (SCHIENENVERKEHRSLÄRM-IMMISSIONSSCHUTZVERORDNUNG); BGBl. 415/1993

Bundesgesetze - Deutschland

16. BImSchV: Sechzehnte Verordnung zur Durchführung des Bundes-Immissionsschutzgesetzes (Verkehrslärmverordnung)

Normen - Österreich

- ÖNORM S 5001, Teil 1: Größen, Einheiten und Begriffsbestimmungen - Übersicht

- ÖNORM S 5001, Teil 2: Größen, Einheiten und Begriffsbestimmungen, Schallarten und
  -felder

- ÖNORM S 5001, Teil 3: Größen, Einheiten und Begriffsbestimmungen, Schallmeß- und
  Beurteilungsgrößen

- ÖNORM S 5003: Grundlagen der Schallmessung. Physikalische und subjektive Größen
  von Schall

- ÖNORM S 5004: Messung von Schallimmissionen

- ÖNORM S 5007: Messung und Bewertung tieffrequenter Geräuschimmissionen in der
  Nachbarschaft; Vornorm 1. März 1996

- ÖNORM S 5010: Schallabstrahlung von Industriebauten, Nachbarschaftsschutz

- ÖNORM S 5021, Teil 1: Schalltechnische Grundlagen für die örtliche und überörtliche
  Raumplanung und Raumordnung

- ÖNORM S 5021, Teil 2: Schalltechnische Grundlagen für die örtliche und überörtliche
  Raumplanung und Raumordnung, Darstellung von Lärmkategorien

- ÖNORM EN 27917: Messung des von Feinschneidegeräten abgestrahlten Luftschalls am
  Ohr des Benutzers

Normen - Deutschland

- DIN 1320: Akustik – Begriffe

- DIN 18 005-1: Schallschutz im Städtebau; Berechnungsverfahren

- DIN 4109: Schallschutz im Hochbau; Anforderungen und Nachweise

- DIN 45 630: Grundlagen der Schallmessung; Physikalische und subjektive Größen von
  Schall

- DIN 45 631: Berechnung des Lautstärkepegels aus dem Geräuschspektrum - Verfahren
  nach E. Zwicker

- DIN 45 635: Geräuschmessung an Maschinen

- DIN 45 680: Messung und Bewertung tieffrequenter Geräuschimmissionen in der
  Nachbarschaft; Entwurf Januar 1992

- DIN 45 643-1: Messung und Beurteilung von Flugzeuggeräuschen; Meß- und
  Kenngrößen

- **DIN 45 645-1:** Ermittlung von Beurteilungspegeln aus Messungen – Teil 1: Geräuschimmissionen in der Nachbarschaft

- **DIN 15 645-2:** Ermittlung von Beurteilungspegeln aus Messungen – Teil 2: Geräuschimmissionen am Arbeitsplatz

- **DIN 45 680:** Messung und Bewertung tieffrequenter Geräuschimmissionen in der Nachbarschaft

- **DIN V 45 608:** Vorläufiger Kopf- und Rumpfsimulator für akustische Messungen von Luftleitungs-Hörgeräten (Vornorm)

Normen - International

- **ISO 31-7:** Quantities and units – Part 7: Acoustics; Amendment 1 [Größen und Einheiten – Teil 7: Akustik; Änderung 1]

- **ISO 254 AMD 1:** Acoustics – Measurement of sound absorption in a reverberation room; Amendment 1 [Akustik – Messung der Schallabsorption im Hallraum; Änderung 1]

- **ISO/DIS 362 (Entwurf):** Acoustics - Measurement of noise emitted by accelerating road vehicles – Engineering method (Revision of ISO 362) [Akustik – Messung des von beschleunigten Straßenfahrzeugen abgestrahlten Geräusches – Verfahren der Genauigkeitsklasse 2 (Überarbeitung von ISO 362)]

- **ISO 532:** Acoustics – Method for calculating loudness level [Akustik – Verfahren zur Berechnung des Lautstärkepegels]

- **ISO 717:** Acoustics – Rating of sound insulation in buildings and of building elements [Akustik – Bewertung der Schalldämmung in Gebäuden und von Bauteilen]

- **ISO 1996:** Acoustics – Description and measurement of environmental noise [Akustik – Beschreibung und Messung von Umweltlärm]

- **ISO 2922:** Acoustics – Measurement of noise emitted by vessels on inland water-ways and harbours [Akustik – Messung der Lärmemission von Wasserfahrzeugen auf Binnengewässern und in Häfen]

- **ISO 3095:** Acoustics – Measurement of noise emitted by railbound vehicles [Akustik – Messung der Geäuschemissionen von Schienenfahrzeugen]

- **ISO 3740:** Acoustics – Determination of sound power levels of noise sources; Guidelines for the use of basic standards and for the preparation of noise test codes [Akustik – Bestimmung des Schalleistungspegels von Schallquellen; Leitlinien für die Anwendung von Grundnormen und für die Erarbeitung von Schall-Prüfvorschriften]

- **ISO 3891:** Acoustics – Procedure for describing aircraft noise heard on the ground [Akustik – Verfahren zur Beschreibung von Fluglärm, der am Boden gehört wird]

- **ISO 7029:** Acoustics – Threshold of hearing by air conduction as a function of age and sex otologically normal persons [Akustik – Luftleistungshörschwelle in Abhängigkeit von Alter und Geschlecht otologisch normaler Personen]

Richtlinien des Österreichischen Arbeitsringes für Lärmbekämpfung

- **ÖAL-Richtlinie Nr.3 - Blatt 1:** Beurteilung von Schallimmissionen - Lärmstörungen im Nachbarschaftsbereich; 5. Ausg. 1986

- **ÖAL-Richtlinie Nr.3 - Blatt 2:** Schalltechnische Grundlagen für die Beurteilung von Lärm - Lärm am Arbeitsplatz; 5. Ausg. 1990

214 *Ausgewählte Vorschriften und Regelwerke*

- **ÖAL-Richtlinie Nr.3 - Blatt 4**: Schalltechnische Grundlagen für die Beurteilung von Lärm - Schießlärm in der Nachbarschaft; 1. Ausg. 1980

- **ÖAL-Richtlinie Nr.6/18**: Die Wirkungen des Lärms auf den Menschen - Beurteilungshilfen für den Arzt; 1. Ausg. 1991

- **ÖAL-Richtlinie Nr.9**: Lärmminderung in Betrieben - Grundlagen; 1. Ausg. 1982

- **ÖAL-Richtlinie Nr.10**: Schalltechnische Grundlagen für die Errichtung bzw. Erweiterung von Betriebsanlagen; 3. Ausg. 1986

- **ÖAL-Richtlinie Nr.11**: Die rechtlichen Grundlagen für die Lärmbekämpfung - inklusive Ergänzungsblatt 1; 5. Ausg. 1976

- **ÖAL-Richtlinie Nr.14**: Berechnung des Schallpegels in Betriebshallen; 1. Ausg. 1987

- **ÖAL-Richtlinie Nr.19**: Schalltechnische Grundlagen für die Beurteilung von Baulärm; 2. Ausg. 1980

- **ÖAL-Richtlinie Nr.20**: Schallschutztechnische Begriffe und Messungen; 2. Ausg. 1988 mit Ergänzungsblatt; Ausg. 1990

- **ÖAL-Richtlinie Nr.21**: Schallschutztechnische Grundlagen für die örtliche und überörtliche Raumplanung; 1. Ausg. 1972

- **ÖAL-Richtlinie Nr.21 - Blatt 2**: Schallschutztechnische Grundlagen für die örtliche und überörtliche Raumplanung - Erstellung von Lärmkarten; 1. Ausg. 1977

- **ÖAL-Richtlinie Nr.21 - Blatt 3**: Schallschutztechnische Grundlagen für die örtliche und überörtliche Raumplanung - Beispiele für die Praxis; 1. Ausg. 1982

- **ÖAL-Richtlinie Nr.21 - Blatt 4**: Schallschutztechnische Grundlagen für die örtliche und überörtliche Raumplanung - Lärmkataster - Teil eines Raumordnungs- bzw. Umweltinformationssystems; 1. Ausg. 1985

- **ÖAL-Richtlinie Nr.21 - Blatt 5**: Schallschutztechnische Grundlagen für die örtliche und überörtliche Raumplanung - Widmungskategorien; 1. Ausg. 1987

- **ÖAL-Richtlinie Nr.26**: Lärmschutz im Wohnbau - Planerische Grundlagen; 1. Ausg. 1990

- **ÖAL-Richtlinie Nr.28**: Schallabstrahlung und Schallausbreitung; 1. Ausg. 1987

- **ÖAL-Richtlinie Nr.32**: Lärmschutz in Kur- und Erholungsorten - Anforderungen und Maßnahmen; 1. Ausg. 1994

- **ÖAL-Richtlinie Nr.33**: Schalltechnische Grundlagen für die Errichtung von Gastgewerbebetrieben, insbesondere Diskotheken; 1. Ausg. 1990

Richtlinien des Vereins deutscher Ingenieure

- **VDI-Richtlinie 2058**: Beurteilung von Lärm am Arbeitsplatz

- **VDI-Richtlinie 2563**: Geräuschanteile von Straßenfahrzeugen; Meßtechnische Erfassung und Bewertung

- **VDI-Richtlinie 2567**: Schallschutz durch Schalldämpfer

- **VDI-Richtlinie 2570**: Lärmminderung in Betrieben; Allgemeine Grundlagen

- **VDI-Richtlinie 2714**: Schallausbreitung im Freien

- **VDI-Richtlinie 2720**: Schallschutz durch Abschirmung

- **VDI-Richtlinie 3727:** Schallschutz durch Körperschalldämpfung

- **VDI-Richtlinie 3744 (Entwurf):** Schallschutz bei Krankenhäusern und Sanatorien; Hinweise für die Planung

- **VDI-Richtlinie 4100:** Schallschutz von Wohnungen – Kriterien für Planung und Beurteilung

Index

Die Autoren

MR a.D. Ursula DALDRUP

Geboren 1932 in Essen/Deutschland

Studium der Publizistik und der Rechts- und Staatswissenschaften in Münster, München und Freiburg

1956 Erstes juristisches Staatsexamen

1960 Zweites juristisches Staatsexamen

Von 1960 bis 1963 Gerichtsassessorin an Amts- und Landesgerichten

Von 1963 bis 1986 Tätigkeit in verfassungsrechtlichen und umweltpolitischen Referaten des Bundesministeriums des Inneren; Leiterin der Referate für Immissionsschutzrecht, Internationale Umweltpolitik, Lärmbekämpfung

Von 1986 bis 1997 im Bundesministerium für Umwelt, Naturschutz und Reaktorsicherheit; Leiterin des Referats für Lärmbekämpfung

Anschrift:

Am Paulshof 4
D-53127 Bonn - Deutschland

Prof. Dr.-Ing. Hugo FASTL

Geboren 1944 in München/Deutschland

Studium der Elektrotechnik (Diplomingenieur 1970) und Musik (Examen 1969) in München; künstlerische und technische Tätigkeit in Tonstudios

1974 Promotion bei Prof. Zwicker mit einer Arbeit über das spektrale und zeitliche Auflösungsvermögen des Gehörs

1981 Habilitation für das Lehrgebiet "Elektroakustik", seit 1991 Professor für Technische Akustik an der Technischen Universität München mit den Forschungsschwerpunkten Psychoakustik bei Normalhörenden und Hörbehinderten sowie Technische Akustik und Lärmbekämpfung

Preis der Nachrichtentechnischen Gesellschaft NTG (1983); Gastprofessor an der Universität Osaka/Japan (seit 1987); Fellow der Acoustical Society of America ASA (seit 1990); 1991 Forschungspreis der Forschungsgemeinschaft Deutscher Hörgeräteakustiker

Mitglied in Ausschüssen zahlreicher wissenschaftlicher Faschgesellschaften; Leiter des Fachausschusses "Elektroakustik" der Informationstechnischen Gesellschaft ITG sowie des Fachausschusses "Hörakustik" der Deutschen Gesellschaft für Akustik DEGA

Anschrift:

Lehrst. für Mensch-Maschine-Kommunikation
Technische Universität München
Arcisstraße 21
D-80333 München – Deutschland

Dr.-Ing. Klaus GENUIT

Geboren 1954 in Düsseldorf/Deutschland

Von 1971 bis 1976 Studium der Elektrotechnik an der Rheinisch-Westfälischen Technischen Hochschule Aachen, danach ebendort Studium der Wirtschaftswissenschaften bis 1979. Zur gleichen Zeit arbeitete er am Institut für Elektrische Nachrichtentechnik der RWTH Aachen an Untersuchungen zur Beschreibung der psychoakustischen Eigenschaften des menschlichen Gehörs. 1984 promovierte er mit der Arbeit "Ein Modell zur Beschreibung der Außenohrübertragungseigenschaften".

Während der nächsten zwei Jahre leitete er die Arbeitsgruppe "Psychoakustik" am Institut für Elektrische Nachrichtentechnik und beschäftigte sich mit binauraler Signalverarbeitung, Sprachverständlichkeit, Hörhilfen und Telefonsystemen. In Zusammenarbeit mit Daimler-Benz (Stuttgart) entwickelte er ein neues Kunstkopf-Meßsystem mit zum menschlichen Gehör vergleichbaren Übertragungseigenschaften für die Geräuschdiagnose und –analyse.

1986 gründete er die HEAD acoustics GmbH, die auch hier hauptsächlich auf dem Gebiet der binauralen Signalverarbeitung arbeitet.

Anschrift:

Head acoustics GmbH
Ebertstraße 30a
D-52134 Herzogenrath - Deutschland

Dipl.-Ing. Dr. techn. Manfred T. KALIVODA

Geboren 1959 in Wien/Österreich

Von 1977 bis 1982 Studium des Bauingenieurwesens, Studienzweig Verkehrsplanung und Verkehrstechnik, an der TU Wien

Von 1982 bis 1985 Universitätsassistent und Lehrbeauftragter am Institut für Straßenbau und Verkehrswesen der TU Wien, Abteilung für Verkehrsplanung und Verkehrstechnik, Vorstand Prof. Dorfwirth.

1987 Promotion zum Doktor der technischen Wissenschaften an der TU Graz (Dissertationsthema: Modell zur Berechnung der Schallimmission von Straßenbahnen)

Von 1985 bis 1989 Sachbearbeiter im Zivilingenieurbüro Dr. Snizek, Wien

Von 1990 bis 1994 Leiter des Referates Lärmschutz im Umweltbundesamt

Seit 1994 selbständiger beratender Ingenieur und allgemein beeideter gerichtlicher Sachverständiger für die Fachgebiete 06,40 (Maßnahmen zur Vermeidung überhöhter Lärmentfaltung) und 72,60 (Bauphysik – Schallschutz)

Seit 1995 Ingenieurkonsulent für Bauingenieurwesen

Tätigkeitsschwerpunkte sind:

- Fachwissenschaftliche Beratung und Planung auf den Gebieten Akustik, Lärmschutz und Schadstoffemissionsberechnung
- Anwendung von psychoakustischen Forschungsergebnissen im Behördenverfahren
- Schall- und Schwingungsmessungen, insbesondere an Eisenbahnstrecken

Anschrift:

Wiener Gasse 146/3
A-2380 Perchtoldsdorf – Österreich

Dr. med. Peter LERCHER, M.P.H.

Geboren 1950 in Sillian/Österreich

1977   Promotion zum Dr. med.

1981   Approbation zum praktischen Arzt

1983   Universitätsassistent an der Abt. Sozialmedizin

1988   Facharzt für Hygiene

1989   Konrad Lorenz Preisträger für Umweltschutz

1989/90   Max Kade Stipendiat am Dept. of Epidemiology, UNC-Chapel Hill

1990   Master of Public Health in Epidemiology (M.P.H.)

1995   Definitivstellung als Assistenzprofessor

Von 1993 bis 1998 Vorsitzender von Team 3 (Non-auditory physiological effects of noise) in ICBEN (International Commission on the Biological Effects of Noise)

Wissenschaftlicher Schwerpunkt: Einsatz sozial- und umweltepidemiologischer Methoden zur Risikoabschätzung kombinierter Gesundheitsbelastungen aus Arbeits- und Lebensumwelt, Integration sozial- und naturwissenschaftlicher Ansätze

Anschrift:

Institut für Sozialmedizin der Universität Innsbruck
Sonnenburgstraße 16
A-6020 Innsbruck - Österreich

HR Dr. Johannes W. STEINER

Geboren 1947 in Villach/Österreich

Von 1965 bis 1969 Studium der Rechtswissenschaften an der jurist. Fakultät der Universität Wien

Seit 1972 Richter (BG Innere Stadt Wien, BG f. Handelssachen Wien, Handelsgericht Wien)

Seit 1987 Hofrat des Verwaltungsgerichtshofes

Von 1969 bis 1982 Leiter von Rechtskursen des Instituts Dr. Faulhaber

Von 1983 bis 1998 Lehrbeauftragter an der Wirtschaftsuniversität Wien

Seit 1975 Disziplinaranwalt beim Disziplinarrat der Österreichischen Ärztekammer

Verfasser von über 30 wissenschaftlichen Publikationen

Anschrift:

Weihburggasse 18-20
A-1010 Wien – Österreich

Prof. Dr.-Ing. Manfred ZOLLNER

Geboren 1949 in Augsburg/Deutschland

Studium der Nachrichtentechnik mit Schwerpunkt Elektroakustik an der TU München

Von 1975 bis 1982 Mitarbeiter bei Prof. Zwicker am Institut für Elektroakustik; 1982 Promotion über implantierte Hörgeräte

1987 Nach mehrjähriger Industrietätigkeit Gründung der Neutrik Cortex Instruments GmbH, deren Aufgabe die Entwicklung und Produktion psychoakustischer Meßgeräte ist

Seit 1991 Professor an der Fachhochschule Regensburg für die Fachgebiete Signalverarbeitung, Elektroakustik und Schaltungstechnik.

Anschrift:

Neutrik Cortex Instruments
Erzbischof-Buchberger-Allee 14
D-93051 Regensburg - Deutschland

SpringerRecht

Bernhard Raschauer

Allgemeines Verwaltungsrecht

1998. XVII, 707 Seiten.
Broschiert öS 870,–, DM 124,–
ISBN 3-211-83067-7
Springers Kurzlehrbücher der Rechtswissenschaft

Das Verwaltungsrecht stellt im modernen Rechtsstaat die große Masse des Rechtsstoffes dar. Es offenbart sich auch dem geschulten Juristen in einer insgesamt längst nicht mehr überschaubaren Quantität und Vielfalt, wobei durch den Beitritt Österreichs zur Europäischen Union noch zusätzlich den gemeinschaftsrechtlichen Aspekten immer größere Aufmerksamkeit gewidmet werden muß.

Dieses Lehrbuch des „Allgemeinen Verwaltungsrechts" behandelt daher umfassend die Gemeinsamkeiten an Begriffen, Institutionen und Grundsätzen, die für das Verständnis des geltenden Verwaltungsrechts von Bedeutung sind. Es berücksichtigt dabei erstmals auch ausführlich die durch die Mitgliedschaft in der Europäischen Union bedingten Auswirkungen auf das österreichische Recht.

In der Darstellung zeichnet es sich durch die verständliche Sprache eines Lehrbuches aus und wird zusätzlich durch ein umfangreiches Sachverzeichnis erschlossen. Um auch den Bedürfnissen der Praxis gerecht zu werden, berücksichtigt es einerseits die Perspektive des Verwaltungsbediensteten, der Handlungsanleitungen sucht, und bietet andererseits umfangreiche Literatur- und Judikaturbelege.

 SpringerWienNewYork

Sachsenplatz 4-6, P.O.Box 89, A-1201 Wien, Fax +43-1-330 24 26
e-mail: order@springer.at, Internet: http://www.springer.at
New York, NY 10010, 175 Fifth Avenue • D-14197 Berlin, Heidelberger Platz 3
Tokyo 113, 3-13, Hongo 3-chome, Bunkyo-ku

SpringerRecht

Besonderes Verwaltungsrecht

herausgegeben von Susanne Bachmann, Rudolf Feik,
Karim J. Giese, Winfried Ginzinger,
Wolf-Dietrich Grussmann, Dietmar Jahnel,
Mario Kostal, Gerhard Lebitsch, Georg Lienbacher

1996. XXVIII, 408 Seiten.
Broschiert öS 490,–, DM 70,–
ISBN 3-211-82877-X
Springers Kurzlehrbücher der Rechtswissenschaft

Eine Auswahl wichtiger Kapitel des Besonderen Verwaltungsrechts, komprimiert und leicht lesbar dargestellt:
Sicherheitspolizeirecht, Vereinsrecht, Versammlungsrecht, Staatsbürgerschaftsrecht, Paßrecht, Fremdenrecht, Melderecht, Gewerberecht, Wasserrecht, Forstrecht, Denkmalschutzrecht, Kraftfahrrecht, Straßenpolizeirecht, Straßenrecht, Abfallwirtschaftsrecht, Raumordnungsrecht, Baurecht, Grundverkehrsrecht, Naturschutzrecht, Veranstaltungsrecht.
Ein Glossar mit der Erklärung immer wiederkehrender Begriffe, Institute und Institutionen des Verwaltungsrechts erleichtern das Lesen und Verstehen der einzelnen Beiträge.

„... Das Buch füllt eine echte Lücke im Schrifttum ...“

Steirische Gemeindenachrichten

„... Alle Beiträge sind von hohem Niveau, bestechend ist die Einheitlichkeit des in Teamarbeit erstellten Werks. Es handelt sich um ein hervorragendes Einstiegs-, Studien- und Nachschlagewerk.“

Recht der Umwelt

SpringerWienNewYork

Sachsenplatz 4-6, P.O.Box 89, A-1201 Wien, Fax +43-1-330 24 26
e-mail: order@springer.at, Internet: http://www.springer.at
New York, NY 10010, 175 Fifth Avenue • D-14197 Berlin, Heidelberger Platz 3
Tokyo 113, 3-13, Hongo 3-chome, Bunkyo-ku

SpringerRecht

Bernhard Raschauer

Kommentar zum UVP-G

Umweltverträglichkeitsprüfungsgesetz

1995. IX, 272 Seiten.
Gebunden öS 1298,–, DM 185,–
ISBN 3-211-82644-0

Am 1. 1. 1995 trat das neue österreichische Bundesgesetz über die Umweltverträglichkeitsprüfung und die Bürgerbeteiligung in Kraft.

Dieses Gesetz enthält neue Bestimmungen für Großanlagen unterschiedlicher Art (Industrieanlagen, Abfallbehandlungsanlagen, Straßen und sonstige Verkehrsanlagen, Wasseranlagen, Bergbau usw.), welche die bisher maßgeblichen Rechtsvorschriften ersetzen und verdrängen.

Der Band enthält die erste umfassende Kommentierung durch einen erfahrenen Umweltjuristen, der die Gesetzesentstehung in allen Phasen begleitet hat. Erläutert werden sowohl die Genehmigungskriterien als auch die Verfahrensregeln für das Genehmigungsverfahren und die Überwachung derartiger Anlagen.

SpringerWienNewYork

Sachsenplatz 4-6, P.O.Box 89, A-1201 Wien, Fax +43-1-330 24 26
e-mail: order@springer.at, Internet: http://www.springer.at
New York, NY 10010, 175 Fifth Avenue • D-14197 Berlin, Heidelberger Platz 3
Tokyo 113, 3-13, Hongo 3-chome, Bunkyo-ku

Springer-Verlag
und Umwelt